Rust 系统编程

[印] 普拉布·艾什沃拉 著

刘 君 译

清华大学出版社

北 京

内 容 简 介

本书详细阐述了与 Rust 系统编程相关的基本解决方案,主要包括 Rust 工具链和项目结构,Rust 编程语言之旅,Rust 标准库介绍,管理环境、命令行和时间,Rust 中的内存管理,在 Rust 中使用文件和目录,在 Rust 中实现终端 I/O,处理进程和信号,管理并发,处理设备 I/O,学习网络编程,编写不安全 Rust 和 FFI 等内容。此外,本书还提供了相应的示例、代码,以帮助读者进一步理解相关方案的实现过程。

本书适合作为高等院校计算机及相关专业的教材和教学参考书,也可作为相关开发人员的自学用书和参考手册。

北京市版权局著作权合同登记号 图字:01-2021-6670

图书在版编目(CIP)数据

Rust 系统编程 /(印)普拉布·艾什沃拉著;刘君译. —北京:清华大学出版社,2022.9
书名原文:Practical System Programming for Rust Developers
ISBN 978-7-302-61677-1

Ⅰ. ①R… Ⅱ. ①普… ②刘… Ⅲ. ①程序语言—程序设计 Ⅳ. ①TP312

中国版本图书馆 CIP 数据核字(2022)第 145036 号

责任编辑:贾小红
封面设计:刘 超
版式设计:文森时代
责任校对:马军令
责任印制:曹婉颖

出版发行:清华大学出版社
    网 址:http://www.tup.com.cn, http://www.wqbook.com
    地 址:北京清华大学学研大厦 A 座 邮 编:100084
    社 总 机:010-83470000   邮 购:010-62786544
    投稿与读者服务:010-62776969, c-service@tup.tsinghua.edu.cn
    质量反馈:010-62772015, zhiliang@tup.tsinghua.edu.cn
印 装 者:三河市科茂嘉荣印务有限公司
经 销:全国新华书店
开 本:185mm×230mm 印 张:21.75 字 数:433 千字
版 次:2022 年 9 月第 1 版   印 次:2022 年 9 月第 1 次印刷
定 价:119.00 元

产品编号:092500-01

译 者 序

与 C 和 C++ 语言相比，Rust 是一门较新的系统编程语言（Rust 编译器的第一个稳定版本于 2015 年 5 月发布），但是它已经连续五年（2016—2020 年）在 Stack Overflow 开发者调查结果的"最受喜爱编程语言"评选项目中获得第一名。

Rust 之所以广受欢迎，主要在于它解决了高并发和高安全性系统问题。Rust 通过编译器确保内存安全，强调内存布局控制和并发特性，并且标准 Rust 的性能与 C++ 的性能不相上下。本书第 5 章详细介绍了 Rust 的所有权规则、生命周期管理、借用检查器和引用规则等，它们都是保证内存安全的关键。

Rust 的另一个特点是提供了 Rust 标准库，并且其生态系统有丰富的第三方 Crate 可用（在 crates.io 和 GitHub 上可以找到与其相关的大量资料）。本书第 3 章以面向计算的模块和面向系统调用的模块为分类，详细介绍了 Rust 标准库。

使用 C 或 C++ 的开发人员使用 Rust 可以快速上手。Rust 不但运行速度快、内存利用率高，而且没有运行时和垃圾收集器，适用于对性能要求高的关键服务，可以在嵌入设备上运行，并且可轻松地与其他语言集成。本书第 12 章即介绍了不安全 Rust 和 FFI，娴熟的开发人员可以通过 FFI 接口调用外部函数，或者从 C 语言中调用 Rust。

当然，对于初学者来说，学习 Rust 可能有一些难度，本书充分考虑了这一点，在第 1 章介绍了 Rust 生态系统中的多种工具，如 Cargo，它是 Rust 强大的包管理器和构建系统，可用于运行单元和集成测试。

从实战角度出发，本书还提供了多个项目实例。例如，第 2 章开发了一个计算器应用程序，第 3 章编写了一个模板引擎，第 4 章开发了一个批量调整图像大小的工具，第 5 章实现了一个文本查看器，第 6 章使用 Rust 标准库实现了一个 shell 命令 rstat，第 7 章构建了一个迷你文本查看器，第 8 章构建了一个基本的 shell 程序，第 10 章编写了一个检测 USB 设备信息的实用工具，第 11 章编写了 UDP 服务端和客户端、TCP 服务端和客户端以及 TCP 反向代理等。

在翻译本书的过程中，为了更好地帮助读者理解和学习，本书对大量的术语以中英文对照的形式给出，这样的安排不但方便读者理解书中的代码，而且有助于读者通过网络查找和利用相关资源。

本书由刘君翻译，黄进青也参与了部分翻译工作。由于译者水平有限，难免有疏漏和不妥之处，在此诚挚欢迎读者提出任何意见和建议。

译 者

前　言

现代软件堆栈的规模和复杂性迅速发展。云、网络、数据科学、机器学习（ML）、开发运营一体化（DevOps）、容器、物联网（IoT）、嵌入式系统、分布式账本、虚拟现实（VR）和增强现实（AR）以及人工智能（AI）等技术领域不断发展和专业化，导致能够构建系统基础设施组件的系统软件开发人员严重短缺。

现代社会、企业和政府越来越依赖数字技术，因此更加重视开发安全、可靠和高效的系统软件和软件基础设施，以构建现代 Web 和移动应用程序。

数十年来，C 和 C++ 等系统编程语言在该领域证明了自己的实力，并提供了高度灵活的控制和性能，但这是以牺牲内存安全为代价的。

Java、C#、Python、Ruby 和 JavaScript 等高级语言提供了内存安全，但对内存布局的控制较少，并且会受垃圾收集暂停的影响。

Rust 是一种现代开源系统编程语言，它承诺并做到了 3 个领域的最佳：Java 的类型安全；C++ 的速度、表现力和效率；无须垃圾收集器的内存安全。

本书采用了独特的三步法来教授 Rust 系统编程。本书的每一章都首先概述了类 UNIX 操作系统（UNIX、Linux、macOS）中该主题的系统编程基础和 Kernel 系统调用，然后通过丰富的代码片段演示如何使用 Rust 标准库执行常见的系统调用（有些用例会用到外部 Crate），再通过构建实际示例项目来强化这些知识的掌握。

通读完本书，你会对如何使用 Rust 管理和控制操作系统资源（如内存、文件、进程、线程、系统环境、外围设备、网络接口、终端和外壳程序）有清晰的了解，并掌握如何通过 FFI 构建跨语言绑定。在此过程中，你会对 Rust 为构建安全、高性能、可靠和高效的系统级软件带来的价值有深刻的认识。

本书读者

本书面向具有 Rust 基础知识但系统编程经验较少的程序开发人员，也适用于具有系统编程背景并将 Rust 视为 C 或 C++ 替代品的人。

读者应该对 C、C++、Java、Python、Ruby、JavaScript 或 Go 语言的编程概念有基本的了解。

内容介绍

本书共分为 3 篇 12 章，具体内容如下。

❑ 第 1 篇：Rust 系统编程入门，包括第 1～4 章。

   ➢ 第 1 章 "Rust 工具链和项目结构"，介绍用于构建和管理依赖项、自动化测试和生成项目文档的 Rust 工具链。

   ➢ 第 2 章 "Rust 编程语言之旅"，通过一个示例项目说明 Rust 编程语言的关键概念，包括类型系统、数据结构和内存管理基础。

   ➢ 第 3 章 "Rust 标准库介绍"，详细讨论 Rust 标准库的关键模块，这些模块为 Rust 中的系统编程提供构建块和预定义功能。

   ➢ 第 4 章 "管理环境、命令行和时间"，讨论如何以编程方式处理命令行参数、设置和操作进程环境，以及使用系统时间。

❑ 第 2 篇：在 Rust 中管理和控制系统资源，包括第 5～9 章。

   ➢ 第 5 章 "Rust 中的内存管理"，全面介绍 Rust 提供的内存管理工具，阐释 Linux 内存管理的基础知识、C/C++的传统缺点，以及如何使用 Rust 来克服这些缺点。

   ➢ 第 6 章 "在 Rust 中使用文件和目录"，介绍 Linux 文件系统的工作方式，以及如何在 Rust 中执行文件 I/O 操作，并提供一个在 Rust 中编写 shell 命令的项目示例。

   ➢ 第 7 章 "在 Rust 中实现终端 I/O"，介绍伪终端应用程序的工作方式，以及如何创建这样一个程序。本章的项目示例是一个处理流的交互式应用程序。

   ➢ 第 8 章 "处理进程和信号"，详细解释什么是进程、如何在 Rust 中处理进程、如何创建子进程并与子进程通信，以及如何处理信号和错误等。

   ➢ 第 9 章 "管理并发"，阐释并发、并行和多线程的基础知识，以及在 Rust 中跨线程共享数据的各种机制，包括通道、互斥锁和引用计数器。

❑ 第 3 篇：高级主题，包括第 10～12 章。

   ➢ 第 10 章 "处理设备 I/O"，解释 Linux 中设备 I/O 的概念，如缓冲、标准输入和输出，以及设备 I/O，并演示如何使用 Rust 控制 I/O 操作。

   ➢ 第 11 章 "学习网络编程"，详细阐释 Rust 标准库中的低级网络原语和协议，并提供构建低级 TCP 和 UDP 服务器、客户端及 TCP 反向代理的项目示例。

➢ 第 12 章"编写不安全 Rust 和 FFI"，描述与不安全 Rust 相关的主要机制和风险，并演示如何使用 FFI 将 Rust 与其他编程语言安全地连接起来。

充分利用本书

使用本书前，必须将 Rustup 安装在本地开发环境中。其网址如下：

https://github.com/rust-lang/rustup

官方安装说明网址如下：

https://www.rust-lang.org/tools/install

安装完成后，可使用以下命令检查 rustc 和 cargo 是否安装正确：

```
rustc --version
cargo -version
```

操作系统可使用 Linux、macOS 或 Windows。

虽然 Rust 标准库在很大程度上是独立于平台的，但本书的总体风格是面向基于 Linux/UNIX 系统的。因此，如果使用 Windows 系统，则在某些章节（或章节中的某些部分）中，建议使用本地 Linux 虚拟机，如 Virtual box（也可以使用云虚拟机），这是因为部分示例代码和项目中使用的命令、外部 Crate 或共享库等可能是特定于 Linux/UNIX 系统的。

ℹ **注意**：使用 Windows 系统进行开发的注意事项
有些章节需要运行类UNIX操作系统（UNIX/Linux/macOS）的虚拟机或Docker镜像。

本书每章有两种类型的代码，它们放置在本书配套的 GitHub 存储库中：

❑ 与示例项目相对应的代码（对应章节中的命名源文件）。
❑ 独立的代码片段，放置在每章的 miscellaneous 文件夹中。

建议开发人员通过本书配套的 GitHub 存储库（下文将提供链接）访问代码。这样做有助于避免与复制和粘贴代码相关的任何潜在错误。

在使用 cargo run 命令构建和运行 Rust 程序时，如果运行该命令的用户 ID 没有足够的权限来执行系统级操作（如读取或写入文件），则可能会收到"权限被拒绝"之类的消息。在这种情况下，解决方法之一是使用以下命令运行程序：

```
sudo env "PATH=$PATH" cargo run
```

下载示例代码文件

　　读者可以访问 www.packtpub.com 并通过个人账户下载本书的示例代码文件。具体步骤如下：

　　（1）注册并登录 www.packtpub.com。

　　（2）在页面顶部的搜索框中输入图书名称 *Practical System Programming for Rust Developers*（不区分大小写，也不必输入完整），即可看到本书出现在列表中，单击超链接，如图 P-1 所示。

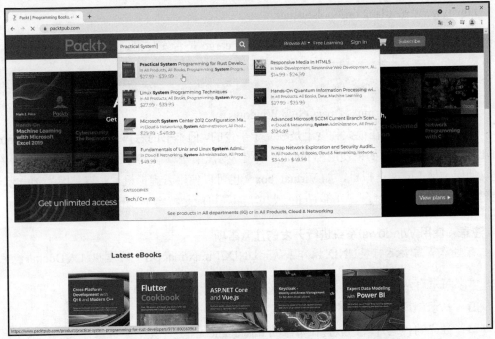

图 P-1　搜索图书

　　（3）在本书详情页面中，找到并单击 Download code from GitHub（从 GitHub 中下载代码文件）按钮，如图 P-2 所示。

　　提示：如果看不到该下载按钮，可能是没有登录 packtpub 账号。该站点可免费注册账号。

　　（4）在本书 GitHub 源代码下载页面中，单击 Code（代码）下拉按钮，在弹出的下拉菜单中选择 Download ZIP（下载压缩包），如图 P-3 所示。

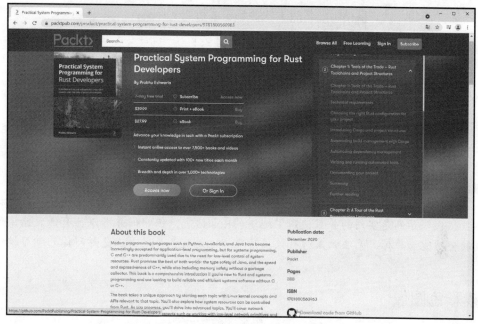

图 P-2　单击下载代码的按钮

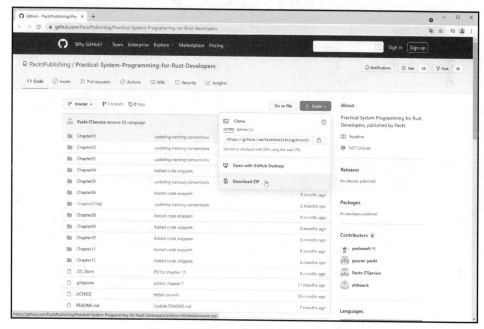

图 P-3　下载 GitHub 存储库中的代码压缩包

下载文件后，请确保使用最新版本软件解压或析取文件夹：

❑　WinRAR/7-Zip（Windows 系统）。

❑　Zipeg/iZip/UnRarX（macOS 系统）。

❑　7-Zip/PeaZip（Linux 系统）。

你也可以直接访问本书在 GitHub 上的存储库，其网址如下：

https://github.com/PacktPublishing/Practical-System-Programming-for-Rust-Developers

如果代码有更新，则也会在现有 GitHub 存储库上更新。

🔖 提示：

本书中的代码片段是为学习而设计的，因此可能并不满足生产环境中的要求。也就是说，虽然代码示例是实用的并且使用了地道的Rust语言，但它们并不以具有强大错误处理机制的全功能为目标，无法涵盖所有极端情况。这是有意为之，以免妨碍你的学习过程。

下载彩色图像

本书提供了一个 PDF 文件，其中包含本书中使用的屏幕截图和图表的彩色图像，可以通过以下地址下载：

http://www.packtpub.com/sites/default/files/downloads/9781800560963_ColorImages.pdf

本书约定

本书中使用了许多文本约定。

（1）有关代码块的设置如下所示：

```
fn main() {
    println!("Hello, time now is {:?}", chrono::Utc::now());
}
```

（2）当我们希望让你注意代码块的特定部分时，相关行或项目采用粗体表示，示例如下：

```
fn main() {
    println!("Hello, time now is {:?}", chrono::Utc::now());
}
```

（3）任何命令行输入或输出都采用如下所示的粗体代码形式：

```
cargo new Chapter2 && cd Chapter2
```

（4）术语或重要单词采用中英文对照形式给出，在括号内保留其英文原文，示例如下：

分词器或标记化器（tokenizer）是本项目系统设计中的一个模块，它从算术表达式中读取一个或多个字符并将其转换为一个标记（token）。换句话说，输入是一组字符，而输出则是一组标记。

（5）本书使用了以下两个图标：

表示警告或重要的注意事项。

表示提示或小技巧。

关 于 作 者

25 年来，Prabhu Eshwarla 一直在为大型企业开发高质量的关键业务软件。他还是一位对复杂技术充满热情的老师。

Prabhu 曾与惠普公司合作，在软件工程、工程管理和 IT 运营方面拥有丰富的经验。

Prabhu 对 Rust 和区块链非常感兴趣，擅长分布式系统。他认为编码是一种创造性的工艺，是通过严格的软件工程创造新的数字世界（和体验）的绝佳工具。

感谢本书审稿人 Roman Krasiuk，他对手稿和代码示例的细致审读，以及对主题领域的良好理解，提高了本书的技术质量。

衷心感谢 Packt 出版本书，特别感谢以下人员，没有他们，本书就不可能完成：Karan Gupta，说服我写这本书；Richa Tripathi，提供市场意见；Nitee Shetty、Ruvika Rao 和 Prajakta Naik，与我一起不知疲倦地改进草稿；Francy Puthiry，让我按计划完成本书；Gaurav Gala，负责本书代码验证和打包；此外，Packt 团队的其他人还参与了本书的文字编辑、校对、出版和营销工作。

关于审稿人

Roman Krasiuk 是一名研发软件工程师，曾在交易、区块链和能源市场开发行业领先的产品。他 18 岁就开始了自己的职业生涯，打破了年轻人难堪大任的偏见。

他的专业领域包括大规模基础设施开发、金融服务自动化和大数据工程。Roman 相信编码是一种艺术，他最大的愿望是创造一款杰出的软件，向人们展示代码能够达到的极致水平。

感谢 Daniel Durante 培养了我对 Rust 语言的热爱，感谢 Jonas Frost 教我代码的编写规则，感谢 Alex Do 向我表明一个人可以拥有的知识的丰富程度。特别感谢 Alex Steiner 帮我打开了通往机遇之地的大门，并给予了我努力工作的力量。

目　　录

第 1 篇　Rust 系统编程入门

第 2 篇　在 Rust 中管理和控制系统资源

第 3 篇 高 级 主 题

第 1 篇

Rust 系统编程入门

本篇阐释 Rust 系统编程背后的基本概念，探讨 Rust 功能、Cargo 工具、Rust 标准库、管理环境变量的模块、命令行参数和时间管理等。

本篇示例项目包括开发用于计算算术表达式的解析器、编写 HTML 模板引擎的功能，以及构建用于图像处理的命令行工具。

本篇包括以下 4 章：

❏ 第 1 章　Rust 工具链和项目结构
❏ 第 2 章　Rust 编程语言之旅
❏ 第 3 章　Rust 标准库介绍
❏ 第 4 章　管理环境、命令行和时间

第 1 章　Rust 工具链和项目结构

Rust 是一种现代系统编程语言，具有许多固有特性，可以更轻松地编写安全、可靠和高性能的代码。Rust 也有一个编译器，随着项目规模的扩大和复杂性的增加，它可以提供相对可靠的代码重构体验。但是，如果没有支持软件开发生命周期的工具链，任何编程语言本身都是不完整的。毕竟，如果没有合适的工具，软件工程师也无可奈何。

本章专门讨论 Rust 工具链及其生态系统，以及在 Rust 项目中构建代码的技术，目标是编写安全、可测试、高性能、文档化和可维护的代码，这些代码在经过优化之后即可在预期的目标环境中运行。

本章包含以下主题：

- ❑　为项目选择正确的 Rust 配置。
- ❑　Cargo 和项目结构简介。
- ❑　Cargo 构建管理。
- ❑　Cargo 依赖项。
- ❑　编写测试脚本并进行自动化单元测试和集成测试。
- ❑　自动生成技术文档。

学习完本章之后，你将了解：如何选择正确的项目类型和工具链，有效组织项目代码，添加外部和内部库作为依赖项，为开发、测试和生产环境构建项目，进行自动化测试，以及为 Rust 代码生成技术文档等。

1.1　技术要求

Rustup 必须安装在本地开发环境中。可使用以下链接进行安装：

https://github.com/rust-lang/rustup

官方安装说明网址如下：

https://www.rust-lang.org/tools/install

安装完成之后，可使用以下命令检查 rustc、cargo 是否已经正确安装：

```
rustc --version
cargo --version
```

开发人员必须有权访问自己选择的任何代码编辑器。

本章中的一些代码和命令，尤其是与共享库和路径设置相关的代码和命令，需要 Linux 系统环境。建议安装本地虚拟机，如 VirtualBox 或具有 Linux 安装的等效物，以便处理本章中的代码。有关 VirtualBox 安装的说明，可访问以下网址：

https://www.virtualbox.org

本章示例的 GitHub 存储库网址如下：

https://github.com/PacktPublishing/Practical-System-Programming-for-Rust-Developers/tree/master/Chapter01

1.2　为项目选择正确的 Rust 配置

使用 Rust 编程时，必须首先选择 Rust 发布通道和 Rust 项目类型。

本节将讨论 Rust 发布通道（release channel）的详细信息，并就如何为项目选择这些通道提供指导。

Rust 还允许你构建不同类型的二进制文件——独立的可执行文件、静态库和动态库。如果你预先知道要构建的内容，则可以使用生成的脚手架代码（scaffolding code）创建正确的项目类型。

本节将详细讨论这些内容。

1.2.1　选择 Rust 发布通道

Rust 编程语言是不断开发的，并且在任何时间点都会同时开发 3 个版本，每个版本都被称为一个发布通道（release channel）。每个通道都有一个用途，并具有不同的功能和稳定性特征。这 3 个发布通道如下：

❑ stable（稳定版）。
❑ beta（测试版）。
❑ nightly（夜间版）。

在夜间版和测试版中会开发一些不稳定的语言功能和库，而在稳定版中可提供稳定功能。

Rustup 是安装 Rust 编译器、Rust 标准库和 Cargo 包管理器等的工具，也可用于安装代码格式化、测试、基准测试和文档生成等活动的核心工具。所有这些工具都有多种版本，它们被称为工具链（toolchain）。工具链是发布通道和主机（host）的组合，并且还可以选择关联的存档日期。

Rustup 可以从发布通道或其他来源（如官方存档和本地构建）安装工具链。Rustup 还可以根据主机平台确定工具链。Rust 在 Linux、Windows 和 macOS 上正式可用。Rustup 被称为工具多路选择器（tool multiplexer），因为它可以安装和管理多个工具链，在该意义上类似于 Ruby、Python，以及 Node.js 中的 rbenv、pyenv 和 nvm。

Rustup 可管理与工具链相关的复杂性，但由于它提供了合理的默认值，因此安装过程相当简单。这些可以稍后由开发人员修改。

ⓘ 注意：

Rust 的稳定版每 6 周发布一次，例如，Rust 1.42.0 于 2020 年 3 月 12 日发布，6 周后，Rust 1.43 于 2020 年 4 月 23 日发布。

Rust 的夜间版每天都会发布一次。每 6 周，夜间版的最新主分支升级为测试版。

该过程是平行发生的，所以每隔 6 周的同一天，夜间版会变成测试版，测试版会变成稳定版。当 1.x 版本发布时，同时发布 1.(x + 1) 的测试版和 1.(x + 2) 的夜间版。

大多数 Rust 开发人员主要使用稳定版，主动使用测试版的较少，测试版仅用于测试 Rust 语言版本中的回归。

夜间版用于积极的语言开发，每晚发布。夜间版可以让 Rust 开发新的和实验性的功能，并允许早期采用者在它们稳定之前对其进行测试。为抢先体验付出的代价是，这些功能在进入稳定版本之前可能会发生重大变化。

Rust 使用功能标志来确定在给定的每晚发布中启用了哪些功能。想要在夜间版中使用前沿功能的用户必须使用适当的功能标志（feature flag）来注释代码。

以下就是一个功能标志的示例：

```
#![feature(try_trait)]
```

请注意，测试版和稳定版不能使用功能标志。

Rustup 默认配置为使用稳定版。要使用其他版本通道，方法如下。

有关完整列表，请参考官方链接：

https://github.com/rust-lang/rustup

要安装 Rust 夜间版，可使用以下命令：

```
rustup toolchain install nightly
```

要全局激活 Rust 夜间版，可使用以下命令：

```
rustup default nightly
```

要在目录级别激活 Rust 夜间版，可使用以下命令：

```
rustup override set nightly
```

要获取 Rust 夜间版的编译器版本，可使用以下命令：

```
rustup run nightly rustc --version
```

要重置 Rustup 以使用 Rust 稳定版，可使用以下命令：

```
rustup default stable
```

要显示已安装的工具链和当前处于活动状态的版本，可使用以下命令：

```
rustup show
```

要将已安装的工具链更新到最新版本，可使用以下命令：

```
rustup update
```

请注意，一旦设置了 rustup default <channel-name>，其他相关工具（如 Cargo 和 Rustc）就会使用默认通道集。

你应该在你的项目中使用哪个 Rust 版本？对于任何要应用于实际生产环境的项目，建议只使用稳定版本发布通道。对于任何实验性项目，可以考虑使用夜间版或测试版通道，但要谨慎，因为在未来版本中的代码可能需要进行重大更改。

1.2.2　选择 Rust 项目类型

在 Rust 中有两种基本类型的项目：库（library）和二进制项（binary）——也称为可执行文件（executable）。

库是供其他程序使用的自包含代码段。库的目的是通过利用其他开源开发人员的辛勤工作来实现代码重用并加快开发周期。

库在 Rust 中也称为 library crate（或 lib crate），可以发布到公共包存储库。例如，以下网址就是一个 Rust 社区的公共 Crate 存储库：

crates.io

其他开发人员可以发现和下载 library crate，以在自己的程序中使用。library crate 的程序执行在 src/lib.rs 文件中开始。

二进制项是一个独立的可执行文件，可以下载其他库并将其链接到单个二进制文件中。二进制项目类型也被称为 binary crate（或 bin crate）。binary crate 的程序执行从 src/main.rs 文件中存在的 main()函数开始。

在初始化项目时，确定是要在 Rust 中构建二进制程序还是库程序很重要。下文将看到这两种类型的项目的示例。

接下来，我们将介绍 Rust 生态系统中的万能工具——Cargo。

1.3　Cargo 和项目结构简介

Cargo 是 Rust 的官方构建和依赖管理工具，具有该细分市场中其他流行工具（如 Ant、Maven、Gradle、npm、CocoaPods、pip 和 yarn）的许多功能，因此可以为开发人员编译代码、下载和编译依赖库（在 Rust 中称为 Crate）、链接库以及构建开发和发布二进制文件提供更加无缝和集成的体验。

Cargo 还可执行代码的增量构建，以随着程序的演变发展减少编译时间。此外，它还可以在创建新的 Rust 项目时使用既有的项目结构。

简而言之，Cargo 作为一个集成工具链，可以在创建新项目、构建项目、管理外部依赖项、调试、测试、生成文档和发布管理等日常任务中提供无缝体验。

Cargo 是可用于为新的 Rust 项目设置基本项目脚手架结构的工具。在使用 Cargo 创建一个新的 Rust 项目之前，不妨先来了解在 Rust 项目中组织代码的选项。图 1.1 显示了在 Cargo 生成的 Rust 项目中组织代码的方式。

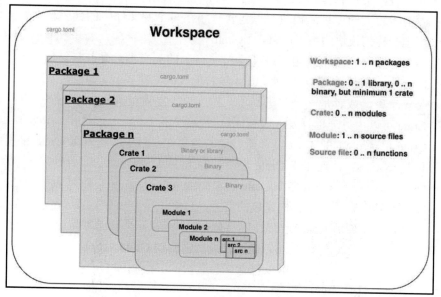

图 1.1　Cargo 项目结构和层次结构

原　　文	译　　文
Workspace	工作空间
Workspace: 1..n packages	工作空间：1～n 个包
Package: 0..1 library, 0..n binary, but minimum 1 crate	包：0～1 个 lib，0～n 个 bin，最少要包含 1 个 Crate
Crate: 0..n modules	Crate：0～n 个模块
Module: 1..n source files	模块：1～n 个源文件
Source file: 0..n functions	源文件：0～n 个函数

在图 1.1 中可以看到，Cargo 项目包含以下层次结构。

❏　函数（function）：Rust 项目中代码组织的最小独立单元是函数——从技术上讲，代码组织的最小单位是代码块，但它是函数的一部分。函数可以接收零个或多个输入参数，执行处理，并可选地返回一个值。

❏　源文件（source file）：一组函数被组织成一个具有特定名称的源文件，例如 main.rs 就是一个源文件。

❏　模块（module）：代码组织中比源文件级别更高的是模块。模块内的代码有自己独立的命名空间。模块可以包含用户定义的数据类型（如结构、特征和枚举）、常量、类型别名、其他模块导入和函数声明等。

　　模块可以相互嵌套。对于较小的项目，可以在单个源文件中定义多个模块定义；而对于较大的项目，模块可以包含分布在多个源文件中的代码。这种类型的组织也被称为模块系统（module system）。

❏　Crate：多个模块可以组织成 Crate。Crate 的英文本意是装箱打包用的箱子。在 Rust 中，Crate 是可以作为跨 Rust 项目的代码共享单元。如前文所述，一个 Crate 是一个库，或者是一个二进制项。由一位开发人员开发并发布到公共存储库的 Crate 可以由另一位开发人员或团队重复使用。

　　Crate 根（root）是 Rust 编译器启动的源文件。对于二进制项 Crate 来说，Crate 根是 main.rs；而对于库 Crate 来说，Crate 根是 lib.rs。

❏　包（package）：一个或多个 Crate 可以组合成一个包。包可以包含一个 Cargo.toml 文件，其中有关于如何构建包的信息，包括下载和链接依赖 Crate。当 Cargo 用于创建一个新的 Rust 项目时，它会创建一个包。一个包必须至少包含一个 Crate，这个 Crate 可以是库 Crate，也可以是二进制项 Crate。

　　值得一提的是，一个包可以包含任意数量的二进制项 Crate，但只能包含零个或一个库 Crate。

❏　工作空间（workspace）：随着 Rust 项目规模的扩大，可能需要将一个包拆分为多个单元并独立管理它们。一组相关的包可以被组织为一个工作空间。工作空间是一组共享相同 Cargo.lock 文件和输出目录的包。Cargo.lock 文件包含在工作空间中的所有包之间共享的依赖项的特定版本的详细信息。

接下来，让我们通过几个示例理解 Rust 中各种类型的项目结构。

1.4　使用 Cargo 自动化构建管理

在编译和构建 Rust 代码时，生成的二进制文件可以是独立的可执行二进制文件，也可以是可供其他项目使用的库。本节将介绍如何使用 Cargo 来创建 Rust 二进制文件和库，以及如何在 Cargo.toml 文件中配置元数据以提供构建指令。

1.4.1　构建一个基本的二进制项 Crate

本节将构建一个基本的二进制项 Crate。在构建一个二进制项 Crate 时，会生成一个可执行的二进制文件，这是 Cargo 工具的默认 Crate 类型。

创建二进制项 Crate 的具体操作如下：

（1）使用 cargo new 命令生成一个 Rust 源包。

（2）在工作目录的终端会话中运行以下命令以创建新包：

```
cargo new --bin first-program && cd first-program
```

上述命令中的--bin 标志是告诉 Cargo 生成一个包，该包在编译时会生成一个二进制项 Crate（可执行文件）。first-program 是给定包的名称。你也可以指定为其他名称。

（3）执行命令后，将出现如图 1.2 所示的目录结构。

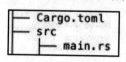

图 1.2　目录结构

其中，Cargo.toml 文件包含该包的元数据：

```
[package]
name = "first-program"
version = "0.1.0"
authors = [<your email>]
edition = "2018"
```

src 目录包含一个名为 main.rs 的文件：

```
fn main() {
    println!("Hello, world!");
}
```

（4）要从该包中生成一个二进制项 Crate（或可执行文件），请运行以下命令：

```
cargo build
```

上述命令可在项目根目录中创建一个名为 target 的文件夹，并在 target/debug 中创建一个与包名称（本示例中为 first-program）同名的二进制项 Crate（可执行文件）。

（5）从命令行中执行以下命令：

```
cargo run
```

此时控制台的输出如下所示：

```
Hello, world!
```

ℹ **注意：关于执行二进制文件的路径设置注意事项**

应该设置 LD_LIBRARY_PATH 以在路径中包含工具链库。对于类 UNIX 平台可执行以下命令：

```
export LD_LIBRARY_PATH=$(rustc --print sysroot)/
lib:$LD_LIBRARY_PATH
```

对于 Windows 系统，如果你的可执行文件失败并显示 Image not found（未找到镜像）错误，请适当更改语法；或者，你也可以使用 cargo run 命令来构建和运行代码，这对于开发来说很方便。

默认情况下，生成的二进制项 Crate（可执行文件）的名称与源包的名称相同。如果你想更改二进制项 Crate 的名称，则可以将以下代码添加到 Cargo.toml 文件中：

```
[[bin]]
name = "new-first-program"
path = "src/main.rs"
```

（6）在命令行中运行以下命令：

```
cargo run  --bin new-first-program
```

你将在 target/debug 文件夹中看到一个新的可执行文件，其名称为 new-first-program。控制台的输出则为 Hello, world!。

（7）一个 Cargo 包可以包含多个二进制文件的源代码。现在让我们来看看如何将另一个二进制文件添加到示例项目中。

在 Cargo.toml 文件的第一个[[bin]]的下方添加一个新的[[bin]]目标：

```
[[bin]]
name = "new-first-program"
path = "src/main.rs"
[[bin]]
name = "new-second-program"
path = "src/second.rs"
```

（8）创建一个新文件 src/second.rs，并添加以下代码：

```
fn main() {
    println!("Hello, for the second time!");
}
```

（9）运行以下命令：

```
cargo run --bin new-second-program
```

此时控制台的输出如下所示：

```
Hello, for the second time!
```

在 target/debug 目录中还可以找到一个名为 new-second-program 的新的可执行文件。

恭喜！现在你已经学习了如何执行以下操作：

❑ 创建 Rust 源代码包并将其编译为可执行的二进制项 Crate。

❑ 为二进制文件指定一个与包名称不同的新名称。

❑ 向同一个 Cargo 包中添加第二个二进制文件。

请注意，一个 Cargo 包可以包含一个或多个二进制项 Crate。

1.4.2 配置 Cargo

Cargo 包有一个关联的 Cargo.toml 文件，该文件也被称为清单（manifest）。

清单中至少应包含[package]部分，但也可以包含许多其他部分。这些部分按不同的方式划分如下。

1. 指定包的输出目标

Cargo 包可以有 5 种类型的目标。

❑ [[bin]]：二进制目标是一个可执行程序，它可以在被构建后进行运行。

❑ [lib]：库目标将生成可供其他库和可执行文件使用的库。

❑ [[example]]：此目标对于通过示例代码向用户演示外部 API 的用法很有用。位于 example 目录中的示例源代码可以使用此目标构建到可执行二进制文件中。

❑ [[test]]：位于 tests 目录中的文件代表集成测试，每个文件都可以编译成单独的可执行二进制文件。

❑ [[bench]]：在库和二进制文件中定义的基准函数被编译成单独的可执行文件。

可以为上述目标指定配置，包括目标名称、目标源文件以及是否要让 Cargo 自动运行测试脚本并为目标生成文档等参数。在 1.4.1 节"构建一个基本的二进制项 Crate"中，我们为生成的二进制可执行文件更改了名称并设置了源文件。

2．指定包的依赖项

包中的源文件可能依赖于其他内部或外部库，这些内部或外部库也被称为依赖项（dependency）。这些依赖项中的每一个又可能依赖于其他库。Cargo 将下载此部分下指定的依赖项列表，并将它们链接到最终输出目标。各种类型的依赖项介绍如下。

❑ [dependencies]：包库或二进制依赖项。

❑ [dev-dependencies]：示例、测试和基准测试的依赖项。

❑ [build-dependencies]：构建脚本的依赖项（如果有指定）。

❑ [target]：这是针对各种目标架构的代码的交叉编译。请注意，不要将此依赖项与包的输出目标混淆，后者可以是 lib、bin 等。

3．指定配置文件

在构建 Cargo 包时可以指定以下 4 种类型的配置文件。

❑ dev：cargo build 命令默认使用 dev 配置文件。使用此选项构建的包针对编译时（compile-time）速度进行了优化。

❑ release：cargo build --release 命令启用的是 release 配置文件，它适用于生产版本，并针对运行时（runtime）速度进行了优化。

❑ test：cargo test 命令使用的是 test 配置文件，它用于构建测试可执行文件。

❑ bench：cargo bench 命令将创建基准可执行文件，它会自动运行所有带有#[bench]属性注释的函数。

4．将包指定为工作空间

如前文所述，工作空间是一个组织单元，可以将多个包组合到一个项目中。当一组相关的包之间存在共享依赖项时，工作空间有助于节省磁盘空间和编译时间。

[workspace]部分可用于定义作为工作空间一部分的包的列表。

1.4.3　构建静态库 Crate

前面已经讨论了如何创建二进制项 Crate。现在来看看如何创建一个库 Crate：

```
cargo new --lib my-first-lib
```

新建一个 Cargo 项目，其默认目录结构如下：

```
├──── Cargo.toml
├──── src
│       └──── lib.rs
```

在 src/lib.rs 中添加以下代码：

```
pub fn hello_from_lib(message: &str) {
    println!("Printing Hello {} from library",message);
}
```

运行以下命令：

```
cargo build
```

此时即可看到在 target/debug 下构建的库，其名称为 libmy_first_lib.rlib。

要调用该库中的函数，可以构建一个很小的二进制项 Crate。在 src 下创建一个 bin 目录，并创建一个新文件 src/bin/mymain.rs。

在 mymain.rs 中添加以下代码：

```
use my_first_lib::hello_from_lib;
fn main() {
    println!("Going to call library function");
    hello_from_lib("Rust system programmer");
}
```

在上述代码中，use my_first_lib::hello_from_lib 语句告诉编译器，将库函数带入该程序的作用域中。

运行以下命令：

```
cargo run --bin mymain
```

此时将在控制台中看到输出语句。此外，二进制项 mymain 将与我们之前编写的库一起被放入 target/debug 文件夹中。二进制项 Crate 在同一文件夹中查找库，在本例中找到了该库，因此它能够调用库中的函数。

如果要将 mymain.rs 文件放在另一个位置处（而不是在 src/bin 中），那么就要在

Cargo.toml 文件中添加一个目标并提供二进制文件的名称和路径，并将 mymain.rs 文件移动到指定的位置处。示例如下：

```
[[bin]]
name = "mymain"
path = "src/mymain.rs"
```

运行以下命令，即可在控制台中看到输出。

```
cargo run --bin mymain
```

1.5　自动化依赖项管理

在 1.4 节"使用 Cargo 自动化构建管理"中，学习了如何使用 Cargo 为新项目设置基本项目目录结构和脚手架，以及如何构建各种类型的二进制项和库 Crate。本节将讨论 Cargo 的依赖项管理功能。

Rust 带有一个由语言原语（primitive）和常用函数组成的内置标准库，但它在设计上很小（与其他语言相比）。因此，Rust 中的大多数实际程序都依赖于外部库来提高功能和开发人员的生产力。程序所使用的任何此类外部代码都是程序的依赖项。Cargo 可以轻松指定和管理依赖项。

在 Rust 生态系统中，crates.io 是用于发现和下载库（在 Rust 中称为 Package 或 Crate）的中央公共包注册表，类似于 JavaScript 中的 npm。Cargo 使用 crates.io 作为默认包注册表。

依赖项在 Cargo.toml 文件的[dependencies]部分中指定。下面来看一个示例。

使用以下命令启动一个新项目：

```
cargo new deps-example && cd deps-example
```

在 Cargo.toml 文件中，输入以下条目以包含外部库：

```
[dependencies]
chrono = "0.4.0"
```

Chrono 是一个日期时间库。这被称为依赖项（dependency），因为 deps-example Crate 依赖于这个外部库的功能。

当运行 cargo build 时，Cargo 会在 crates.io 上查找具有此名称和版本的 Crate。如果找到，那么它会下载这个 Crate 及其所有依赖项，并编译它们，然后使用下载的软件包的确切版本更新名为 Cargo.lock 的文件。Cargo.lock 文件名中有 lock（锁定）这个词，意味着它是自动生成的文件，而不用编辑。

Cargo.toml 文件中的每个依赖项都在一个新行中被指定，并采用以下格式：

```
<crate-name> = "<semantic-version-number>"
```

在这里，semantic-version-number（语义上的版本号）的形式为 X.Y.Z，其中 X 是主要版本号，Y 是次要版本，Z 是补丁版本。

1.5.1　指定依赖项的位置

在 Cargo.toml 文件中有很多方法可以指定依赖项的位置和版本，其中一些方法总结如下。

1．crates.io 注册表

crates.io 注册表是默认选项，开发人员需要指定包名称和版本字符串，前述内容对此已有所介绍。

2．备用注册表

虽然 crates.io 是默认注册表，但 Cargo 还提供了使用备用注册表（alternative registry）的选项。注册表名称必须在.cargo/config 文件中进行配置，并且在 Cargo.toml 文件中，需要使用注册表名称创建一个条目，示例如下：

```
[dependencies]
cratename = { version = "2.1", registry = "alternate-registry-name" }
```

3．Git 存储库

还可以将 GitHub 存储库指定为依赖项。示例如下：

```
[dependencies]
chrono = { git = "https://github.com/chronotope/chrono",
    branch = "master" }
```

Cargo 将在指定的分支和位置处获取存储库，并查找其 Cargo.toml 文件以获取其依赖项。

4．本地路径

Cargo 支持通过本地路径指定依赖项，这意味着库可以是主 Cargo 包中的子 Crate。在构建主 Cargo 包时，也可以构建被指定为依赖项的子 Crate。但是，通过本地路径指定的依赖项不能上传到 crates.io 公共注册表中。

5．多个位置

Cargo 支持使用注册表版本，也支持使用 Git 或路径位置。对于本地构建，可使用

Git 或路径版本，而当包被发布到 crates.io 中时，将使用注册表版本。

1.5.2　在源代码中使用依赖包

一旦通过上述任何格式在 Cargo.toml 文件中指定了依赖项，就可在包代码中使用外部库。例如，可将以下代码添加到 src/main.rs 中：

```
use chrono::Utc;
fn main() {
    println!("Hello, time now is {:?}", Utc::now());
}
```

在上述代码中，use 语句告诉编译器，将 chrono 包 Utc 模块带入该程序的范围中，这样就可以从 Utc 模块中访问函数 now()以输出当前日期和时间。

use 语句不是强制性的。输出日期和时间的另一种方法如下：

```
fn main() {
    println!("Hello, time now is {:?}", chrono::Utc::now());
}
```

这将给出相同的结果。但是，如果必须在代码中多次使用 chrono 包中的函数，那么使用 use 语句将 chrono 和所需模块带入作用域中会更方便，并且更容易输入。

也可以使用 as 关键字重命名导入的包：

```
use chrono as time;
fn main() {
    println!("Hello, time now is {:?}", time::Utc::now());
}
```

有关管理依赖项的更多详细信息，请参阅以下 Cargo 文档：

https://doc.rust-lang.org/cargo/reference/specifying-dependencies.html

本节已经讨论了如何向包中添加依赖项。开发人员可以将任意数量的依赖项添加到 Cargo.toml 文件中并在程序中使用。Cargo 使依赖项管理过程成为一种非常愉快的体验。

接下来，我们看看 Cargo 的另一个实用功能——运行自动化测试。

1.6　编写和运行自动化测试

Rust 编程语言内置支持编写自动化测试的功能。

Rust 测试基本上是 Rust 函数，用于验证包中编写的其他非测试函数是否能按预期工作。它们通常是用指定的数据调用其他函数，并判断返回值是否符合预期。

Rust 有两种类型的测试——单元测试（unit test）和集成测试（integration test）。

1.6.1　用 Rust 编写单元测试

使用以下命令创建一个新的 Rust 包：

```
cargo new test-example && cd test-example
```

编写一个新函数，以返回当前运行的进程的 ID。在后面的章节中将会介绍进程处理的细节，目前的重点是编写单元测试，因此只要输入以下代码即可：

```
use std::process;
fn main() {
    println!("{}", get_process_id());
}
fn get_process_id() -> u32 {
    process::id()
}
```

上述代码编写了一个简单的函数来使用标准库 process 模块，检索当前正在运行的进程的 ID。

使用 cargo check 运行代码以确认没有语法错误。

现在来编写一个单元测试。请注意，我们无法预先知道进程 ID 将是什么，因此只能测试返回的是否为一个数字：

```
#[test]
fn test_if_process_id_is_returned() {
    assert!(get_process_id() > 0);
}
```

运行 cargo test。你将看到该测试已成功通过，因为该函数将返回一个非零正整数。

请注意，我们编写的单元测试与其余代码是在相同的源文件中。为了告诉编译器这是一个测试函数，我们使用了#[test]注释。

assert! 宏（在标准 Rust 库中可用）用于检查条件是否为真。还有另外两个可用的宏——assert_eq! 和 assert_ne!——用于测试传递给这些宏的两个参数是否相等。

还可以指定自定义错误消息：

```
#[test]
fn test_if_process_id_is_returned() {
```

```
        assert_ne!(get_process_id(), 0, "There is error in code");
}
```

要编译但不运行测试，可在 cargo test 命令中使用--no-run 选项。

上面的例子只有一个简单的 test 函数，但是随着测试次数的增加，会出现以下问题：

❑　如何编写测试代码所需的任何辅助函数并将它与其他包代码区分开来？

❑　如何防止编译器将测试编译为每个构建的一部分（以节省时间），并且不将测试代码作为正常构建的一部分（以节省磁盘/内存空间）？

为了提供更多的模块化并解决上述问题，在 Rust 中可将测试函数单独分组在一个 test 模块中，这也是惯常做法：

```
#[cfg(test)]
mod tests {
    use super::get_process_id;
    #[test]
    fn test_if_process_id_is_returned() {
        assert_ne!(get_process_id(), 0, "There is error in code");
    }
}
```

以下为上述代码所做的更改：

❑　已将 test 函数移至 tests 模块下。

❑　添加了 cfg 属性，它告诉编译器仅在尝试运行测试时才编译测试代码（即仅用于 cargo test，而不用于 cargo build）。

❑　use 语句将 get_process_id 函数带入 tests 模块的范围中。请注意，tests 是一个内部模块，因此使用 super::前缀将要测试的函数带入 tests 模块的范围中。

cargo test 现在会给出相同的结果。但是我们已经实现了更好的模块化，并且允许有条件地编译测试代码。

1.6.2　用 Rust 编写集成测试

在 1.6.1 节 "用 Rust 编写单元测试" 中，演示了如何定义一个 tests 模块来执行单元测试。这可用于测试细粒度的代码片段，如单个函数调用。单元测试的特点是规模小，关注的面很窄。

为了测试涉及更大范围的代码（如工作流）的更广泛的测试场景，则需要执行集成测试。编写这两种类型的测试以完全确保库按预期工作非常重要。

要编写集成测试，Rust 中的约定是在包的根目录中创建一个 tests 目录，并在该文件夹下创建一个或多个文件，每个文件包含一个集成测试。tests 目录下的每个文件都被视为一个单独的 Crate。

但是这里有一个问题，Rust 中的集成测试不适用于二进制项 Crate，只能用于库 Crate。所以，可使用以下命令创建一个新的库 Crate：

```
cargo new --lib integ-test-example && cd integ-test-example
```

在 src/lib.rs 文件中，将现有代码替换为以下内容：

```
use std::process;
pub fn get_process_id() -> u32 {
    process::id()
}
```

可以看到，以上代码与我们之前编写的代码相同，只不过这次是在 lib.rs 中。

现在创建一个 tests 文件夹，并在其中创建一个文件 integration_test1.rs。在此文件中添加以下代码：

```
use integ_test_example;
#[test]
fn test1() {
    assert_ne!(integ_test_example::get_process_id(), 0, "Error in code");
}
```

可以看到，与单元测试相比，对测试代码进行了以下更改：

❑ 集成测试对于该库来说是在外部，因此必须将库纳入集成测试的范围中。这是模拟库的外部用户如何从库的公共接口中调用函数。这代替了单元测试中使用的 super::前缀，以将测试的函数带入作用域中。

❑ 不必为集成测试指定#[cfg(test)]注释，因为它们被存储在单独的文件夹中，并且只有在运行 cargo test 时 Cargo 才会编译此目录中的文件。

❑ 仍然必须为每个 test 函数指定#[test]属性，以告诉编译器，这些是要执行的测试函数（而不是辅助程序或实用程序代码）。

运行 cargo test，即可看到此集成测试已成功运行。

1.6.3　控制测试执行

cargo test 命令将在测试模式下编译源代码并运行生成的二进制文件。cargo test 可以通过指定命令行选项以各种模式进行运行。

下面介绍一些主要选项。

1. 按名称运行测试子集

如果一个包中有大量的测试，cargo test 每次都会默认运行所有的测试。要按名称运行任何特定的测试用例，可使用以下选项：

```
cargo test ---- testfunction1, testfunction2
```

要验证这一点，可将 integration_test1.rs 文件中的代码替换为以下内容：

```
use integ_test_example;
#[test]
fn files_test1() {
    assert_ne!(integ_test_example::get_process_id(),0,"Error in code");
}

#[test]
fn files_test2() {
    assert_eq!(1+1, 2);
}

#[test]
fn process_test1() {
    assert!(true);
}
```

最后一个虚拟 test 函数用于运行选择性用例的演示。

❑ 运行 cargo test，可以看到两个测试都被执行。

❑ 运行 cargo test files_test1，可以看到 files_test1 被执行。

❑ 运行 cargo test files_test2，可以看到 files_test2 被执行。

❑ 运行 cargo test files，会看到 files_test1 和 files_test2 测试都被执行，但是 process_test1 没有被执行。这是因为 Cargo 会查找所有包含 files 的测试用例并执行它们。

2. 忽略一些测试

在某些情况下，开发人员会希望每次都执行大部分测试，但排除少数测试。这可以通过使用#[ignore]属性注释 test 函数来实现。

在上面的例子中，假设要从常规执行中排除 process_test1，因为它是计算密集型的，需要很多时间来执行，则可使用以下代码段来完成目标：

```
#[test]
#[ignore]
fn process_test1() {
```

```
    assert!(true);
}
```

运行 cargo test，可以看到 process_test1 被标记为已忽略，因此没有被执行。

要在单独的迭代中仅运行被忽略的测试，可使用以下选项：

```
cargo test -- --ignored
```

第一个--是 Cargo 命令的命令行选项和 test 二进制文件的命令行选项之间的分隔符。在本示例中，我们为 test 二进制文件传递了--ignored 标志，因此需要使用这种看似令人困惑的语法。

1.6.4　按顺序或并行运行测试

默认情况下，cargo test 将在单独的线程中并行运行各种测试。要支持这种执行模式，测试函数的编写方式必须保证测试用例之间没有公共数据共享。当然，如果确实有这样的需求（例如，一个测试用例将一些数据写入某个位置处，另一个测试用例需要读取这些数据），则可以按以下方式顺序运行测试：

```
cargo test -- --test-threads=1
```

上述命令告诉 Cargo 只使用一个线程来执行测试，这间接意味着必须按顺序执行测试。

总之，Rust 具有强大的内置类型系统，其编译器可强制执行严格的所有权规则，再加上编写和执行单元测试和集成测试用例的能力（这是语言和工具能力的一个组成部分），Rust 成为一种颇受开发人员青睐的语言，足以编写健壮可靠的系统。

1.7　生成项目文档

Rust 附带了一个名为 Rustdoc 的工具，该工具可以为 Rust 项目生成文档。Cargo 与 Rustdoc 集成在一起，因此用户可以使用任何一种工具生成文档。

要了解为 Rust 项目生成文档意味着什么，请访问以下网址：

http://docs.rs

该网站是 crates.io 中所有 Crate 的文档库。要查看生成的文档示例，可选择一个 Crate 并查看其文档。例如，可以访问 docs.rs/serde 以查看 serde 这个 Rust 中流行的序列化/反序列化（serialization/deserialization）库的文档。

要为 Rust 项目生成类似的文档，必须考虑要说明的内容以及如何进行说明。

但是，对项目文档需要进行说明哪些内容呢？以下是 Crate 文档的一些实用参考：

❏　对 Rust 库功能的总体简短描述。

❏　库中的模块和公共函数列表。

❏　其他项目的列表，如特征（trait）、宏（macro）、结构体（struct）、枚举（enum）和类型定义（typedef）等。库的公共用户需要熟悉它们以使用各种功能。

❏　对于二进制项 Crate，可提供安装说明和命令行参数。

❏　向用户演示如何使用该 Crate 的示例。

❏　Crate 的设计细节（可选）。

在知道了要说明的文档内容之后，还必须了解如何进行说明。

以下两种方式均可用于为 Crate 生成文档：

❏　Crate 中的内联文档注释。

❏　单独的 Markdown 文件。

你可以使用上述两种方式中的任何一种，并且 Rustdoc 工具会将它们转换为可以从浏览器中查看的 HTML、CSS 和 JavaScript 代码。

1.7.1　在 Crate 中编写内联文档注释

Rust 有两种类型的注释：代码注释（针对开发人员）和文档注释（针对库/Crate 的用户）。

代码注释使用以下方式编写：

❏　//用于单行注释和在 Crate 中编写内联文档注释。

❏　/* */用于多行注释。

文档注释使用以下两种样式编写：

❏　使用 3 个斜杠///来注释在注释之后的各个项目。Markdown 符号可用于设置注释的样式（如粗体或斜体）。这通常用于项目级文档。

❏　使用///!为包含这些注释的项目添加文档（与第一种样式相反，第一种样式是注释在注释之后的项目）。这通常用于 Crate 级文档。

在上述两种情况下，Rustdoc 都可以从 Crate 的文档注释中提取文档。

例如，可将以下注释添加到 src/lib.rs 的 integ-test-example 项目中：

```
//! 这是一个库
//! 包含与进程处理相关的函数
//! 可使执行这些任务更加方便


use std::process;
```

```
/// 该函数可获取当前可执行文件的进程 ID
/// 它返回一个非零数字
pub fn get_process_id() -> u32 {
    process::id()
}
```

运行以下命令即可查看生成的与文档注释相对应的 HTML 文档：

```
cargo doc -open
```

1.7.2　在 Markdown 文件中编写文档

在 Crate 根目录下创建一个新文件夹 doc，并添加一个新文件 itest.md，其 Markdown 内容如下：

```
# integ-test-example Crate 说明文档

This is a project to test `rustdoc`.

[Here is a link!](https://www.rust-lang.org)

// 函数签名

pub fn get_process_id() -> u32 {}
```

该函数将返回当前运行的可执行文件的进程 ID：

```
// 示例

```rust

use integ_test_example;

fn get_id() -> i32 {
    let my_pid = get_process_id();
    println!("Process id for current process is: {}", my_pid);
}
```
```

请注意，上述代码仅为象征性演示。

遗憾的是，Cargo 不直接支持从独立的 Markdown 文件中生成 HTML（至少在撰写本文时是如此），因此还必须使用 Rustdoc，如下所示：

```
rustdoc doc/itest.md
```

此时你将在同一文件夹中找到生成的 HTML 文档 itest.html，可以在浏览器中对其进行查看。

1.7.3 运行文档测试

如果编写了任何代码示例作为文档的一部分，则 Rustdoc 可以将代码示例作为测试进行执行。

现在可以为我们的库编写一个代码示例。打开 src/lib.rs 并将以下代码示例添加到现有代码中：

```
//! Integration-test-example crate
//!
//! 这是一个库
//! 包含与进程处理相关的函数
//! 可使执行这些任务更加方便

use std::process;
/// 该函数可获取当前可执行文件的进程 ID
/// 它返回一个非零数字
/// ```
/// fn get_id() {
/// let x = integ_test_example::get_process_id();
/// println!("{}",x);
/// }
/// ```
pub fn get_process_id() -> u32 {
    process::id()
}
```

如果运行 cargo test --doc，那么它将运行此示例代码并提供执行状态。

或者运行 cargo test，将运行 tests 目录中的所有测试用例（除了那些被标记为忽略的），然后运行文档测试（即作为文档一部分提供的代码示例）。

1.8 小 结

对于一名 Rust 程序员来说，了解工具链的 Cargo 生态系统是非常重要的，本章提供了在后面章节中能用得上的基础知识。

Rust 有 3 个发布通道——稳定版、测试版和夜间版。建议将稳定版用于生产用途，夜间版用于实验性功能，而测试版则是一个过渡阶段，用于验证 Rust 语言版本在标记为稳定版之前没有任何回归。我们还学习了如何使用 Rustup 来配置项目的工具链。

本章讨论了在 Rust 项目中组织代码的不同方式。我们演示了如何构建可执行二进制文件和共享库，以及如何使用 Cargo 来指定和管理依赖项。

接下来，本章介绍了如何使用 Rust 的内置测试框架为 Rust 包编写单元测试和集成测试，如何使用 Cargo 调用自动化测试，以及如何控制测试执行等。

最后，本章还介绍了如何通过内联文档注释和使用独立的 Markdown 文件来生成项目文档。

第 2 章"Rust 编程语言之旅"将通过一个实战项目讲解 Rust 编程语言。

1.9　延　伸　阅　读

❑ The Cargo Book（Cargo 之书），其网址如下：

https://doc.rust-lang.org/cargo

❑ The Rust Book（Rust 之书），其网址如下：

https://doc.rust-lang.org/book/

❑ Rust Forge（Rust 精解），其网址如下：

https://forge.rust-lang.org/

❑ The Rustup book（Rustup 之书），其网址如下：

https://rust-lang.github.io/rustup/index.html

❑ The Rust style guide（Rust 风格指南）——包含编写地道 Rust 代码的约定、指南和最佳实践，其网址如下：

https://github.com/rust-dev-tools/fmt-rfcs/blob/master/guide/guide.md

第2章　Rust 编程语言之旅

在第 1 章 "Rust 工具链和项目结构" 中，详细阐释了用于构建和依赖项管理、测试和文档生成的 Rust 工具生态系统。这些都是非常重要且对开发人员高度友好的工具，为开发人员从事 Rust 项目开发奠定了坚实的基础。本章将构建一个实际工作示例，以复习和强化 Rust 编程概念。

本章的目标是进一步熟悉和掌握 Rust 开发的核心概念。在深入研究 Rust 系统编程的细节之前，这是必不可少的。我们将通过在 Rust 中设计和开发命令行界面（command-line interface，CLI）来实现这一点。

本章将要构建的应用程序是一个算术表达式求值器（arithmetic expression evaluator）。这个名称听起来很拗口，对吧？那我们来看一个例子。

假设用户在命令行中输入以下算术表达式：

```
1+2*3.2+(4/2-3/2)-2.11+2^4
```

该工具将输出 21.79。

对于用户来说，它似乎只是一个计算器而已，但要实现这一功能却需要做很多工作。该示例项目将介绍解析器和编译器设计中使用的核心计算机科学概念。这是一个非常重要的项目，它允许我们测试核心 Rust 编程的深度，但又不会过于复杂。

在继续阅读之前，我们建议你首先克隆本章代码存储库，导航到 Chapter2 文件夹，然后执行 cargo run 命令。在命令行提示符下输入几个算术表达式并查看工具返回的结果。你按 Ctrl+C 快捷键退出该工具。这将使你更好地了解本章中将要构建的内容。

以下是本章的关键学习步骤，它们对应于构建项目的各个阶段：
- ❑　分析问题域。
- ❑　系统行为建模。
- ❑　构建标记化器。
- ❑　构建解析器。
- ❑　构建求值器。
- ❑　处理错误。
- ❑　构建命令行应用程序。

2.1　技术要求

你需要在本地开发环境中安装 Rustup 和 Cargo。

本章代码的 GitHub 存储库网址如下：

https://github.com/PacktPublishing/Practical-System-Programming-for-Rust-Developers/tree/master/Chapter02

2.2　分析问题域

本节将定义项目的范围以及需要解决的技术挑战。

理解和分析问题域是构建任何系统的第一步。明确地阐述我们试图解决的问题以及系统的边界是很重要的。这些可以按系统需求的形式进行捕获。

下面我们看看将要构建的命令行界面（CLI）工具的要求。

该工具应接收一个算术表达式作为输入，对输入进行评估，并以浮点数的形式提供数值输出。例如，表达式 1+2*3.2+ (4/2-3/2)-2.11+2^4 的计算结果应为 21.79。

作用域中的算术运算有加法（+）、减法（-）、乘法（*）、除法（/）、幂（^）和负号（-），表达式都包含在括号()中。

三角函数和对数函数、绝对值、平方根等数学函数不在范围内。

有了这样的表达式之后，需要解决的问题如下。

❑　用户应该能够在命令行上以自由文本形式输入算术表达式。数字、算术运算符和括号（如果有）应该用不同的规则集进行分隔和处理。

❑　必须考虑运算符优先级规则（如乘法优先于加法）。

❑　括号()内的表达式必须具有更高的优先级。

❑　用户可以不在数字和运算符之间输入空格，但程序仍然必须能够解析字符之间有或没有空格的输入。

❑　如果数字包含小数点，则继续读取数字的其余部分，直至遇到运算符或括号。

❑　无效输入应被处理。当出现无效输入时，程序应中止并显示适当的错误消息。以下是无效输入的一些示例。

　　➢　无效输入 1：由于该程序不处理变量，如果用户输入了一个字符，则程序应该退出并显示合适的错误信息（例如，2 * a 是无效输入）。

➢ 无效输入 2：如果只遇到一个括号（例如，没有匹配的右括号），则程序应该退出并显示错误消息。

➢ 无效输入 3：如果无法识别算术运算符，则程序应该退出并显示错误消息。

显然还有其他类型的边缘情况会导致错误，但我们只关注这些。读者也可以实现其他错误条件作为进一步练习。

在明确了要构建的问题域之后，接下来，我们设计该系统。

2.3　系统行为建模

在 2.2 节 "分析问题域" 中，我们确认了系统要求，现在可以设计处理算术表达式的逻辑。算术表达式求值器的设计如图 2.1 所示。

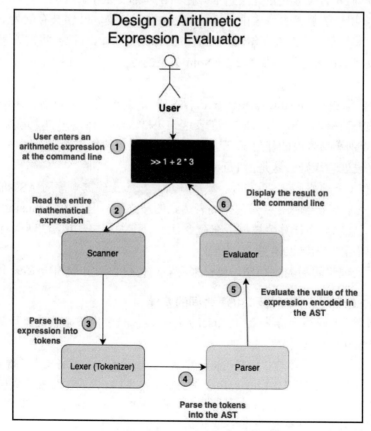

图 2.1　算术表达式求值器的设计

原　　文	译　　文
Design of Arithmetic Expression Evaluator	算术表达式求值器的设计
User	用户
User enters an arithmetic expression at the command line	用户在命令行中输入算术表达式
Read the entire mathematical expression	读取整个算术表达式
Parse the expression into tokens	将表达式解析为标记
Parse the tokens into the AST	将标记解析为 AST
Evaluate the value of the expression encoded in the AST	评估 AST 编码的表达式的值
Display the result on the command line	在命令行中显示结果

图 2.1 中显示的组件按如下方式协同工作。

（1）用户在命令行中输入算术表达式并按 Enter 键。

（2）用户输入的表达式被完整扫描并存储在局部变量中。

（3）来自用户的算术表达式由 Scanner 模块进行扫描。数字被存储为 Numeric 类型的标记，每个算术运算符都被存储为相应类型的标记。例如，+符号将被表示为 Add 类型的标记，而数字 1 将被存储为值为 1 的 Num 类型的标记。这是由 Lexer（或 Tokenizer）模块完成的。

（4）抽象语法树（abstract syntax tree，AST）是根据步骤（3）中的标记构建的，同时考虑到必须评估标记的顺序。例如，在表达式 1+2*3 中，必须在加法运算符之前计算 2 和 3 的乘积。此外，括号内的任何子表达式都必须以更高的优先级进行评估。最终的 AST 将反映所有此类处理规则。这是由 Parser 模块完成的。

（5）在有了构造好的 AST 之后，最后一步是按照正确的顺序对 AST 的每个节点进行求值，并将它们聚合起来，以得到完整表达式的最终值。这是由 Evaluator 模块完成的。

（6）表达式的最终计算值被显示在命令行上，作为程序输出给用户。或者，处理中的任何错误都被显示为错误消息。

以上就是处理步骤的大致顺序。现在来看看如何将该设计转换成 Rust 代码。

ℹ注意：词法分析器、解析器和 AST 之间的差异

词法分析器（lexer）和解析器（parser）是计算机科学中用来构建编译器（compiler）和解释器（interpreter）的概念。

❑　词法分析器也被称为分词器或标记化器（tokenizer），可将文本（源代码）拆分为单词并为其分配词法（lexical）含义，如关键字（keyword）、表达式（expression）、运算符（operator）、函数调用（function call）等。词法分析器可生成标记，因此也被称为标记化器。

❑ 解析器可获取词法分析器的输出并将标记排列成树结构（树是一种数据结构）。这种树结构也被称为抽象语法树（AST）。有了 AST 之后，编译器可以生成机器代码，解释器可以评估指令。

词法分析和解析阶段是编译过程中的两个不同步骤，但在某些情况下它们被结合在一起。请注意，词法分析器、解析器和 AST 等概念的应用范围不仅限于编译器或解释器，如渲染 HTML 网页或 SVG 图像。

到目前为止，我们已经讨论了系统的高级设计。现在要了解的是如何组织代码。该项目的代码结构如图 2.2 所示。

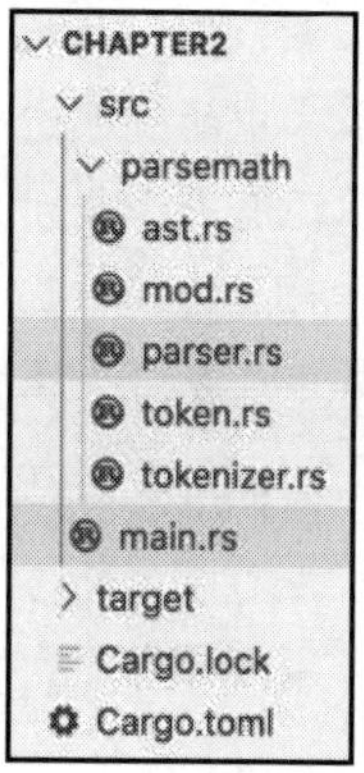

现在来看看每个路径的意义。

❑ src/parsemath：包含核心处理逻辑的模块。

❑ src/parsemath/ast.rs：包含 AST 代码。

❑ src/parsemath/parser.rs：包含解析器的代码。

❑ src/parsemath/token.rs：包含标记和运算符优先级的数据结构。

❑ src/parsemath/tokenizer.rs：包含标记化器的代码。

❑ src/main.rs：主命令行应用程序。

现在可按以下方式设置项目。

（1）使用以下命令创建一个新项目：

图 2.2　项目的代码结构

```
cargo new chapter2 && cd chapter2
```

（2）在 src 文件夹中创建一个名为 parsemath 的文件夹。

（3）在 src/parsemath 文件夹中创建 ast.rs、token.rs、tokenizer.rs、parser.rs 和 mod.rs 文件。

（4）将以下内容添加到 src/parsemath/mod.rs 中：

```
pub mod ast;
pub mod parser;
pub mod token;
pub mod tokenizer;
```

请注意，该项目使用了 Rust 模块系统来构建。与解析相关的所有功能都在 parsemath 文件夹中。该文件夹中的 mod.rs 文件表明这是一个 Rust 模块。mod.rs 文件导出此文件夹包含的各种文件中的函数，并使其可用于 main() 函数。

在 main() 函数中，注册了 parsemath 模块，以便模块树由 Rust 编译器构建。

总的来说，Rust 模块结构可帮助开发人员以灵活的和可维护的方式组织不同文件中的代码。

ⓘ 注意：关于本章代码片段的重要说明

本章将详细介绍命令行工具的设计，并提供相应的示意图。对于所有关键方法的代码片段，也将提供解释。当然，在某些地方，完成代码的一些元素（如模块导入、测试脚本和 impl 块的定义）并未包含在内，但可以直接在 GitHub 存储库中找到。如果你要跟随本章示例一起编码，请记住这一点；否则，你可以结合 GitHub 存储库中的完整代码按照本章中的说明进行操作。

还有一个提示，你将在接下来的关于构建标记化器、解析器和求值器的小节中看到?操作符。请记住，?是错误处理的快捷方式，它可以将错误从给定函数自动传播到其调用函数中。在 2.7 节"处理错误"中还将对此进行具体解释。

前期准备完毕，现在我们开始吧。

2.4　构建标记化器

分词器或标记化器（tokenizer）是本项目系统设计中的一个模块，它从算术表达式中读取一个或多个字符并将其转换为一个标记（token）。换句话说，输入是一组字符，而输出则是一组标记。像这样的标记示例是 Add、Subtract 和 Num(2.0)。

我们必须首先为输入和输出创建一个数据结构：

❑　存储来自用户输入的算术表达式。

❑　表示输出的标记。

接下来，我们将深入研究如何为 Tokenizer 模块确定正确的数据结构。

2.4.1　Tokenizer 数据结构

为了存储输入的算术表达式，可选择以下数据类型：

❑　字符串切片。

❑　字符串。

我们将选择 &str 类型，因为不需要拥有该值或动态增加表达式的大小。这是因为用户将提供一次算术表达式，然后表达式在处理期间不会改变。

以下是 Tokenizer 数据结构的一种可能表示：

src/parsemath/tokenizer.rs

```
pub struct Tokenizer {
    expr: &str
}
```

如果采用这种方法，那么可能会遇到一个问题。为了理解该问题，不妨了解标记化是如何发生的。

对于表达式 1+21*3.2，扫描的单个字符将显示为以下 8 个单独的值：

1, +, 2, 1, *, 3, ., 2

从这 8 个值中，可提取以下 5 个标记：

Num(1.0), Add, Num(21.0), Multiply, Num(3.2)

为了实现这一点，我们不仅需要读取一个字符将其转换为标记，还需要查看下一个字符之外的字符。例如，给定输入表达式 1+21*3.2，要将数字 21 标记为 Num(21)，我们需要读取字符 2，后跟 1，再后面是*，以得出第一个加法运算的第二个操作数的值为 21。

为了实现这一点，我们必须将字符串切片转换为迭代器，这不仅允许我们遍历字符串切片以读取每个字符，还允许我们提前查看其后字符的值。

我们看看如何在字符串切片上实现迭代器。Rust 有一个内置类型，是标准库中 str 模块的一部分，该结构被称为 Chars。

因此，Tokenizer 结构体的定义可能如下所示：

src/parsemath/tokenizer.rs

```
pub struct Tokenizer {
    expr: std::str::Chars
}
```

请注意，我们已将 expr 字段的类型从字符串切片（&str）更改为迭代器类型（Chars）。Chars 是一个遍历字符串切片字符的迭代器。这将允许我们对 expr 进行迭代，如 expr.next()，它将给出表达式中下一个字符的值。但出于上述原因，我们还需要查看输入表达式中下一个字符之后的字符。

为此，Rust 标准库有一个名为 Peekable 的结构体，它有一个 peek()方法。peek()的用法可以通过一个例子来说明。以算术表达式 1+2 为例：

```
let expression = '1+2';
```

因为要将该表达式存储在 Tokenizer 的 expr 字段中，它是 peekable 迭代器类型，我们可以对它依次执行 next()和 peek()方法，如下所示。

（1）expression.next()返回 1。迭代器现在指向字符 1。

（2）expression.peek()返回+，但不使用它，迭代器仍然指向字符 1。

（3）expression.next()返回+，迭代器现在指向字符+。

（4）expression.next()返回 2，迭代器现在指向字符 2。

要启用这样的迭代操作，可定义 Tokenizer 结构体如下：

src/parsemath/tokenizer.rs

```
use std::iter::Peekable;
use std::str::Chars;
pub struct Tokenizer {
expr: Peekable<Chars>
}
```

上述 Tokenizer 结构体其实并未完成，之前的定义会引发编译器错误，要求添加生命周期（lifetime）参数。

Rust 中的结构体可以保存引用（reference），但是在处理包含引用的结构体时，Rust 需要明确指定生命周期。这就是在 Tokenizer 结构体上得到编译器错误的原因。

要解决该问题，可添加生命周期注释：

src/parsemath/tokenizer.rs

```
pub struct Tokenizer<'a> {
expr: Peekable<Chars<'a>>
}
```

可以看到，Tokenizer 结构体被赋予了生命周期注释'a。

我们通过在结构体名称后的尖括号内声明泛型生命周期参数的名称'a 来完成此操作。这告诉 Rust 编译器，对 Tokenizer 结构体的任何引用都不能比对其包含的字符的引用更有效。

ⓘ **注意**：Rust 中的生命周期

在 C、C++等系统语言中，如果与引用相关联的值已在内存中被释放，则对引用的操作可能会导致不可预测的结果或失败。

在 Rust 中，每个引用都有一个生命周期，这是生命周期有效的范围。Rust 编译器（特别是借用检查器）验证引用的生命周期不长于引用指向的底层值的生命周期。

编译器如何知道引用的生命周期？大多数时候，编译器会尝试推断引用的生命周期（称为 elision）。但是如果做不到，则编译器会希望开发人员显式地注释引用的生命周期。

编译器需要显式生命周期注释的常见情况是：函数签名中的两个或多个参数是引用，或者结构体的一个或多个成员是引用类型。

更多细节可以在 Rust 文档中找到，其网址如下：

https://doc.rust-lang.org/1.9.0/book/lifetimes.html

如前文所述，生命周期注释是为了防止发生悬空引用。实例化 Tokenizer 结构时，会将字符串引用传递给它，其中包含算术表达式。根据变量作用域的常规规则（大多数编程语言都是如此），expr 变量需要在 Tokenizer 对象存在的持续时间内有效。如果在 Tokenizer 对象存在时释放对应于 expr 引用的值，则形成悬空（无效）引用。为了防止这种情况发生，可通过<'a>的生命周期注释告诉编译器 Tokenizer 对象的生命周期不能超过它在 expr 字段中保存的引用。

图 2.3 显示了 Tokenizer 的数据结构。

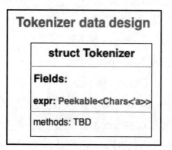

图 2.3　Tokenizer 的数据结构

原　　文	译　　文
Tokenizer data design	Tokenizer 数据设计

到目前为止，我们已经讨论了定义 Tokenizer 结构体的方式，它包含对输入的算术表达式的引用。接下来，需要了解如何表示将 Tokenizer 生成的内容作为输出的标记。

为了能够表示可以生成的标记列表，必须首先考虑这些标记的数据类型。由于标记可以是 Num 类型或运算符类型之一，因此必须选择一种可以容纳多种数据类型的数据结构。该数据类型的可选项是元组、HashMap、结构体和枚举。如果添加一个约束条件，即标记中的数据类型可以是许多预定义的变体（允许值）之一，那么就只有一个选项——枚举（enum）。因此，本示例将使用 enum 数据结构定义标记。

enum 数据结构中标记的表示如图 2.4 所示。

图 2.4　enum 数据结构

原　　文	译　　文
Token enum design	Token enum 设计

以下是对 Token enum 中存储的值的解释：

❑　如果遇到+字符，则生成 Add 标记。

❑　如果遇到-字符，则生成 Subtract 标记。

❑　如果遇到*字符，则生成 Multiply 标记。

❑　如果遇到/字符，则生成 Divide 标记。

❑　如果遇到^字符，则生成 Caret 标记。

❑　如果遇到(字符，则生成 LeftParen 标记。

❑　如果遇到)字符，则生成 RightParen 标记。

❑　如果遇到任何数字 x，则生成 Num(x)标记。

❑　如果遇到 EOF（在扫描整个表达式结束时），则生成 EOF 标记。

现在我们已经定义了数据结构来捕获 Tokenizer 模块的输入（算术表达式）和输出（标记），接下来，可以编写代码进行实际处理。

2.4.2　Tokenizer 数据处理

图 2.5 显示了 Tokenizer 及其数据元素和方法。

Tokenizer 有以下两个公共方法。

❑　new()：使用由用户提供的算术表达式创建一个新的 Tokenizer。

❑　next()：读取表达式中的字符并返回下一个标记。

图 2.6 显示了 Tokenizer 模块的完整设计。

Tokenizer with methods

	struct Tokenizer	
new() : Creates a new instance of Tokenizer struct and stores the arithmetic expression in expression field	**Fields:** **expr: Peekable<Chars<'a>>** **Public Methods:** **new() -> Tokenizer** **next() -> Option<Token>**	**next()** : Converts arithmetic expression to Tokens

图 2.5 Tokenizer 及其方法

原　　　文	译　　　文
Tokenizer with methods	Tokenizer 及其方法
new(): Creates a new instance of Tokenizer struct and stores the arithmetic expression in expression field	new()：创建 Tokenizer 结构体的新实例并将算术表达式存储在表达式字段中
next(): Converts arithmetic expression to Tokens	next()：将算术表达式转换为标记

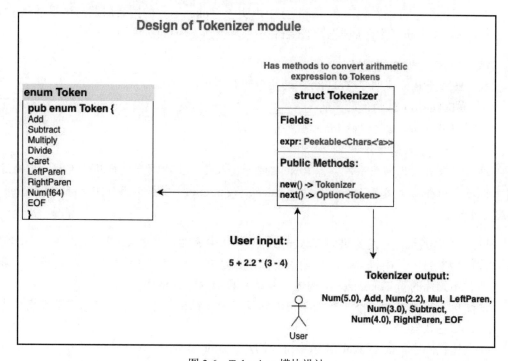

图 2.6 Tokenizer 模块设计

原　　文	译　　文
Design of Tokenizer module	Tokenizer 模块设计
Has methods to convert arithmetic expression to Tokens	具有将算术表达式转换为标记的方法
User input:	用户输入：
Tokenizer output:	Tokenizer 输出
User	用户

new()方法的代码如下：

src/parsemath/tokenizer.rs

```
impl<'a> Tokenizer<'a> {
    pub fn new(new_expr: &'a str) -> Self {
        Tokenizer {
            expr: new_expr.chars().peekable(),
        }
    }
}
```

在上述代码中可以看到，在 impl 行中声明了 Tokenizer 的生命周期。这里重复了'a 两次。impl<'a>声明了生命周期'a，Tokenizer<'a>则使用了该生命周期。

注意：对生命周期的观察

我们在 3 个地方声明了 Tokenizer 的生命周期。

（1）Tokenizer 结构体的声明。

（2）Tokenizer 结构体的 impl 块声明。

（3）impl 块内的方法签名。

这看起来有点儿画蛇添足，但 Rust 期望开发人员对生命周期进行具体说明，因为这样才能避免内存安全问题，如悬空指针（dangling pointer）或释放后使用（use-after-free，UAF）错误。

impl 关键字允许开发人员向 Tokenizer 结构体中添加功能。new()方法接收一个字符串切片作为参数，其中包含对用户输入的算术表达式的引用。它将构造一个用提供的算术表达式初始化的新 Tokenizer 结构体，并从函数中返回新结构体。

请注意，算术表达式不是作为字符串切片存储在结构体中，而是作为字符串切片上的 peekable 迭代器。

在上述代码中，new_expr 表示字符串切片，new_expr.chars()表示字符串切片上的迭代器，new_expr.chars().peekable()可在字符串切片上创建一个 peekable 迭代器。

　　常规迭代器和 peekable 迭代器的区别在于，前者可以通过 next()方法使用字符串切片中的下一个字符，而后者还可以选择性地查看切片中的下一个字符，而无须使用它。下文为 Tokenizer 的 next()方法编写代码时，你将看到它是如何工作的。

　　可以通过在 Tokenizer 结构体上实现 Iterator 来为 Tokenizer 上的 next()方法编写代码。Iterator trait 使开发人员能够向结构体（和枚举）中添加行为。标准库中的 Iterator trait（std::iter::Iterator）有一个方法，需要使用以下签名来实现：

```rust
fn next(&mut self) -> Option<Self::Item>
```

　　该方法签名指定可以在 Tokenizer 结构体的实例上调用此方法，并返回 Option<Token>。这意味着该方法返回 Some(Token)，或者返回 None。

　　以下是在 Tokenizer 结构体上实现 Iterator trait 的代码：

src/parsemath/tokenizer.rs

```rust
impl<'a> Iterator for Tokenizer<'a> {
    type Item = Token;

    fn next(&mut self) -> Option<Token> {
        let next_char = self.expr.next();

        match next_char {
            Some('0'..='9') => {
                let mut number = next_char?.to_string();

                while let Some(next_char) = self.expr.peek() {
                    if next_char.is_numeric() || next_char ==
                        &'.' {
                        number.push(self.expr.next()?);
                    } else if next_char == &'(' {
                        return None;
                    } else {
                        break;
                    }
                }

                Some(Token::Num(number.parse::<f64>().unwrap()))
            },
            Some('+') => Some(Token::Add),
            Some('-') => Some(Token::Subtract),
            Some('*') => Some(Token::Multiply),
```

```
            Some('/') => Some(Token::Divide),
            Some('^') => Some(Token::Caret),
            Some('(') => Some(Token::LeftParen),
            Some(')') => Some(Token::RightParen),
            None => Some(Token::EOF),
            Some(_) => None,
        }
    }
}
```

可以看到，这里有以下两个迭代器在起作用。

❑ expr 上的 next()方法：expr 是 Tokenizer 结构体中的一个字段。该方法可返回下一个字符（通过将 Peekable<Chars>类型分配给 expr 字段来实现）。

❑ Tokenizer 结构体上的 next()方法：返回一个标记（通过在 Tokenizer 结构体上实现 Iterator trait 来实现）。

现在通过步骤分解来了解在 Tokenizer 上调用 next()方法时会发生什么。

（1）调用程序首先通过调用 new()方法实例化 Tokenizer 结构体，然后对其调用 next()方法。Tokenizer 结构体上的 next()方法通过调用 expr 字段上的 next()读取存储的算术表达式中的下一个字符，该方法返回表达式中的下一个字符。

（2）使用匹配语句评估返回的字符。模式匹配用于确定返回的标记，具体取决于从 expr 字段的字符串切片引用中读取的字符。

（3）如果从字符串切片中返回的字符是算术运算符（+、-、*、/、^）或括号，则返回 Token enum 中的适当 Token。这里的字符和 Token 是一一对应的。

（4）如果返回的字符是数字，则需要进行一些额外的处理，因为一个数字可能有多位数字。此外，一个数字可能是小数，在这种情况下，它可能是 xxx.xxx 的形式，其中小数点前后的位数是完全不可预测的。所以，对于数字，应该在算术表达式上使用 peekable 迭代器来使用下一个字符，然后查看之后的字符，以确定是否继续读取数字。

有关本示例 Tokenizer 的完整代码可以在本书配套 GitHub 存储库代码文件夹的 tokenizer.rs 文件中找到。

2.5　构建解析器

解析器（parser）是本项目中构建抽象语法树（AST）的模块。AST 是一个节点树，每个节点代表一个标记（数字或算术运算符）。AST 是标记节点的递归树结构（即根节点是一个标记），其中包含也是标记的子节点。

2.5.1　Parser 数据结构

与 Tokenizer 相比，Parser 是一个更高级别的实体。当 Tokenizer 将用户输入转换为细粒度的标记（如各种算术运算符）时，Parser 使用 Tokenizer 输出来构建整体 AST（AST 是节点的层次结构）。由解析器构建的 AST 的结构如图 2.7 所示。

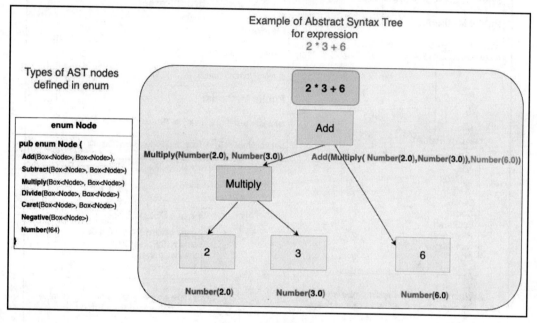

图 2.7　AST 的结构

原　　文	译　　文
Example of Abstract Syntax Tree for expression 2 *3 + 6	表达式 2 *3 + 6 的抽象语法树示例
Types of AST nodes defined in enum	以 enum 定义的 AST 节点类型

在图 2.7 中，Number(2.0)、Number(3.0)、Multiply(Number(2.0),Number(3.0))、Number(6.0) 和 Add(Multiply(Number(2.0),Number(3.0)),Number(6.0)) 都是节点。

这些节点中的每一个都被存储在一个装箱（boxed）数据结构中，这意味着每个节点的实际数据值都被存储在堆（heap）内存中，而每个节点的指针都被存储在 Box 变量中，作为 Node 枚举的一部分。

Parser 结构体的整体设计如图 2.8 所示。

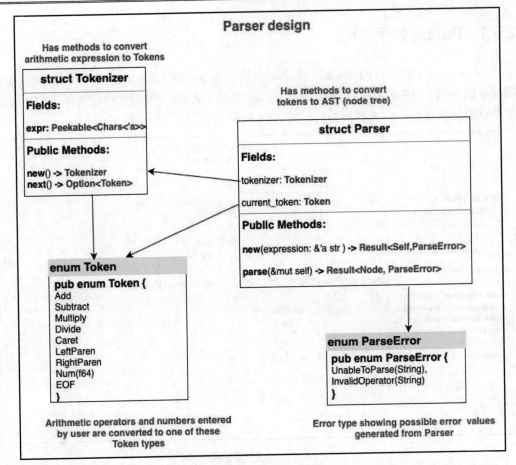

图 2.8　Parser 结构体的整体设计

原　　文	译　　文
Parser design	Parser 设计
Has methods to convert arithmetic expression to Tokens	具有将算术表达式转换为标记的方法
Has methods to convert tokens to AST (node tree)	具有将标记转换为 AST（节点树）的方法
Arithmetic operators and numbers entered by user are converted to one of these Token types	用户输入的算术运算符和数字被转换为这些 Token 类型之一
Error type showing possible error values generated from Parser	错误类型显示从 Parser 中生成的可能错误值

如图 2.8 所示，Parser 将有两个数据元素：一个是 Tokenizer 实例（在 2.4 节 "构建标记化器" 中已经详细介绍过）；另一个是当前标记，用于指示已经评估的算术表达式。

2.5.2　Parser 方法

Parser 结构体有以下两个公共方法。

❑　new()：创建解析器的新实例。该方法将创建一个传入算术表达式的 Tokenizer 实例，然后将第一个标记（从 Tokenizer 中返回）存储在它的 current_token 字段中。

❑　parse()：从标记中生成 AST（节点树），这是解析器的主要输出。

以下是 new()方法的代码。这些代码非常易懂，它创建一个新的 Tokenizer 实例，并用算术表达式初始化该实例，然后尝试从表达式中检索第一个标记。如果成功，则标记被存储在 current_token 字段中；如果不成功，则返回 ParseError。

src/parsemath/parser.rs

```
// 创建 Parser 的新实例
pub fn new(expr: &'a str) -> Result<Self, ParseError> {
    let mut lexer = Tokenizer::new(expr);
    let cur_token = match lexer.next() {
        Some(token) => token,
        None => return Err(ParseError::InvalidOperator
            ("Invalid character".into())),
    };
    Ok(Parser {
        tokenizer: lexer,
        current_token: cur_token,
    })
}
```

以下是公共 parse()方法的代码。它调用一个私有的 generate_ast()方法，该方法可按递归方式进行处理并返回一个 AST（节点树）。如果成功，则返回节点树；如果不成功，则会传播收到的错误。

src/parsemath/parser.rs

```
// 采用算术表达式作为输入并返回一个 AST
pub fn parse(&mut self) -> Result<Node, ParseError> {
    let ast = self.generate_ast(OperPrec::DefaultZero);
    match ast {
        Ok(ast) => Ok(ast),
        Err(e) => Err(e),
    }
}
```

图 2.9 列出了 Parser 结构体中的所有公共和私有方法。

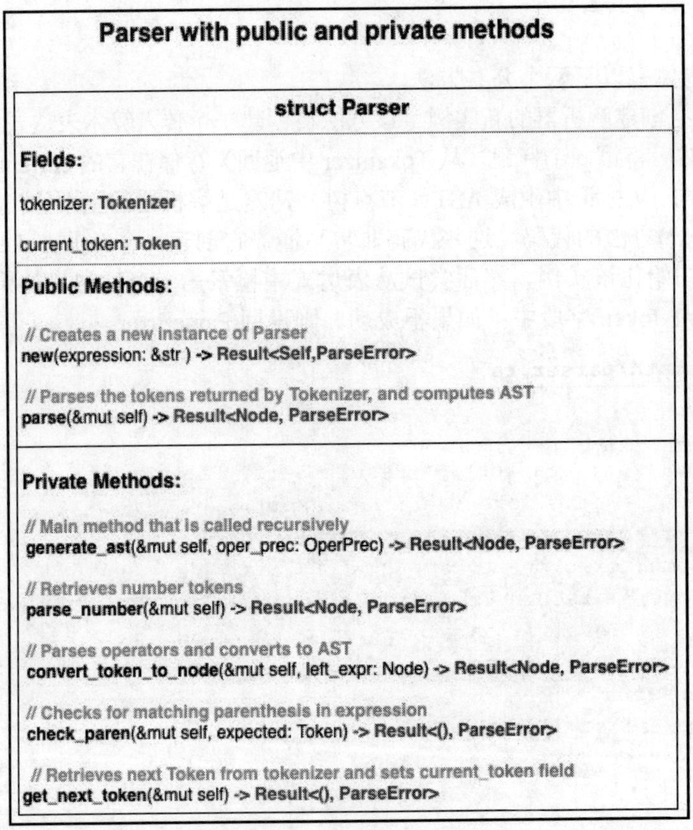

图 2.9　Parser 方法概述

原　　文	译　　文
Parser with public and private methods	Parser 的公共和私有方法

现在来看看 get_next_token()方法的代码。此方法将使用 Tokenizer 结构体从算术表达式中检索下一个标记，并更新 Parser 结构体的 current_token 字段。如果不成功，则返回 ParseError。

src/parsemath/parser.rs

```rust
fn get_next_token(&mut self) -> Result<(), ParseError> {
    let next_token = match self.tokenizer.next() {
        Some(token) => token,
        None => return Err(ParseError::InvalidOperator
```

```
        ("Invalid character".into())),
    };
    self.current_token = next_token;
    Ok(())
}
```

请注意 Result<(), ParseError>中返回的空元组()。这意味着如果没有问题，则不会返回任何具体值。

以下是 check_paren()方法的代码。这是一个辅助方法，用于检查表达式中是否存在匹配的括号对。如果括号不匹配，则返回错误。

src/parsemath/parser.rs

```
fn check_paren(&mut self, expected: Token) -> Result<(),
ParseError> {
    if expected == self.current_token {
        self.get_next_token()?;
        Ok(())
    } else {
        Err(ParseError::InvalidOperator(format!(
            "Expected {:?}, got {:?}",
            expected, self.current_token
        )))
    }
}
```

现在来看看另外两个私有方法，它们执行大部分解析器处理。

parse_number()方法可获取当前标记，并检查以下 3 件事：

❑　标记是否为 Num(i)形式的数字。

❑　标记是否有符号，以防它是负数。例如，表达式-2.2 + 3.4 将被解析为以下 AST：Add(Negative(Number(2.2)), Number(3.4))。

❑　括号对：如果在括号对中找到表达式，则将其视为乘法运算。例如，1*(2+3)被解析为 Multiply(Number(1.0), Add(Number(2.0), Number(3.0)))。

如果上述任何操作出错，则返回 ParseError。

以下是 parse_number()方法的代码：

src/parsemath/parser.rs

```
// 构建数字的 AST 节点
// 在处理括号时考虑负号
fn parse_number(&mut self) -> Result<Node, ParseError> {
```

```
        let token = self.current_token.clone();
        match token {
            Token::Subtract => {
                self.get_next_token()?;
                let expr = self.generate_ast(OperPrec::Negative)?;
                Ok(Node::Negative(Box::new(expr)))
            }
            Token::Num(i) => {
                self.get_next_token()?;
                Ok(Node::Number(i))
            }
            Token::LeftParen => {
                self.get_next_token()?;
                let expr = self.generate_ast
                    (OperPrec::DefaultZero)?;
                self.check_paren(Token::RightParen)?;
                if self.current_token == Token::LeftParen {
                    let right = self.generate_ast
                        (OperPrec::MulDiv)?;
                    return Ok(Node::Multiply(Box::new(expr),
                        Box::new(right)));
                }

                Ok(expr)
            }
            _ => Err(ParseError::UnableToParse("Unable to
                parse".to_string())),
        }
}
```

generate_ast()方法是模块的主要方法，并被递归调用。它按以下顺序进行处理。

（1）使用 parse_number()方法处理数字标记、负数标记和括号中的表达式。

（2）在循环内按顺序解析算术表达式中的每个标记，检查运算符的优先级，通过调用 convert_token_to_node()方法构造 AST，使得表达式中具有更高优先级的运算符先执行。例如，表达式 1+2*3 的计算结果为 Add(Number(1.0), Multiply(Number(2.0), Number(3.0)))，而表达式 1*2+3 的计算结果为 Add(Multiply(Number) (1.0), Number(2.0)), Number(3.0))。

以下是 generate_ast()方法的代码：

src/parsemath/parser.rs

```
fn generate_ast(&mut self, oper_prec: OperPrec) -> Result<Node,
ParseError> {
```

```
    let mut left_expr = self.parse_number()?;

    while oper_prec < self.current_token.get_oper_prec() {
        if self.current_token == Token::EOF {
            break;
        }
        let right_expr = self.convert_token_to_node
            (left_expr.clone())?;
        left_expr = right_expr;
    }
    Ok(left_expr)
}
```

现在我们已经了解了与解析器相关的各种方法，接下来看看处理算术运算符时的另一个关键方面——运算符优先级。

2.5.3　运算符优先级

运算符优先级（operator precedence）规则确定算术表达式的处理顺序。如果不正确定义它，那么我们将无法正确计算算术表达式的结果值。运算符优先级的 enum 如图 2.10 所示。

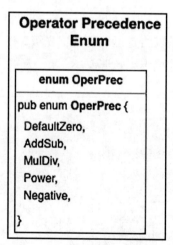

图 2.10　运算符优先级枚举值

原　　文	译　　文
Operator Precedence	运算符优先级

运算符优先级 enum 具有以下值。

- ☐ DefaultZero：默认优先级（最低优先级）。
- ☐ AddSub：如果算术运算是加法或减法，则应用该优先级。
- ☐ MulDiv：如果算术运算是乘法或除法，则应用该优先级。
- ☐ Power：如果遇到幂运算符（^），则应用该优先级。
- ☐ Negative：如果数字前出现负号（-），则应用该优先级。

优先级顺序从上到下依次递增，即 DefaultZero < AddSub < MulDiv < Power < Negative。

定义运算符优先级 enum 的代码如下：

src/parsemath/token.rs

```
#[derive(Debug, PartialEq, PartialOrd)]
/// 定义所有 OperPrec 运算符优先级，从低到高
pub enum OperPrec {
    DefaultZero,
    AddSub,
    MulDiv,
    Power,
    Negative,
}
```

get_oper_prec()方法用于获取给定运算符的优先级。以下是显示此方法实际操作的代码。可在 Token 结构体的 impl 块中定义此方法。

src/parsemath/token.rs

```
impl Token {
    pub fn get_oper_prec(&self) -> OperPrec {
        use self::OperPrec::*;
        use self::Token::*;
        match *self {
            Add | Subtract => AddSub,
            Multiply | Divide => MulDiv,
            Caret => Power,

            _ => DefaultZero,
        }
    }
}
```

现在来看看 convert_token_to_node()的代码。该方法基本上是通过检查标记是否为 Add、Subtract、Multiply、Divdie 或 Caret 符号来构造运算符类型的 AST 节点。如果出现错误，则返回 ParseError。

src/parsemath/parser.rs

```rust
fn convert_token_to_node(&mut self, left_expr: Node) ->
Result<Node, ParseError> {
    match self.current_token {
        Token::Add => {
            self.get_next_token()?;
            // 获取右侧表达式
            let right_expr = self.generate_ast
                (OperPrec::AddSub)?;
            Ok(Node::Add(Box::new(left_expr),
                Box::new(right_expr)))
        }
        Token::Subtract => {
            self.get_next_token()?;
            // 获取右侧表达式
            let right_expr = self.generate_ast
                (OperPrec::AddSub)?;
            Ok(Node::Subtract(Box::new(left_expr),
                Box::new(right_expr)))
        }
        Token::Multiply => {
            self.get_next_token()?;
            // 获取右侧表达式
            let right_expr = self.generate_ast
                (OperPrec::MulDiv)?;
            Ok(Node::Multiply(Box::new(left_expr),
                Box::new(right_expr)))
        }
        Token::Divide => {
            self.get_next_token()?;
            // 获取右侧表达式
            let right_expr = self.generate_ast
                (OperPrec::MulDiv)?;
            Ok(Node::Divide(Box::new(left_expr),
                Box::new(right_expr)))
        }
        Token::Caret => {
```

```
        self.get_next_token()?;
        // 获取右侧表达式
        let right_expr = self.generate_ast
            (OperPrec::Power)?;
        Ok(Node::Caret(Box::new(left_expr),
            Box::new(right_expr)))
    }
    _ => Err(ParseError::InvalidOperator(format!(
        "Please enter valid operator {:?}",
        self.current_token
    ))),
    }
}
```

下文将详细介绍错误处理。

有关 Parser 的完整代码可以在本章 GitHub 存储库文件夹的 parser.rs 文件中找到。

2.6　构建求值器

一旦在解析器中构建了 AST（节点树），那么通过 AST 计算出数值就是一个简单的操作。求值器函数可以按递归方式解析 AST 树中的每个节点，并得出最终值。

例如，如果 AST 节点是 Add(Number(1.0),Number(2.0))，则计算结果为 3.0；如果 AST 节点是 Add(Number(1.0),Multiply(Number(2.0),Number(3.0)))，则其计算顺序如下。

（1）将 Number(1.0)计算为 1.0。

（2）将 Multiply(Number(2.0), Number(3.0))计算为 6.0。

（3）将 1.0 和 6.0 相加得到最终值 7.0。

现在来看 eval()函数的代码：

src/parsemath/ast.rs

```
pub fn eval(expr: Node) -> Result<f64, Box<dyn error::Error>> {
    use self::Node::*;
    match expr {
        Number(i) => Ok(i),
        Add(expr1, expr2) => Ok(eval(*expr1)? +
            eval(*expr2)?),
        Subtract(expr1, expr2) => Ok(eval(*expr1)? -
            eval(*expr2)?),
        Multiply(expr1, expr2) => Ok(eval(*expr1)? *
```

```
        eval(*expr2)?),
    Divide(expr1, expr2) => Ok(eval(*expr1)? /
        eval(*expr2)?),
    Negative(expr1) => Ok(-(eval(*expr1)?)),
    Caret(expr1, expr2) => Ok(eval(*expr1)?
        .powf(eval(*expr2)?)),
    }
}
```

ⓘ 注意：trait 对象详解

在 eval()方法中，你会注意到该方法在出错时返回 Box<dyn error::Error>。这其实是一个 trait 对象的例子。

那么，什么是 trait 对象呢？

在 Rust 标准库中，error:Error 是一个 trait。在本示例中，我们告诉编译器，eval()方法应该会返回一些实现 Error trait 的内容。我们在编译时并不知道返回的确切类型是什么，只知道返回的任何内容都将实现 Error trait。底层错误类型仅在运行时才知道，并且不是静态确定的。在本示例中，dyn error::Error 就是一个 trait 对象。dyn 关键字的使用表明它是一个 trait 对象。

当使用 trait 对象时：编译器在编译时并不知道在哪些类型上调用哪个方法，这仅在运行时才知道，因此被称为动态分派（dynamic dispatch）；若编译器在编译时知道要调用什么方法，则被称为静态分派（static dispatch）。

另请注意，本示例使用了 Box<dyn error::Error>对错误进行装箱处理（所谓"装箱"，就是指在堆内存中保存数据），这是因为我们并不知道在运行时错误类型的大小，所以装箱是解决这个问题的一种方法（Box 是一种在编译时具有已知大小的引用类型）。

Rust 标准库可帮助我们对错误进行装箱处理，方法是让 Box 实现从任何 Error trait 的类型到 trait 对象 Box<Error>的转换。

有关更多细节可以在 Rust 文档中找到，其网址如下：

https://doc.rust-lang.org/book/ch17-02-trait-objects.html

2.7　处　理　错　误

处理错误时常见的问题是如何将程序错误传达给用户。

在本示例中，发生错误的主要原因有两个——可能是编程错误，也可能是由于无效输入而导致的错误。

我们首先了解 Rust 的错误处理方法。

在 Rust 中，error 本身就是一种数据类型，它和 integer、string 或 vector 一样。因为 error 是一种数据类型，所以类型检查可以在编译时进行。

Rust 标准库有一个由 Rust 标准库中的所有错误实现的 std::error::Error trait。Rust 不使用异常处理机制，而是使用一种独特的方法，即计算可以返回 Result 类型：

```
enum Result<T, E> { Ok(T), Err(E),}
```

Result<T, E>是一个包含两个变体的 enum，其中 Ok(T)代表成功，而 Err(E)则代表返回的错误。模式匹配用于处理函数的两种类型的返回值。

要更好地控制错误处理并为应用程序用户提供更多用户友好的错误，建议使用实现 std::error::Error trait 的自定义错误类型。然后将程序中不同模块的所有类型的错误转换为这种自定义错误类型，以进行统一的错误处理。这是在 Rust 中处理错误的一种非常有效的方法。

错误处理的一种轻量级方法是使用 Option<T>作为函数的返回值，其中 T 是任何泛型类型：

```
pub enum Option<T> { None, Some(T),}
```

Option 类型是具有两个变体 Some(T)和 None 的枚举。如果处理成功，则返回 Some(T)值；否则从函数中返回 None。

在本项目中将使用 Result 和 Option 类型进行错误处理。

本项目选择的错误处理方法如图 2.11 所示。

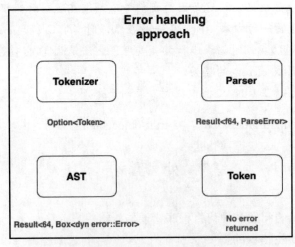

图 2.11　错误处理方法

原　　文	译　　文
Error handling approach	错误处理方法
No error returned	无错误返回

对于本项目来说，包含核心处理的 4 个模块的处理方式如下。

❏　Tokenizer 模块：该模块有两个公共方法——new()和 next()。new()方法相当简单，只是创建 Tokenizer 结构体的一个新实例并初始化它，此方法不会返回错误；但是，next()方法返回一个 Token，如果算术表达式中存在无效字符，则需要处理这种情况，并将其传达给调用代码。

本示例将使用轻量级错误处理方法，将 Option<Token>作为 next()方法的返回值。如果可以从算术表达式中构造一个有效的 Token，则返回 Some(Token)。在无效输入的情况下，将返回 None。然后调用函数可以将 None 解释为错误条件并进行必要的处理。

❏　AST 模块：该模块有一个主要的 eval()函数，用于计算给定节点树的数值。如果在处理过程中出现错误，则返回一个普通的 std::error::Error，但它将是一个 Boxed 值；否则，Rust 编译器将不知道编译时错误值的大小。

此方法的返回类型为 Result<f64, Box<dyn error::Error>>。如果处理成功，则返回数值（f64）；否则返回 Boxed 错误。

可以为该模块定义一个自定义的错误类型来避免复杂的 Boxed 错误签名，本示例的选择是为了展示在 Rust 中进行错误处理的各种方法。

❏　Token 模块：该模块有一个函数 get_oper_prec()，它返回给定算术运算符的运算符优先级。由于在这个简单的方法中基本不会出现错误，因此该方法的返回值中未定义错误类型。

❏　Parser 模块：该模块即为解析器模块，它包含大部分处理逻辑。在本示例中，将创建自定义错误类型 ParseError，其结构如图 2.12 所示。

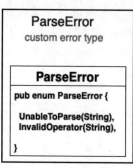

图 2.12　自定义错误类型

原　　文	译　　文
custom error type	自定义错误类型

该自定义错误类型有两个变体：UnableToParse(String)和 InvalidOperator(String)。

第一个变体是处理过程中任何类型错误的通用错误，第二个变体则专用于用户提供的算术运算符无效的情况（例如，2=3）。

现在为解析器定义一个自定义错误类型：

src/parsemath/parser.rs

```
#[derive(Debug)]
pub enum ParseError {
    UnableToParse(String),
    InvalidOperator(String),
}
```

要输出错误，还需要实现 Display trait：

src/parsemath/parser.rs

```
impl fmt::Display for ParseError {
    fn fmt(&self, f: &mut fmt::Formatter) -> fmt::Result {
        match &self {
            self::ParseError::UnableToParse(e) => write!(f,
                "Error in evaluating {}", e),
            self::ParseError::InvalidOperator(e) => write!(f,
                "Error in evaluating {}", e),
        }
    }
}
```

由于 ParseError 将是处理返回的主要错误类型，并且因为 AST 模块返回一个 Boxed 错误，因此可以编写代码来自动将 AST 模块中的任何 Boxed 错误转换为 Parser 返回的 ParseError。其代码如下：

src/parsemath/parser.rs

```
impl std::convert::From<std::boxed::Box<dyn std::error::Error>>
for ParseError {
    fn from(_evalerr: std::boxed::Box<dyn std::error::Error>)
    -> Self {
    return ParseError::UnableToParse("Unable to parse".into());
```

```
    }
}
```

该代码允许按以下方式编写：

```
let num_value = eval(ast)?
```

特别要注意的是?运算符。其意义如下：

❑　如果 eval()方法处理成功，则将返回值存储在 num_value 字段中。

❑　如果处理失败，则将 eval()方法返回的 Boxed 错误转换为 ParseError 并将其进一步传播给调用者。

对算术表达式求值器模块的讨论到此结束。

接下来将讨论如何从 main()函数中调用该模块。

2.8　综　合　演　练

前面已经讨论了如何为项目的各种处理模块设计和编写代码。现在，可以将这些代码绑定到一个 main()函数中（该函数将用作命令行应用程序）。

main()函数将执行以下操作。

（1）显示一个提示，指示用户输入算术表达式。

（2）接收用户在命令行中输入的算术表达式。

（3）实例化 Parser（返回一个 Parser 对象实例）。

（4）解析表达式（返回表达式的 AST 表示）。

（5）评估表达式（计算表达式的数学值）。

（6）在命令行输出中向用户显示结果。

（7）调用 Parser 并计算数学表达式。

main()函数的代码如下：

src/main.rs

```
fn main() {
    println!("Hello! Welcome to Arithmetic expression evaluator.");
    println!("You can calculate value for expression such as
        2*3+(4-5)+2^3/4. ");
    println!("Allowed numbers: positive, negative and decimals.");
    println!("Supported operations: Add, Subtract, Multiply,
        Divide, PowerOf(^). ");
```

```
    println!("Enter your arithmetic expression below:");
    loop {
        let mut input = String::new();
        match io::stdin().read_line(&mut input) {
            Ok(_) => {
                match evaluate(input) {
                    Ok(val) => println!("The computed number
                        is {}\n", val),
                    Err(_) => {
                        println!("Error in evaluating
                            expression. Please enter valid
                            expression\n");
                    }
                };
            }

            Err(error) => println!("error: {}", error),
        }
    }
}
```

main()函数将向用户显示提示，从 stdin（命令行）中读取一行，并调用 evaluate()函数。如果计算成功，则显示计算出的 AST 和数值；如果不成功，则会输出一条错误消息。
evaluate()函数的代码如下：

src/main.rs

```
fn evaluate(expr: String) -> Result<f64, ParseError> {
    let expr = expr.split_whitespace().collect::<String>();
    // 删除白色空格字符
    let mut math_parser = Parser::new(&expr)?;
    let ast = math_parser.parse()?;
    println!("The generated AST is {:?}", ast);

    Ok(ast::eval(ast)?)
}
```

evaluate()函数用提供的算术表达式实例化一个新的 Parser 并进行解析，然后调用 AST 模块中的 eval()方法。注意?运算符的使用，它可以将任何处理错误自动传播到 main()函数中，然后由 println!语句进行处理。

运行以下命令编译并运行程序：

```
cargo run
```

现在你可以尝试各种正负数、小数、算术运算符和括号中可选子表达式的组合，还可以检查无效的输入表达式产生错误消息的方式。

你可以扩展此项目以添加对数学函数的支持，如平方根、三角函数、对数函数等。

本书中的第一个完整项目至此结束。希望本项目不仅能让你了解如何编写地道的 Rust 代码，还能让你熟悉在设计程序时如何用 Rust 术语进行思考。

main() 函数的完整代码可以在本章 GitHub 存储库文件夹的 main.rs 文件中找到。

2.9　小　　结

本章在 Rust 中从零开始构建了一个命令行应用程序，未使用任何第三方库来计算算术表达式的值。

本书阐释了 Rust 中的许多基本概念，包括数据类型、如何使用 Rust 数据结构建立模型和设计应用程序域、如何跨模块拆分代码并集成它们、如何将模块内的代码构建为函数、如何公开模块函数到其他模块、如何为简明而安全的代码进行模式匹配、如何为结构体和 enum 添加功能、如何实现 trait 对象和注释生命周期、如何设计和传播自定义错误类型、如何将类型装箱以使编译器可预测数据大小、如何构造递归节点树并对其进行导航、如何编写递归计算表达式的代码，以及如何为结构体指定生命周期参数。

恭喜你成功跟进本章示例并获得了一些能有效工作的代码！如果你有任何困难，都可以参考本书配套 GitHub 存储库中的最终代码。

本示例项目中对系统编程细节的深入探讨为后续章节的学习奠定了坚实的基础。如果你还没有完全理解代码的每一个细节，也不必担心，因为在接下来的章节中，我们将编写更多代码并强化地道 Rust 代码的概念。

第 3 章"Rust 标准库介绍"将介绍 Rust 标准库，它可以支持丰富的内置模块、类型、trait 对象和函数，以帮助开发人员轻松执行系统编程。

第 3 章　Rust 标准库介绍

在第 2 章 "Rust 编程语言之旅" 中，使用 Rust 标准库中的各种 Rust 语言原语和模块构建了一个命令行工具。当然，为了充分利用 Rust 的强大功能，还有必要了解标准库中可用于系统编程任务的广泛功能，而不是只能借助于第三方 Crate。

本章将深入研究 Rust 标准库的结构。我们将探讨用于访问系统资源的标准模块，并了解如何以编程方式管理它们。在获得这些知识后，我们将实现一小部分的 Rust 模板引擎。

在阅读完本章之后，你将对 Rust 标准库有比较详细的了解并可以在项目中使用它。

本章包含以下主题：

❏　Rust 标准库简介。

❏　使用标准库模块编写模板引擎的一项功能。

3.1　技　术　要　求

Rustup 和 Cargo 必须安装在本地开发环境中。本章示例程序的网址如下：

https://github.com/PacktPublishing/Practical-System-Programming-for-Rust-Developers/
tree/master/Chapter03

3.2　Rust 标准库和系统编程

在深入研究标准库之前，我们先了解它如何适应系统编程的上下文环境。

在系统编程中，基本的要求之一是管理系统资源，如内存、文件、网络 I/O、设备和进程。每个操作系统都有一个内核（或等价 API），内核是加载在内存中并将系统硬件与应用程序进程连接起来的中央软件模块。你可能会想，那么 Rust 标准库如何适应系统环境，需要在 Rust 中编写内核吗？不，这不是本书的目的。目前流行的操作系统基本上是 UNIX、Linux 和 Windows 变体，它们都具有主要用 C 语言编写的内核，并混合了汇编语言。对于 Rust 来说，将 C 语言扩展为内核开发语言还为时尚早，尽管在这个方向上有一些实验性的努力。当然，Rust 标准库提供的是一个 API 接口，可用于从 Rust 程序中进行系统调用，以便管理和操作各种系统资源。图 3.1 显示了此上下文环境。

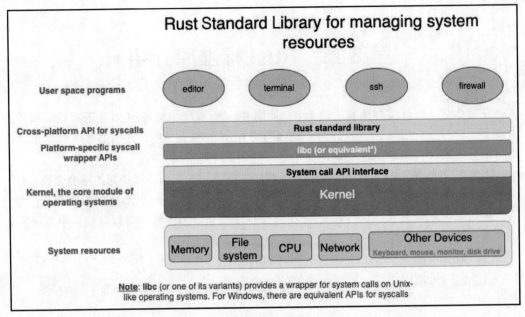

图 3.1　Rust 标准库

原　　文	译　　文
Rust Standard Library for managing system resources	管理系统资源的 Rust 标准库
User space programs	用户空间程序
editor	编辑器
terminal	终端
firewall	防火墙
Cross-platform API for syscalls	系统调用的跨平台 API
Rust standard library	Rust 标准库
Platform-specific syscall wrapper APIs	特定于平台的系统调用包装器 API
libc (or equivalent*)	libc（或等效的 API*）
Kernel, the core module of operating systems	Kernel，操作系统的核心模块
System resources	系统资源
Memory	内存
File system	文件系统
Network	网络
Other Devices	其他设备
Keyboard, mouse, monitor, disk drive	键盘、鼠标、监视器、磁盘驱动器
Note: libc (or one of its variants) provides a wrapper for system calls on Unix-like operating systems. For Windows, there are equivalent APIs for syscalls	注意：libc（或其变体之一）为类 UNIX 操作系统上的系统调用提供了一个包装器。对于 Windows，系统调用有等效的 API

我们通过图 3.1 来更好地理解每个组件。

❑ 　内核（kernel）：内核是操作系统的核心组件，用于管理系统资源，如内存、磁盘和文件系统、CPU、网络以及其他设备（如鼠标、键盘和显示器）。

　　用户程序（如命令行工具或文本编辑器）无法直接管理系统资源。它们必须依靠内核来执行操作。例如，如果文本编辑器程序想要读取文件，则必须进行相应的系统调用 read()，然后内核将代表编辑器程序执行该调用。这种限制的原因是现代处理器架构（如 x86-64）允许 CPU 在两个不同的权限级别——内核模式（kernel mode）和用户模式（user mode）运行。用户模式的权限级别低于内核模式。CPU 只有在内核模式下运行时才能执行某些操作。这种设计可防止用户程序意外执行可有对系统操作产生不利影响的任务。

❑ 　系统调用（syscall）接口：内核还提供了一个系统调用应用程序编程接口，作为进程请求内核执行各种任务的入口点。

❑ 　系统调用包装器 API：用户程序不能以调用普通函数的方式直接进行系统调用，因为链接器无法解析它们。因此，需要特定于架构的汇编语言代码来对内核进行系统调用。此类代码通过特定于平台的包装库提供。

　　对于 UNIX/Linux/POSIX 系统来说，该库是 libc（或 glibc）。对于 Windows 操作系统来说，则有等效的 API。

❑ 　Rust 标准库：Rust 标准库是 Rust 程序进入操作系统内核函数的主要接口。它在内部使用 libc（或其他特定于平台的等效库）来调用系统调用。

　　Rust 标准库是跨平台的，这意味着调用系统调用（或使用哪些包装库）的细节是从 Rust 开发人员那里抽象出来的。有一些方法可以在不使用标准库的情况下从 Rust 代码中执行系统调用（例如在嵌入式系统的开发中），但是这超出了本书的讨论范围。

❑ 　用户空间程序：这些程序可使用标准库进行编写。在第 2 章 "Rust 编程语言之旅" 中编写的算术表达式求值器就是一个例子。本章将学习如何使用标准库编写模板引擎的一个功能，它也是一个用户空间程序。

🛈 注意：

在 Rust 标准库中，并非所有模块和函数都执行系统调用（例如，有一些方法是用于字符串操作和处理错误的）。在讨论标准库时，记住这种区别很重要。

接下来，我们将开始 Rust 标准库的探索之旅。

3.3　探索 Rust 标准库

我们之前讨论了 Rust 标准库在使得用户程序能够调用内核操作方面的作用。以下是标准库的一些显著特性，为简洁起见，我们将标准库（standard library）称为 std。

- ❑ std 是跨平台的。它可以隐藏底层平台架构之间的差异。
- ❑ 默认情况下，所有 Rust Crate 都可以使用 std。use 语句可以访问各个模块及其组成部分（如 trait 对象、方法和结构等）。例如，语句 use std::fs 可以访问提供文件操作的模块。
- ❑ std 包括对标准 Rust 原语（如整数和浮点数）的操作。例如，std::i8::MAX 是在标准库中实现的常量，它指定了可以存储在 i8 类型变量中的最大值。
- ❑ std 实现了核心数据类型，如向量（vector）、字符串（string），还实现了一种特殊的数据结构——智能指针（smart pointer），如 Box、Rc 和 Arc 等。
- ❑ std 为数据操作、内存分配、错误处理、网络连接、输入/输出（I/O）、并发、异步 I/O 原语和外部函数接口等操作提供了功能。

图 3.2 显示了 Rust 标准库的高级视图。

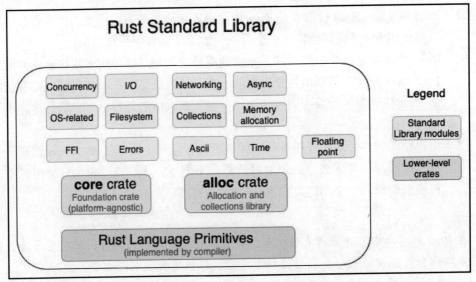

图 3.2　Rust 标准库的高级视图

原　文	译　文
Rust Standard Library	Rust 标准库
Concurrency	并发
I/O	输入/输出
Networking	网络连接
Async	异步
OS-related	操作系统相关
Filesystem	文件系统
Collections	集合
Memory allocation	内存分配
FFI	外部函数接口
Errors	错误
Ascii	ASCII
Time	时间
Floating point	浮点
core crate	core crate
Foundation crate (platform-agnostic)	基础 Crate （平台无关）
alloc crate	alloc crate
Allocation and collections library	分配和集合库
Rust Language Primitives (implemented by compiler)	Rust 语言原语 （由编译器实现）
Legend	图例
Standard Library modules	标准库模块
Lower-level crates	低级 Crate

在图 3.2 中可以看到，Rust 标准库（std）大致按以下方式组织。

❑　Rust 语言原语：其中包含基本类型，如有符号整数、无符号整数、布尔值、浮点数、字符、数组、元组、切片和字符串。原语由编译器实现。Rust 标准库包括原语并在它们之上构建。

❑　core crate：这是 Rust 标准库的基础。它充当 Rust 语言和标准库之间的链接，提供在 Rust 原语之上实现的类型、特征、常量和函数，并为所有 Rust 代码提供基础构建块。core crate 可以独立使用，不特定于平台，并且没有任何指向操作系统库（如 libc）或其他外部依赖项的链接。

开发人员可以指示编译器在没有 Rust 标准库的情况下进行编译并使用 core crate 代替（这种环境在 Rust 中称为 no_std，用#![no_std]属性进行注释），这在嵌入式编程中常用。

❑　alloc crate：包含与堆分配值的内存分配相关的类型、函数和特征。它包括智能指针类型（Box<T>）、引用计数指针（Rc<T>）和原子引用计数指针（Arc<T>）。它还包括 Vec 和 String 等集合（注意，String 在 Rust 中作为 UTF-8 序列实现）。当使用标准库时，不需要直接使用 alloc crate，因为 alloc crate 的内容会被重新导出并作为 std 库的一部分可用。此规则的唯一例外是在 no_std 环境中开发时，alloc crate 可直接用于访问其功能。

❑　模块（库）：它们是标准库的一部分（而不是从 core crate 或 alloc crate 中重新导出），包括针对并发、I/O、文件系统访问、网络连接、异步 I/O、错误的丰富功能，以及与特定操作系统相关的函数。

本书不直接使用 core crate 或 alloc crate，而是使用 Rust 标准库模块，它们是对这些 Crate 的更高级别的抽象。

现在我们将分析 Rust 标准库中的关键模块，重点是系统编程。标准库被组织成模块。例如，允许用户程序在多个线程上并发运行的功能在 std::thread 模块中，而用于处理同步 I/O 的 Rust 构造在 std::io 模块中。理解标准库中的功能是如何跨模块组织的是成为一名高效和多产的 Rust 程序开发人员的关键。

图 3.3 显示了标准库模块的组织布局。

图 3.3 中的模块已按其主要关注领域进行了分组。

但是，如何知道哪些模块与管理系统资源有关？由于这也是本书讨论的重点，因此不妨将模块进一步分类为以下两个类别之一。

❑　面向系统调用（syscalls-oriented）：该类别中的模块直接管理系统硬件资源，或者需要内核进行其他权限操作。

❑　面向计算（computation-oriented）：该类别中的模块面向数据表示、计算和编译器指令。

图 3.4 显示了与图 3.3 中相同的模块分组，但现在已经是按面向系统调用或面向计算分组的。请注意，这可能不是一个完美的分类，因为在面向系统调用的类别中标记的所有模块中的所有方法并非都涉及实际的系统调用，但是这种分类方式可以作为我们在标准库中找到合适模块的指南。

接下来，我们将详细了解每个模块的功能。

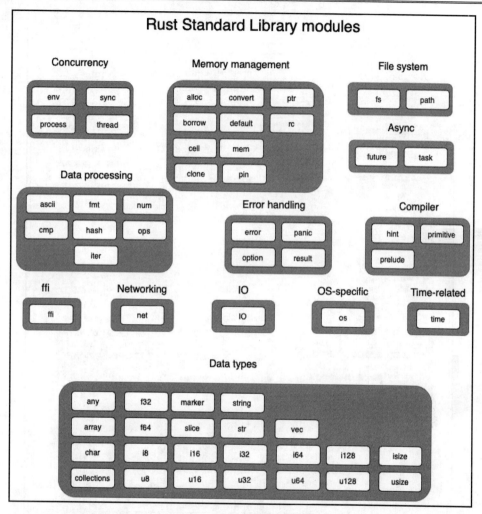

图 3.3　Rust 标准库模块

原　　文	译　　文	原　　文	译　　文
Rust Standard Library modules	Rust 标准库模块	Compiler	编译器
Concurrency	并发	ffi	外部函数接口
Memory management	内存管理	Networking	网络连接
File system	文件系统	IO	输入/输出
Data processing	数据处理	OS-specific	操作系统相关
Error handling	错误处理	Time-related	与时间相关
Async	异步	Data types	数据类型

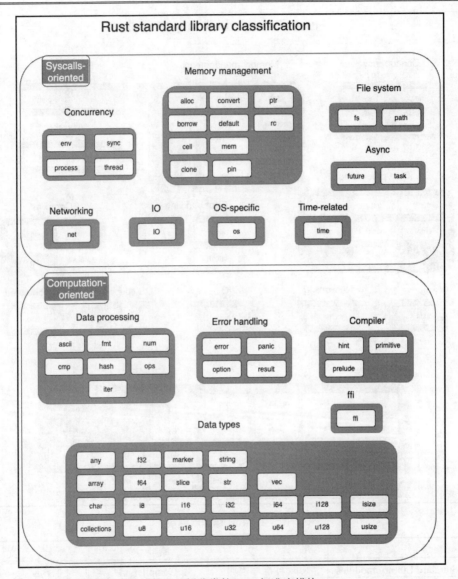

图 3.4　新分类的 Rust 标准库模块

原　　文	译　　文
Rust standard library classification	Rust 标准库分类
Syscalls-oriented	面向系统调用
Concurrency	并发
Memory management	内存管理

File system	文件系统
Async	异步
Networking	网络连接
IO	输入/输出
OS-specific	操作系统相关
Time-related	与时间相关
Computation-oriented	面向计算
Data processing	数据处理
Error handling	错误处理
Compiler	编译器
ffi	外部函数接口
Data types	数据类型

3.4　面向计算的模块

本节中的标准库模块主要涉及数据处理、数据建模、错误处理和编译器指令的编程结构。需要指出的是，某些模块可能具有与面向系统调用的类别重叠的功能，但这里的分组方式主要是基于每个模块的重点功能。

3.4.1　数据类型

本节介绍 Rust 标准库中与数据类型和结构相关的模块。Rust 中大致有两组数据类型：第一组包括原始类型，如整数（有符号整数、无符号整数）、浮点数和字符，它们是语言和编译器的核心部分，标准库为这些类型添加了附加功能；第二组由更高级别的数据结构和特征组成，如向量和字符串，它们在标准库中实现。

以下列出了这两个组的模块。

- ❑ any：当编译时不知道传递给函数的值的类型时，可以使用此选项。运行时反射用于检查类型并执行适当的处理。一个应用示例是在日志函数中，我们希望根据数据类型自定义日志内容。
- ❑ array：该模块包含一些实用函数（如比较数组），在原始数组类型上实现。请注意，Rust 数组是值类型，即它们在栈上分配，并且具有固定长度（不可增长）。
- ❑ char：该模块包含在 char 原始类型上实现的实用函数，如检查数字、转换为大写、编码为 UTF-8 等。

❑ collections：该模块是 Rust 的标准集合库，它包含编程中常用集合数据结构的高效实现。该库中的集合包括 Vectors、LinkedLists、HashMaps、HashSet、BTreeMap、BTreeSet 和 BinaryHeap。

❑ f32、f64：该库提供特定于 f32 和 f64 原始类型的浮点实现的常量。常量的示例是 MAX 和 MIN，它们分别提供可以由 f32 和 f64 类型存储的浮点数的最大值和最小值。

❑ i8、i16、i32、i64、i128：各种大小的有符号整数类型。例如，i8 表示长度为 8 位（1 个字节）的有符号整数，而 i128 则表示长度为 128 位（16 个字节）的有符号整数。

❑ u8、u16、u32、u64、u128：各种大小的无符号整数类型。例如，u8 表示长度为 8 位（1 个字节）的无符号整数，而 u128 则表示长度为 128 位（16 个字节）的无符号整数。

❑ isize、usize：Rust 有两种数据类型，即 isize 和 usize，分别对应有符号整数（signed integer）和无符号整数（unsigned integer）类型。这些类型的独特之处在于，它们的大小取决于 CPU 使用的是 32 位还是 64 位架构。例如，在 32 位系统上，isize 和 usize 数据类型的大小是 32 位（4 个字节），而对于 64 位系统来说，它们的大小是 64 位（8 个字节）。

❑ marker：该模块描述可以附加到类型（以 trait 特征的形式）的基本属性。其示例包括 Copy（其值可以通过其 bit 位的简单副本复制的类型）和 Send（线程安全类型）。

❑ slice：该模块包含用于对切片数据类型执行 iterate（迭代）和 split（拆分）等操作的结构和方法。

❑ string：该模块包含 String 类型和方法，如 to_string，它允许将值转换为 String。请注意，String 不是 Rust 中的原始数据类型。

有关 Rust 中的原始类型的详细信息，可访问以下网址：

https://doc.rust-lang.org/std/

❑ str：该模块包含与字符串切片相关的结构和方法，如在 str 切片上进行 iterate（迭代）和 split（拆分）。

❑ vec：该模块包含 Vector 类型（它是一个具有堆分配内容的可增长数组），以及用于操作向量的相关方法，如拼接和迭代。vec 模块是一种拥有引用和智能指针（如 Box<T>）。

请注意，vec 最初是在 alloc crate 中定义的，但它作为 std::vec 和 std::collections

模块的一部分均可用。

3.4.2　数据处理

数据处理是一个分类的模块集合，可为不同类型的处理提供辅助方法，如处理 ASCII 字符、比较、排序和输出格式化值、算术运算和迭代器。

- ❑　ascii：Rust 中的大多数字符串操作都作用于 UTF-8 字符串和字符，但在某些情况下，可能只需要对 ASCII 字符进行操作，该模块即可提供对 ASCII 字符串和字符的操作。
- ❑　cmp：该模块包含用于排序和比较值的函数以及相关的宏。例如，实现包含在此模块中的 Eq 特征允许使用==和!=运算符比较自定义结构体实例。
- ❑　fmt：该模块包含用于格式化和输出字符串的实用程序。实现这个 trait 特征可以使用 format!宏输出任何自定义数据类型。
- ❑　hash：该模块提供计算数据对象哈希的功能。
- ❑　iter：该模块包含 Iterator trait，它是 Rust 常用代码的重要组成部分，也是 Rust 的一个颇受欢迎的功能。trait 可以通过自定义数据类型来实现，以迭代它们的值。
- ❑　num：该模块为数字运算提供额外的数据类型。
- ❑　ops：该模块具有一组 trait，允许开发人员重载自定义数据类型的运算符。例如，可以为自定义结构体实现 Add trait，而+运算符则可用于将该类型的两个结构体相加在一起。

3.4.3　错误处理

错误处理分组由 Rust 程序中具有错误处理功能的模块组成。例如，Error trait 是表示错误的基础结构，Result 可以处理函数返回值有无错误的情况，Option 则可处理变量中值的有无。后者防止了困扰多种编程语言的可怕的空值错误。如果无法处理错误，则提供恐慌（panic）作为退出程序的一种方式。

- ❑　error：该模块包含 Error trait，它代表错误值的基本期望。所有错误都实现 Error trait，该模块用于实现自定义或特定于应用程序的错误类型。
- ❑　option：该模块包含 Option 类型，它提供将值初始化为 Some 值或 None 值的能力。Option 类型可以被认为是处理缺失值错误的一种非常基本的方法。空值会以空指针异常之类的形式在其他编程语言中造成严重破坏。
- ❑　panic：该模块提供处理恐慌的支持，包括捕获恐慌的原因和设置钩子以在恐慌上触发自定义逻辑。

❑ result：该模块包含 Result 类型，该类型与 Error trait 和 Option 类型一起构成了 Rust 中错误处理的基础。结果表示为 Result<T,E>，用于从函数中返回值或错误。只要预期有错误并且错误是可恢复的，函数就会返回 Result 类型。

3.4.4 外部函数接口

外部函数接口（foreign function interface，FFI）由 ffi 模块提供。该模块提供跨非 Rust 接口边界交换数据的实用程序，例如使用其他编程语言或直接处理底层操作系统/内核。

3.4.5 编译器

编译器分组包含与 Rust 编译器相关的模块。

❑ hint：该模块包含向编译器提示应如何编译或优化代码的函数。

❑ prelude：prelude 本意为"前奏，序曲"，该模块是 Rust 自动导入每个 Rust 程序中的项目列表。这是一个很方便的功能。

❑ primitive：该模块可重新导出 Rust 原语类型，通常用于宏代码。

到目前为止，我们已经了解了 Rust 标准库中面向计算的模块。接下来，我们看看面向系统调用的模块。

3.5 面向系统调用的模块

前面介绍的面向计算的模块与内存计算相关，而本节介绍的模块则涉及管理硬件资源或其他通常需要内核干预权限的操作。请注意，并非这些模块中的所有方法都涉及对内核的系统调用，但这有助于在模块级别构建思维模型。

3.5.1 内存管理

内存管理分组包含一组来自标准库的模块，用于处理内存管理和智能指针。内存管理包括静态内存分配（在栈上）、动态内存分配（在堆上）、内存释放（当一个变量超出范围时，其析构函数将被运行）、克隆或复制值、管理原始指针和智能指针（它们是指向堆上数据的指针），并固定对象的内存位置，使它们不能四处移动（这是特殊情况所必需的）。

内存管理模块如下。

❑　alloc：该模块包含用于分配和释放内存的 API，并可将自定义或第三方内存分配
　　器注册为标准库的默认值。

❑　borrow：在 Rust 中，对于不同的用例使用给定类型的不同表示是很常见的。例
　　如，一个值可以作为 Box\<T\>、Rc\<T\>或 Arc\<T\>进行存储和管理。类似地，字
　　符串值可以存储为 String 或 str 类型。

　　通过实现 Borrow trait 的 borrow 方法，Rust 提供了允许一种类型作为其他类型
　　借用的方法。所以，一种类型可以自由借用许多不同的类型。

　　该模块包含 Borrow trait，它允许将拥有的值转换为借用的值或将任何类型的借
　　用数据转换为拥有的值。例如，一个 String 类型（它是一种已拥有的类型）的
　　值可以作为 str 借用。

❑　cell：在 Rust 中，内存安全基于一个规则，即一个值可以有多个不可变引用或一
　　个可变引用。但可能存在需要共享可变引用的场景。该模块提供了可共享的可
　　变容器，包括 Cell 和 RefCell。这些类型提供共享类型的受控可变性。

❑　clone：在 Rust 中，整数等原始类型是可复制的，也就是说，它们实现了 Copy trait。
　　这意味着将一个变量的值分配给另一个变量或将参数传递给函数时，对象的值
　　是重复的。但并非所有类型都可以复制，因为它们可能需要内存分配（例如，
　　在堆中而不是栈中分配内存的 String 或 Vec 类型）。在这种情况下，可使用 clone()
　　方法复制值。该模块提供 Clone trait，它允许复制自定义数据类型的值。

❑　convert：该模块包含促进数据类型之间转换的功能。例如，通过实现包含在该
　　模块中的 AsRef trait，可以编写一个函数，接收类型为 AsRef\<str\>的参数，这意
　　味着该函数可以接收任何可转换为字符串引用（&str）的引用。由于 str 和 String
　　类型都实现了 AsRef trait，因此你可以将字符串引用（String）或字符串切片引
　　用（&str）传递给该函数。

❑　default：该模块具有 Default trait，用于为数据类型分配有意义的默认值。

❑　mem：该模块包含与内存相关的函数，包括查询内存大小、初始化、交换，以
　　及其他内存操作。

❑　pin：默认情况下，Rust 中的类型是可移动的。例如，在 Vec 类型上，pop 操作
　　将值移出，而 push 操作可能会导致重新分配内存。但是，在某些情况下，具有
　　固定内存位置且不移动的对象很有用。例如，自引用数据结构（如链表）。对
　　于这种情况，Rust 提供一种数据类型，将数据固定到内存中的某个位置。这是
　　通过在固定指针 Pin\<P\>中包装一个类型来实现的，Pin\<P\>可将值 P 固定在其在

内存中的位置上。

❑ ptr：在 Rust 中使用原始指针并不常见，仅在选择性用例中使用。

Rust 允许在不安全的代码块中使用原始指针，在这种情况下，编译器不负责内存安全，而由程序开发人员负责内存安全操作。该模块提供了处理原始指针的函数。

Rust 支持两种类型的原始指针——不可变的（如*const i32）和可变的（如*mut i32）。原始指针对其使用方式没有限制。它们是 Rust 中唯一可以为空值的指针类型，并且不会自动取消对原始指针的引用。

❑ rc：该模块提供单线程引用计数指针，其中 rc 代表引用计数（reference-counted）。指向 T 类型对象的引用计数指针可以表示为 Rc<T>。Rc<T>提供值 T 的共享所有权，它是在堆中分配的。如果克隆了这种类型的值，那么它会返回一个指向堆中相同内存位置的新指针（不复制内存中的值）。该值一直保留到引用该值的最后一个 Rc 指针存在，之后该值被删除。

3.5.2　并发

并发分组包含与同步并发处理相关的模块。在 Rust 中，可以通过生成进程、在进程内生成线程，以及跨线程和进程同步和共享数据的方法来设计并发程序。

异步并发包含在 Async 组中。

❑ env：该模块允许检查和操纵进程的环境，包括环境变量、进程的参数和路径。该模块其实可以单独分组，因为它的用途很广泛，而不仅仅用于并发。我们将它与 process 模块分组在一起，主要是因为该模块旨在与进程一起工作（例如，获取和设置进程的环境变量，或获取用于启动进程的命令行参数）。

❑ process：该模块可提供处理进程的函数，包括产生新进程、处理输入/输出（I/O）和终止进程。

❑ sync：在涉及并发的情况下，Rust 程序中执行的指令顺序可能会有所不同。在这种情况下，可能有多个并行执行线程（例如，多核 CPU 中的多个线程），这时就需要同步原语来协调跨线程的操作。该模块即包括同步原语（如 Arc、Mutex、RwLock 和 Condvar）。

❑ thread：Rust 的线程模型由原生操作系统线程组成。该模块提供处理线程的功能，如生成新线程，以及配置、命名和同步新线程。

3.5.3　文件系统

文件系统包含两个处理文件系统操作的模块。其中，fs 模块包括可处理和操作本地文件系统内容的方法，而 path 模块则提供了以编程方式导航和操作目录及文件系统路径的方法。

- ❏ fs：该模块包含使用和操作文件系统的方法。请注意，此模块中的操作可以跨平台使用。此模块中的结构和方法可处理文件、命名、文件类型、目录、文件元数据、权限，以及对目录中的条目进行迭代。
- ❏ path：该模块提供了 PathBuf 和 Path 类型，用于处理和操作路径。

3.5.4　输入/输出

输入/输出分组包含提供核心输入/输出（I/O）功能的 io 模块。io 模块包含处理输入和输出时使用的常用函数。处理输入和输出包括读取和写入 I/O 类型（如文件或 TCP 流）、缓冲读取和写入以获得更好的性能，以及使用标准输入和输出。

3.5.5　网络连接

核心网络连接功能由 net 模块提供。该模块包含用于 TCP 和 UDP 通信，以及使用端口和套接字的原语。

3.5.6　与特定操作系统相关的模块

os 模块中提供与特定操作系统相关的功能。该模块包含针对 Linux、UNIX 和 Windows 操作系统的特定于平台的定义和扩展。

3.5.7　时间

time 模块提供处理系统时间的函数。该模块包含处理系统时间和计算持续时间的结构，通常用于系统超时。

3.5.8　异步

异步输入/输出（I/O）功能由 future 和 task 模块提供。

❑　future：该模块包含 Future trait，它是在 Rust 中构建异步服务的基础。

❑　task：该模块可提供处理异步任务所需的函数，包括 Context、Waker 和 Poll。

ℹ️ **注意：关于 prelude 模块的说明**

如前文所述，Rust 在标准库中带有很多功能。要使用 Rust，必须将相应的模块导入程序中。

但是，Rust 会自动将一组常用的特征（trait）、类型（type）和函数（function）导入每个 Rust 程序中，因此 Rust 程序开发人员不必手动导入它们。这被称为 prelude。

V1 是 Rust 标准库 prelude 的第一个版本（也是当前版本）。编译器会自动将语句 use std::prelude::v1::*添加到 Rust 程序中。该模块将重新导出常用的 Rust 结构。

prelude 模块导出的项目列表包括特征、类型和函数（如 Box、Copy、Send、Sync、drop、Clone、Into、From、Iterator、Option、Result、String 和 Vec 等）。

有关重新导出的模块列表，可访问以下网址：

https://doc.rust-lang.org/std/prelude/v1/index.html

有关 Rust 标准库模块的介绍至此结束。Rust 标准库非常庞大，并且正在迅速发展。强烈建议你根据对本章内容的理解查看以下网址的官方文档，以了解具体的方法、特征、数据结构和示例片段。

https://doc.rust-lang.org/std/index.html

接下来，我们将通过编写一些代码来应用这些知识。

3.6　构建模板引擎

本节将研究 HTML 模板引擎的设计，并使用 Rust 标准库实现其中一项功能。在此之前，我们先了解什么是模板引擎。

Web 和移动应用等应用程序通常使用结构化数据，这些数据被存储在关系数据库、NoSQL 数据库和键值存储等数据库中。然而，Web 上还有很多非结构化数据，一个特定的示例是所有网页都包含的文本数据。网页是作为 HTML 文件生成的，而 HTML 文件具有基于文本的格式。

仔细观察可以发现，一个 HTML 页面有两部分：静态文本文字和动态部分。HTML 页面被编写为包含静态和动态部分的模板，而 HTML 生成的上下文则来自数据源。在生成网页时，生成器应将静态文本原样输出，同时结合一些处理和提供的上下文来生成动态字符串结果。生成 HTML 页面涉及系统调用（创建、打开、读取和写入文件）和计算密集型的内存中字符串操作。

　　模板引擎（template engine）是系统软件组件，可用于以高性能方式生成动态 HTML 页面。它包含软件组件（如解析器、分词器、生成器和模板文件等）的组合。

　　图 3.5 显示了使用模板引擎生成 HTML 的过程。

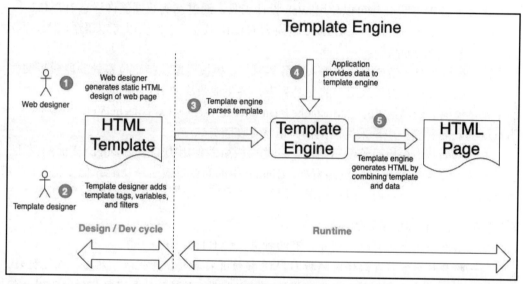

图 3.5　用模板引擎生成 HTML 的过程

原　　文	译　　文
Template Engine	模板引擎
① Web designer	① Web 设计师
Web designer generates static HTML design of web page	Web 设计师生成网页的静态 HTML 设计
HTML Template	HTML 模板
② Template designer	② 模板设计师
Template designer adds template tags, variables, and filters	模板设计师添加模板标签、变量和过滤器
Design/Dev cycle	设计/开发周期
③ Template engine parses template	③ 模板引擎解析模板
④ Application provides data to template engine	④ 应用程序将数据提供给目标引擎
⑤ Template engine generates HTML by combining template and data	⑤ 模板引擎通过合并模板和数据生成 HTML
HTML Page	HTML 页面
Runtime	运行时

为了更好地理解这一点，我们以显示客户交易报表的网上银行页面为例进行说明。该页面可以使用 HTML 模板构建，其中：

❑　静态 HTML 包括银行名称、徽标、其他品牌标识和所有用户都通用的内容。

❑　网页的动态部分包含登录用户过去交易的实际列表。交易列表因用户而异。

这种方法的优点是在 Web 开发生命周期中的职责分离：

❑　前端 Web 设计师可以使用 Web 设计工具，通过示例数据创作静态 HTML。

❑　模板设计师会将静态 HTML 转换为 HTML 模板，该模板以特定语法嵌入页面动态部分的元数据。

❑　在运行时（当页面请求进入服务器时），模板引擎从指定位置处获取模板文件，应用数据库中登录用户的交易列表，并生成最终的 HTML 页面。

流行模板引擎包括 Jinja、Mustache、Handlebars、HAML、Apache Velocity、Twig 和 Django 等。各种模板引擎采用的架构和语法存在差异。

本书将为基本模板引擎编写结构，这些模板引擎使用类似于 Django 模板的语法。Django 是一个流行的 Python 网络框架。Django 中的商业模板引擎功能齐全且复杂。本章不可能完全重新创建它们，但将构建代码结构并实现一个有代表性的功能。

🛈 **注意：HTML 模板引擎的类型**

根据解析模板数据的时间划分，有两种类型的 HTML 模板引擎。

第一种模板引擎将在编译时解析 HTML 模板并将其转换为代码。然后，在运行时，获取动态数据并将其加载到已编译的模板中。这些模板引擎往往具有更好的运行时性能，因为部分工作是在编译时完成的。

第二种模板引擎将在运行时进行模板的解析和 HTML 的生成工作。本项目将使用这种类型，因为它比较容易理解和实现。

我们从 HTML 模板文件的设计开始。

3.7　模板语法和设计

本节将介绍模板文件的元素和语法、模板引擎的概念模型、生成 HTML 页面的原理和步骤、数据结构和关键函数等。

3.7.1　模板文件的常见元素列表

模板本质上是一个文本文件。模板文件支持的常见元素列表如下所示。

❑　常量，例如：

```
<h1> hello world </h1>
```

❑　用{{和}}括起来的模板变量，例如：

```
<p> {{name}} </p>
```

❑　使用 if 标签的控制逻辑，例如：

```
{% if amount > 100000 %} {% endif %}
```

❑　使用 for 标记进行循环控制，例如：

```
<ul>{% for customer in customer_list}
    <li>{{customer.name}}</li>
    {% endfor %}
</ul>
```

❑　内容导入，例如：

```
{% include "footer.html" %}
```

❑　过滤器，例如：

```
{{name | upper}}
```

3.7.2　模板引擎的概念模型

图 3.6 显示了一个示例模板和模板引擎生成的 HTML。

在图 3.6 中，可以看到以下内容。

❑　左侧显示了一个示例模板文件。模板文件是静态和动态内容的混合。

静态内容的示例如下：

```
<h1> Welcome to XYZ Bank </h1>
```

动态内容的示例如下：

```
<p> Welcome {{name}} </p>
```

name 的值在运行时将被替换。该模板文件中显示了 3 种类型的动态内容——if 标签、for 标签和模板变量。

❑　在中间可以看到具有两个输入源的模板引擎——模板文件和数据源。模板引擎接收这些输入并生成最终的 HTML 文件。

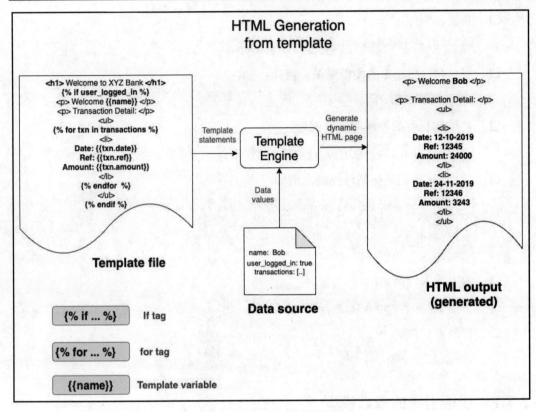

图 3.6　模板引擎的概念模型

原　　文	译　　文
HTML Generation from template	从模板中生成 HTML
Template file	模板文件
Template statements	模板语句
Template Engine	模板引擎
Data source	数据源
Data values	数据值
Generate dynamic HTML page	生成动态 HTML 页面
HTML output(generated)	HTML 输出（生成的结果）
If tag	if 标签
for tag	for 标签
Template variable	模板变量

3.7.3　模板引擎的工作原理

图 3.7 使用示例解释了模板引擎的工作原理。

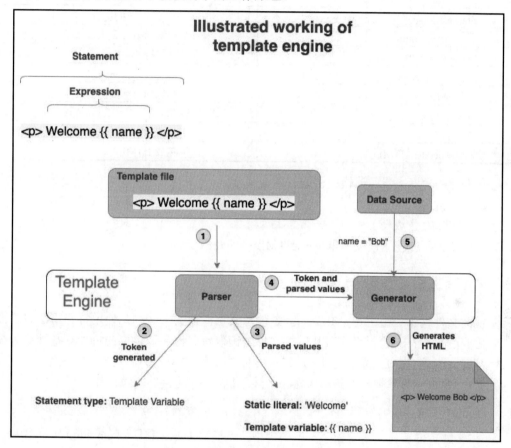

图 3.7　模板引擎的工作原理示例

原　　文	译　　文
Illustrated working of template engine	模板引擎的工作原理示意图
Statement	语句
Expression	表达式
Template file	模板文件
Data Source	数据源
Template Engine	模板引擎

原　　文	译　　文
① Parser	① 解析器
② Token generated	② 生成的标记
Statement type: Template Variable	语句类型：模板变量
③ Parsed values	③ 解析的值
Static literal: 'Welcome'	静态常量：'Welcome'
Template variable: {{ name }}	模板变量：{{ name }}
④ Token and parsed values	④ 标记和已解析的值
Data Source	数据源
⑤ Generator	⑤ 生成器
⑥ Generates HTML	⑥ 生成 HTML

从设计的角度来看，该模板引擎有两个部分：

❑　解析器。

❑　HTML 生成器。

我们首先研究使用模板引擎生成 HTML 所涉及的步骤。

3.7.4　模板引擎生成 HTML 的步骤

模板文件包含一组语句。其中一些是静态文字，而另一些则是使用特殊语法表示的动态内容的占位符。模板引擎可从模板文件中读取每条语句，读取的每一行都被称为模板字符串。生成 HTML 的流程即以从模板文件中读取的模板字符串开始。

（1）模板字符串被提供给解析器。上述示例中的模板字符串如下：

```
<p> Welcome {{name}} </p>
```

（2）解析器首先判断模板字符串的类型，这被称为标记化（tokenizing）。有 3 种类型的标记——if 标签、for 标签和模板变量。在此示例中，生成了类型为模板变量的标记（如果模板字符串包含静态文字，则将其写入 HTML 输出中而不进行任何更改）。

（3）将模板字符串解析为静态文字 Welcome 和模板变量{{name}}。

（4）来自步骤（2）和步骤（3）的解析器输出被传递到 HTML 生成器。

（5）来自数据源的数据由模板引擎作为上下文传递给生成器。

（6）来自步骤（2）和步骤（3）的已解析的标记和字符串与来自步骤（5）的上下文数据将被组合在一起，以生成结果字符串，该字符串被写入 HTML 文件中。

对从模板文件中读取的每条语句（模板字符串）重复上述步骤。

3.7.5 新建库项目

该示例不能使用在第 2 章 "Rust 编程语言之旅" 中创建的用于算术解析的解析器，因为本示例需要一些特定于 HTML 模板语言语法的东西。我们固然可以使用通用的解析库（例如，nom、pest 和 lalrpop 是 Rust 中流行的解析库），但出于本书的知识讲解目的，我们将自定义构建模板解析器。之所以采用这种方式，是因为每个解析库都有自己的 API 和语法，我们需要熟悉它们。若使用通用的解析库，显然会偏离本书的目标（本书的第一原则是学习在 Rust 中编写地道代码）。

使用以下内容创建一个新的库项目：

```
cargo new --lib template-engine
```

src/lib.rs 文件（由 Cargo 工具自动创建）将包含模板引擎的所有功能。

创建一个新文件 src/main.rs。main()函数将被放置在此文件中。

3.7.6 模板引擎的代码结构

模板引擎的代码结构设计如图 3.8 所示。

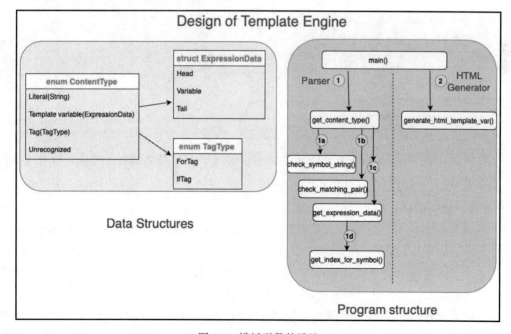

图 3.8 模板引擎的设计

原　　文	译　　文
Design of Template Engine	模板引擎的设计
Data Structures	数据结构
Program structure	程序结构
① Parser	① 解析器
② HTML Generator	② HTML 生成器

接下来，我们将详细介绍模板引擎的关键数据结构和函数，并提供一些代码片段。

3.7.7　数据结构

ContentType 是对从模板文件中读取的模板字符串（template string）进行分类的主要数据结构。它表示为 enum 并包含从模板文件中读取的可能的标记类型（token type）列表。当从模板文件中读取每条语句（模板字符串）时，会对其进行评估以检查它是否为此 enum 中定义的类型之一。

ContentType 的代码如下：

src/lib.rs

```
// 输入中的每一行可以是以下类型之一
#[derive(PartialEq, Debug)]
pub enum ContentType {
    Literal(String),
    TemplateVariable(ExpressionData),
    Tag(TagType),
    Unrecognized,
}
```

特别要注意的是 PartialEq 和 Debug 注释。前者用于允许比较内容类型，后者用于将内容的值输出到控制台中。

ℹ️ **注意：可派生的 trait**

Rust 编译器可以自动为标准库中定义的一些 trait 派生默认实现。这样的 trait 被称为可派生的 trait（derivable trait）。

为了指示编译器提供默认 trait 实现，使用了#[derive]属性。请注意，这仅适用于自定义结构体和 enum 等类型，而不适用于开发人员不拥有的其他库中定义的类型。

可以自动派生的 trait 实现的类型包括比较 trait，如 Eq、PartialEq 和 Ord，以及其他 trait，如 Copy、Clone、Hash、Default 和 Debug。

TagType 是一种支持数据结构，用于指示模板字符串对应于 for-tag（重复循环）还是 if-tag（显示控件）：

src/lib.rs

```
#[derive(PartialEq, Debug)]
pub enum TagType {
    ForTag,
    IfTag,
}
```

我们将创建一个结构体来存储模板字符串的标记化结果：

src/lib.rs

```
#[derive(PartialEq, Debug)]
pub struct ExpressionData {
    pub head: Option<String>,
    pub variable: String,
    pub tail: Option<String>,
}
```

可以看到，head 和 tail 的类型为 Option<String>，以允许模板变量在其前后不包含静态常量文本。

总而言之，模板字符串首先被标记化为类型：

```
ContentType::TemplateVariable(ExpressionData)
```

ExpressionData 被解析如下：

```
head="Hello", variable="name", tail =",welcome"
```

3.7.8　关键函数

现在来看看实现模板引擎的关键函数。

❑　Program: main()：这是程序的起点。它首先调用函数来标记和解析模板字符串，接收上下文数据以输入模板，然后调用函数，使用解析器的输出和上下文数据生成最终的 HTML。

❑　Program: get_content_type()：这是解析器的入口点。它可以解析模板文件的每一行（也就是所谓的模板字符串）并将其分类为 Literal（常量）、Template variable

（模板变量）、Tag（标签）和 Unrecognized（无法识别）标记类型之一。Tag
标记类型可以是 for 标签或 if 标签。如果标记是模板变量类型，那么它会解析模
板字符串以提取 head、tail 和 variable 模板变量。

这些类型被定义为 ContentType 枚举的一部分。可以编写一些测试用例来具体展示我
们希望看到的该函数的输入和输出，然后查看 get_content_type() 的实际代码。

3.7.9　测试用例

本示例将采用测试驱动开发（test-driven development，TDD）方法。

首先，通过添加以下代码块来创建一个 test 模块：

src/lib.rs:

```
#[cfg(test)]
mod tests {
    use super::*;
}
```

将单元测试放在此 tests 模块中。每个测试都以注释#[test]开始。

1．测试用例 1

检查内容类型是否为常量：

src/lib.rs

```
#[test]
fn check_literal_test() {
    let s = "<h1>Hello world</h1>";
    assert_eq!(ContentType::Literal(s.to_string()),
        get_content_type(s));
}
```

该测试用例是检查存储在变量 s 中的常量字符串是否被标记为 ContentType::Literal(s)。

2．测试用例 2

检查内容类型是否为模板变量类型：

src/lib.rs

```
#[test]
fn check_template_var_test() {
```

```
    let content = ExpressionData {
        head: Some("Hi ".to_string()),
        variable: "name".to_string(),
        tail: Some(" ,welcome".to_string()),
    };
    assert_eq!(
        ContentType::TemplateVariable(content),
        get_content_type("Hi {{name}} ,welcome")
    );
}
```

对于 Template String 标记类型，该测试用例检查模板字符串中的表达式是否可被解析为 head、variable 和 tail 组件，并作为类型 ContentType::TemplateVariable(ExpressionData) 成功返回。

3. 测试用例 3

检查内容是否为 ForTag：

src/lib.rs

```
#[test]
fn check_for_tag_test() {
    assert_eq!(
        ContentType::Tag(TagType::ForTag),
        get_content_type("{% for name in names %}, welcome")
    );
}
```

该测试用例用于检查包含 for 标签的语句是否被成功标记为 ContentType::Tag (TagType::ForTag)类型。

4. 测试用例 4

检查内容是否包含 IfTag：

src/lib.rs

```
#[test]
fn check_if_tag_test() {
    assert_eq!(
        ContentType::Tag(TagType::IfTag),
```

```
        get_content_type("{% if name == 'Bob' %}")
    );
}
```

该测试用例用于检查包含 if 标签的语句是否被成功标记为 ContentType::Tag(TagType::IfTag)类型。

在编写完单元测试用例之后，可以为模板引擎编写代码。

3.8　编写模板引擎

模板引擎有两个关键部分——解析器和 HTML 生成器。我们将从解析器开始。

3.8.1　解析器的设计

图 3.9 展示了该解析器的设计。

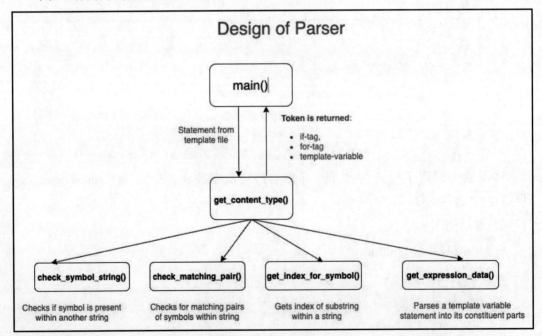

图 3.9　解析器的设计

原　　文	译　　文
Design of Parser	解析器的设计
Statement from template file	来自模板文件的语句
Token is returned:	返回的标记：
❑　if-tag,	❑　if 标签
❑　for-tag	❑　for 标签
❑　template-variable	❑　模板变量
Checks if symbol is present within another string	检查符号是否出现在其他字符串中
Checks for matching pairs of symbols within string	检查字符串中符号的匹配对
Gets index of substring within a string	获取字符串中子串的索引
Parses a template variable statement into its constituent parts	将模板变量语句解析为其组成部分

下面简单介绍该解析器中的各种方法。

❑　get_content_type()：解析器的入口点。接收输入语句并将其标记为 if 标签、for 标签和模板变量之一。

❑　check_symbol_string()：这是一种检查符号是否存在于另一个字符串中的支持方法。例如，可以检查模板文件中的语句中是否存在模式{%，并使用它来确定该语句是标签语句还是模板变量。

❑　check_matching_pair()：这是一种支持方法，用于验证模板文件中的语句在语法上是否正确。例如，可以检查匹配对{%和%}的存在。如果匹配对检测出现错误，则该语句将被标记为 Unrecognized（无法识别）。

❑　get_index_for_symbol()：该方法可返回另一个字符串中子串的起始索引。它用于字符串操作。

❑　get_expression_data()：该方法可将模板字符串解析为 TemplateString 类型标记的组成部分。

3.8.2　编写解析器

先来看看 get_content_type()方法。以下是其程序逻辑总结：
❑　for 标签由{%和%}括起来并包含 for 关键字。
❑　if 标签由{%和%}括起来并包含 if 关键字。
❑　模板变量用{{和}}括起来。
根据这些规则，语句被解析并返回适当的标记——for 标签、if 标签或模板变量。
以下是 get_content_type()函数的完整代码清单：

src/lib.rs

```
pub fn get_content_type(input_line: &str) -> ContentType {
    let is_tag_expression = check_matching_pair
        (&input_line, "{%", "%}");
    let is_for_tag = (check_symbol_string(&input_line, "for")
        && check_symbol_string(&input_line, "in"))
        || check_symbol_string(&input_line, "endfor");
    let is_if_tag =
        check_symbol_string(&input_line, "if") ||
            check_symbol_string(&input_line, "endif");

    let is_template_variable = check_matching_pair
        (&input_line, "{{", "}}");
    let return_val;

    if is_tag_expression && is_for_tag {
        return_val = ContentType::Tag(TagType::ForTag);
    } else if is_tag_expression && is_if_tag {
        return_val = ContentType::Tag(TagType::IfTag);
    } else if is_template_variable {
        let content = get_expression_data(&input_line);
        return_val = ContentType::TemplateVariable(content);
    } else if !is_tag_expression && !is_template_variable {
        return_val = ContentType::Literal(input_line.to_string());
    } else {
        return_val = ContentType::Unrecognized;
    }
    return_val
}
```

3.8.3 支持函数

现在来讨论支持函数。解析器需要利用支持函数来执行各种操作，如检查字符串中是否存在子串、检查匹配的大括号对。它们需要检查模板字符串在语法上是否正确，并将模板字符串解析为其组成部分。

在编写更多的代码之前，不妨来看这些支持函数的测试用例，以了解它们的用法，然后看看其代码。

请注意，这些函数旨在实现跨项目的重用。

1. check_symbol_string()函数

check_symbol_string()函数检查符号字符串（如'{%'）是否被包含在另一个字符串中。以下是其测试用例：

```
#[test]
fn check_symbol_string_test() {
    assert_eq!(true, check_symbol_string("{{Hello}}", "{{"));
}
```

下面是 check_symbol_string()函数的代码：

src/lib.rs

```
pub fn check_symbol_string(input: &str, symbol: &str)
    -> bool {
    input.contains(symbol)
}
```

标准库提供了一种直接的方法来检查字符串切片中的子字符串。

2. check_matching_pair()函数

check_matching_pair()函数可检查匹配的符号字符串。以下是其测试用例：

```
#[test]
fn check_symbol_pair_test() {
    assert_eq!(true, check_matching_pair(
        "{{Hello}}", "{{", "}}"));
}
```

在该测试用例中，我们将匹配的标签'{{'和'}}'传递给 check_matching_pair()函数，并检查二者是否都被包含在另一个字符串表达式"{{Hello}}"中。

以下是 check_matching_pair()函数的代码：

src/lib.rs

```
pub fn check_matching_pair(input: &str, symbol1: &str,
    symbol2: &str) -> bool {
    input.contains(symbol1) && input.contains(symbol2)
}
```

在 check_matching_pair()函数中，我们将检查两个匹配的标签是否都被包含在输入字符串中。

3. get_expression_data()函数

get_expression_data()函数使用模板变量解析表达式，将其解析为 head、variable 和 tail 组件，并返回结果。以下是其测试用例：

```
#[test]
fn check_get_expression_data_test() {
    let expression_data = ExpressionData {
        head: Some("Hi ".to_string()),
        variable: "name".to_string(),
        tail: Some(" ,welcome".to_string()),
    };

    assert_eq!(expression_data,
        get_expression_data("Hi {{name}}
        ,welcome"));
}
```

以下是 get_expression_data()函数的代码：

src/lib.rs

```
pub fn get_expression_data(input_line: &str) ->
    ExpressionData {
    let (_h, i) = get_index_for_symbol(input_line, '{');
    let head = input_line[0..i].to_string();
    let (_j, k) = get_index_for_symbol(input_line, '}');
    let variable = input_line[i + 1 + 1..k].to_string();
    let tail = input_line[k + 1 + 1..].to_string();

    ExpressionData {
        head: Some(head),
        variable: variable,
        tail: Some(tail),
    }
}
```

4. get_index_for_symbol()函数

get_index_for_symbol()函数采用两个参数并返回在第一个值中找到的第二个值的索引。这使得它很容易将模板字符串分成 3 部分——head、variable 和 tail。以下是其测试用例：

```
#[test]
fn check_get_index_for_symbol_test() {
    assert_eq!((true, 3), get_index_for_symbol("Hi
        {name}, welcome", '{'));
}
```

get_index_for_symbol()函数对字符串切片使用了 char_indices()方法（这是标准库的一部分），并将输入字符串转换为能够跟踪索引的迭代器，然后遍历输入字符串并在找到时返回符号的索引。

get_index_for_symbol()函数的代码如下：

src/lib.rs

```
pub fn get_index_for_symbol(input: &str, symbol: char)
    -> (bool, usize) {
    let mut characters = input.char_indices();
    let mut does_exist = false;
    let mut index = 0;
    while let Some((c, d)) = characters.next() {
        if d == symbol {
            does_exist = true;
            index = c;
            break;
        }
    }
    (does_exist, index)
}
```

Parser 模块的代码到此结束。接下来，我们看看将所有部分联系在一起的 main()函数。

3.8.4　main()函数

main()函数是模板引擎的入口点。图 3.10 显示了 main()函数的设计。

main()函数担任将所有部分联系在一起的协调角色。它调用解析器，初始化上下文数据，然后调用生成器。

1．传递上下文数据

main()函数创建一个 HashMap 来传递模板中变量的值。可以将 name 和 city 的值添加到此 HashMap 中。HashMap 与解析的模板输入一起被传递给生成器函数。

```
let mut context: HashMap<String, String> = HashMap::new();
context.insert("name".to_string(), "Bob".to_string());
context.insert("city".to_string(), "Boston".to_string());
```

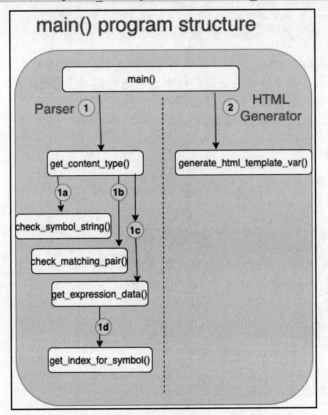

图 3.10　main()函数的设计

原　文	译　文
main() program structure	main()程序结构
① Parser	① 解析器
② HTML Generator	② HTML 生成器

2. 调用解析器和生成器

解析器的调用方法是，为从命令行（标准输入）中读取的每一行输入调用 get_context_data()函数。

（1）如果该行包含模板变量，那么它会调用 HTML 生成器 generate_html_template_var()

来创建 HTML 输出。

（2）如果该行包含一个常量字符串，那么它只是回显输入的 HTML 常量字符串。

（3）如果该行包含 for 或 if 标签，那么当前只需输出该功能尚未实现的语句即可。后面的章节中会实现该功能。

```
for line in io::stdin().lock().lines() {
    match get_content_type(&line?.clone()) {
        ContentType::TemplateVariable(content) => {
            let html = generate_html_template_var
                (content, context.clone());
            println!("{}", html);
        }
        ContentType::Literal(text) => println!
            ("{}", text),
        ContentType::Tag(TagType::ForTag) =>
            println!("For Tag not implemented"),
        ContentType::Tag(TagType::IfTag) =>
            println!("If Tag not implemented"),
        ContentType::Unrecognized =>
            println!("Unrecognized input"),
    }
}
```

3. 从命令行中读取模板字符串

在生产环境中，模板引擎将从存储在服务器本地文件系统某处的模板文件中读取输入。但是，由于本书尚未介绍文件系统，因此这里将通过来自用户的命令行（标准输入）接收模板字符串作为输入。io::stdin()函数可为当前进程的标准输入创建一个新句柄。使用以下 for 循环可一次读取一行标准输入，然后将其传递给解析器进行处理。

```
for line in io::stdin().lock().lines() {..}
```

下面是 main()函数的完整代码清单：

src/main.rs

```
use std::collections::HashMap;
use std::io;
use std::io::BufRead;
use template_engine::*;
```

```rust
fn main() {
    let mut context: HashMap<String, String> = HashMap::new();
    context.insert("name".to_string(), "Bob".to_string());
    context.insert("city".to_string(), "Boston".to_string());

    for line in io::stdin().lock().lines() {
        match get_content_type(&line.unwrap().clone()) {
            ContentType::TemplateVariable(content) => {
                let html = generate_html_template_var
                    (content, context.clone());
                println!("{}", html);
            }
            ContentType::Literal(text) => println!("{}", text),
            ContentType::Tag(TagType::ForTag) =>
                println!("For Tag not implemented"),
            ContentType::Tag(TagType::IfTag) =>
                println!("If Tag not implemented"),
            ContentType::Unrecognized =>
                println!("Unrecognized input"),
        }
    }
}
```

generate_html_template_var()函数的实现代码如下：

src/lib.rs

```rust
use std::collections::HashMap;
pub fn generate_html_template_var(
    content: ExpressionData,
    context: HashMap<String, String>,
) -> String {
    let mut html = String::new();

    if let Some(h) = content.head {
        html.push_str(&h);
    }

    if let Some(val) = context.get(&content.variable) {
        html.push_str(&val);
    }
```

```
    if let Some(t) = content.tail {
        html.push_str(&t);
    }

    html
}
```

generate_html_template_var()函数可构造由 head、文本内容和 tail 组成的 HTML 输出语句。为了构建文本内容，模板变量被替换为上下文数据中的值。构造完成的 HTML 语句将从函数中返回。

本章示例的完整代码网址如下：

https://github.com/PacktPublishing/Practical-System-Programming-for-Rust-Developers/ tree/master/Chapter03

3.8.5　执行模板引擎

现在我们已经有了一个基本模板引擎的大纲和基础，它可以处理两种输入——静态常量和模板变量。

我们执行该程序并运行一些测试，看看结果如何。

（1）使用以下命令构建并运行项目：

```
>cargo run
```

（2）测试常量字符串。例如，可以输入以下常量字符串：

```
<h2> Hello, welcome to my page </h2>
```

此时将看到输出的相同字符串，因为无须进行任何转换。

（3）测试模板变量。输入带有 name 或 city 变量（在介绍 main()函数时提到过）的语句，例如：

```
<p> My name is {{name}} </p>
```

或

```
<p> I live in {{city}} </p>
```

此时将看到以下输出结果：

```
<p> My name is Bob </p>
```

或

```
<p> I live in Boston </p>
```

这是因为在 main()函数中已经将变量 name 初始化为 Bob，将 city 初始化为 Boston。你也可以修改此代码以在单个 HTML 语句中实现对两个模板变量的更灵活的应用。

（4）测试 for 标签和 if 标签。输入一个包含在{%和%}内的语句，并包含 for 或 if 字符串。此时将看到终端输出以下消息：

```
For Tag not implementation
```

或

```
If Tag not implementation
```

同样，你也可以自行编写 for 标签和 if 标签的代码以作为一项练习。请确保检查正确的符号序列。例如，一个无效的格式（如{% for)%或%} if {%）应该被拒绝。

尽管本示例未实现模板引擎的更多功能，但在本章中，我们已经看到了如何在实际用例中使用 Rust 标准库。这里主要使用了 Rust 标准库中的 io、collections、iter 和 str 模块来实现示例代码。在接下来的章节中，还将介绍更多的标准库模块应用。

3.9　小　　结

本章探索了 Rust 标准库的整体结构，并将标准库的模块分为面向计算的模块和面向系统调用的模块两个类别，以便更好地理解其作用。

本章按分类简要介绍了数据类型、数据处理、错误处理、外部函数接口、编译器、内存管理、并发、文件系统、输入/输出、网络连接、与特定操作系统相关、时间、异步等领域的模块。

本章还研究了模板引擎的工作原理和构建，并定义了项目的范围和要求。我们根据 Rust 数据结构（enum 和结构体）和 Rust 函数设计了模板引擎。

本章演示了如何编写用于解析模板的代码以及如何为涉及模板变量的语句生成 HTML。此外，我们还执行了提供输入数据的程序，并在终端（命令行）中验证了生成的 HTML。

在第 4 章"管理环境、命令行和时间"中，我们将仔细研究如何使用与进程环境管理、命令行参数和时间功能相关的 Rust 标准库模块。

3.10　延 伸 阅 读

❑　The Django template language（Django 模板语言），其网址如下：

　　https://docs.djangoproject.com/en/3.0/ref/templates/language/

❑　The Rust Standard Library（Rust 标准库），其网址如下：

　　https://doc.rust-lang.org/std/index.html

第 4 章　管理环境、命令行和时间

在第 3 章 "Rust 标准库介绍" 中，我们研究了 Rust 标准库的结构，还编写了一个基本模板引擎的一部分，它可以在给定 HTML 模板和数据的情况下生成动态 HTML 页面组件。从本章开始，我们将深入研究按功能区域分组的标准库的特定模块。

本章将探索与使用系统环境、命令行和时间函数相关的 Rust 标准库模块，目的是让读者更熟练地使用命令行参数、路径操作、环境变量和时间测量。

学习这些有什么好处呢？

使用命令行参数是编写任何接收来自命令行的用户输入的程序的必备技能。

若编写一个工具（如 find 或 grep）来处理在文件夹和子文件夹中搜索文件和模式的操作，则需要路径操作的知识，包括导航路径以及读取和操作路径条目。

学习使用环境变量是将代码与配置分离的重要组成部分，这对于任何类型的程序都是一个很好的做法。

对于使用资源和活动的时间戳的程序，则需要学习如何处理时间。开发人员需要学习如何进行时间测量以记录事件之间的时间间隔，以便对各种操作所花费的时间进行基准测试。

本章将学习以下技能：

❑ 编写可以跨 Linux、UNIX、Windows 平台发现和操纵系统环境及文件系统的 Rust 程序。

❑ 创建可以使用命令行参数来接收配置参数和用户输入的程序。

❑ 捕获事件之间经过的时间。

这些是在 Rust 中进行系统编程所需的相关技能。我们将通过开发用于图像处理的命令行应用程序，以实用的方式学习这些主题。在此过程中，可以看到有关 Rust 标准库的 path、time、env 和 fs 模块的更多详细信息。

让我们看看本章将要构建的内容。

想象一下，我们有一个用于批量调整图像大小的工具，该工具可以查看桌面或服务器上的文件系统目录，提取所有图像文件（如.png 和.jpg 格式图像），并将所有图像文件调整为预定义的大小（如小、中或大）。

这样的工具对于释放硬盘空间或上传图片以在移动或 Web 应用程序中显示有很大的帮助。本章将要构建的就是这样一个工具。

本章包含以下主题：
- 项目范围和设计概述。
- 编写图像大小调整库的代码。
- 开发命令行应用程序。

4.1　技　术　要　求

本章示例代码网址如下：

https://github.com/PacktPublishing/Practical-System-Programming-for-Rust-Developers/tree/master/Chapter04

4.2　项目范围和设计概述

本章将首先定义要构建的内容并讨论技术设计，然后编写一个用于图像处理的 Rust 库，最后构建一个命令行应用程序，它通过命令行接收用户输入，并使用已构建的图像大小调整库来执行用户指定的命令。

4.2.1　要构建的内容

本节将描述要构建的工具的功能要求、技术要求和项目结构。

1．功能要求

本示例将构建一个命令行工具来执行以下两项操作。
- 图像大小调整：将源文件夹中的一张或多张图像调整为指定大小。
- 图像统计：提供有关源文件夹中存在的图像文件的一些统计信息。

本示例将该工具命名为 ImageCLI。图 4.1 显示了 ImageCLI 工具的两个主要功能。

用户将能够使用此工具调整图像的大小，可以要求调整单张图像或多张图像的大小。该工具支持的输入图像格式为 JPG 和 PNG，输出图像格式为 PNG。该工具将接收 3 个命令行参数，具体如下所示。
- size：该参数是所需的图像输出尺寸。如果用户指定 size = small，则输出图像的宽度为 200 px；如果指定 size = medium，则输出图像的宽度为 400 px；如果指定 size = large，则输出图像的宽度为 800 px。

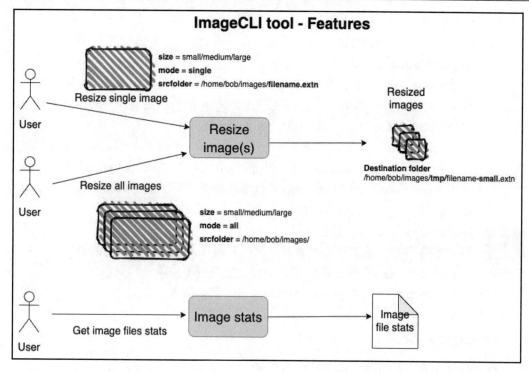

图 4.1 ImageCLI 工具的功能

原　　文	译　　文
ImageCLI tool - Features	ImageCLI 工具功能
Resize single image	重新调整单张图像的大小
User	用户
Resize all images	重新调整所有图像的大小
Resize image(s)	重新调整图像的大小
Resized images	重新调整大小之后的图像
Destination folder	目标文件夹
Get image files stats	获取图像文件状态
Image stats	图像状态
Image file stats	图像文件状态

例如，如果输入图像是总大小为 8 MB 的 JPG 文件，则可以通过指定 size=medium 将其大小调整为大约 500 KB。

❑ mode：该参数指示用户是要调整单个图像文件还是多个图像文件的大小。如果用户指定 mode = single，则表示调整单个图像文件的大小；而指定 mode = all，则表示调整指定文件夹中所有图像文件的大小。

❑ srcfolder：用户为源文件夹指定的值具有不同的含义，具体取决于选择了 mode = single 还是 mode = all。

如果 mode=single，则用户可将 srcfolder 的值指定为图像文件的完整路径及其文件名；如果 mode = all，则用户需要为 srcfolder 的值指定文件夹的完整路径（包含图像文件的路径），而不包含任何图像文件名。

如果使用 mode = single 和 srcfolder = /user/bob/images/image1.png，则该工具将调整包含在/user/bob/images 文件夹中的单个图像文件 image1.png 的大小；如果使用 mode = all 和 srcfolder = /user/bob/images，则该工具将调整包含在/user/bob/images 源文件夹中的所有图像文件的大小。

对于本示例中的图像统计功能，用户还可以指定一个包含图像文件的 srcfolder 文件夹，并获取该文件夹中图像文件的数量，以及所有图像文件的总大小。例如，如果使用 srcfolder = /user/bob/images，则图像统计选项将给出类似于以下的结果：

The folder contains 200 image files with total size 2234 MB（该文件夹包含 200 个图像文件，总大小为 2234 MB）。

2．非功能要求

以下是本项目的非功能（技术）要求列表：

❑ 该工具将作为二进制文件被打包和分发，它应该可以在 Linux、UNIX 和 Windows 3 种平台上运行。

❑ 用户应该能够测量调整图像大小所花费的时间。

❑ 用于指定命令行标志的用户输入必须不区分大小写，以便于使用。

❑ 该工具必须能够向用户显示有意义的错误消息。

❑ 图像大小调整的核心功能必须与命令行界面（command-line interface，CLI）分开。这样就可以灵活地通过桌面图形界面或作为 Web 应用程序中 Web 后端的一部分来重用核心功能。

❑ 该项目将被组织成一个包含图像处理功能的库和一个二进制文件，该二进制文件可提供命令行界面（CLI）以读取和解析用户输入、提供错误消息以及向用户显示输出消息。二进制文件将利用库进行核心图像处理。

3．项目结构

现在可以创建一个项目架构，以便更好地可视化项目结构。

使用 Cargo 创建一个新的 lib 项目，并将该 CLI 工具命名为 imagecli：

```
cargo new --lib imagecli && cd imagecli
```

argo 项目结构如图 4.2 所示。

图 4.2　Cargo 项目结构

项目结构的设置如下所示。

（1）在 src 文件夹下，创建一个名为 imagix 的子文件夹来托管库代码。在 imagix 子文件夹下，创建以下 4 个文件。

❑　error.rs：该文件用于包含自定义错误类型和错误处理代码。

❑　mod.rs：该文件是 imagix 库的入口点。

❑　resize.rs：该文件用于托管与调整图像大小相关的代码。

❑　stats.rs：该文件用于托管图像文件统计的代码。

（2）在 src 文件夹下，创建一个名为 imagecli.rs 的新文件，它将包含命令行界面的代码。

在了解了本示例项目的功能要求和所需的项目结构之后，我们将讨论该项目工具的设计。

4.2.2　技术设计

本节将介绍该工具的高级设计，主要关注图像处理功能。在 4.5 节"开发命令行应用程序"中，将再次讨论 CLI 的设计细节。

本项目包括可重用 imagix 库（其中包含图像大小调整和统计等核心功能），以及带有命令行界面（CLI）的二进制可执行文件 imagecli，如图 4.3 所示。

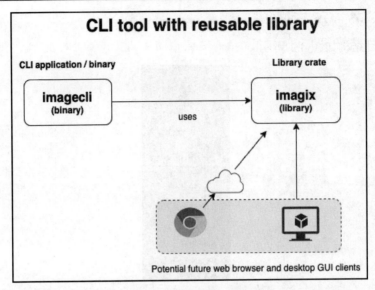

图 4.3　带有可重用库的命令行界面工具

原　　文	译　　文
CLI tool with reusable library	带有可重用库的命令行界面工具
CLI application / binary	命令行界面应用程序/二进制文件
imagecli (binary)	imagecli （二进制文件）
uses	使用
Library crate	库 Crate
imagix (library)	imagix （库）
Potential future web browser and desktop GUI clients	未来可能的 Web 浏览器和桌面图形用户界面 （GUI）客户端

　　如果该库的设计正确，那么将来可以被其他类型的客户端重复使用。例如，该应用程序可以作为桌面应用程序提供图形用户界面（而不是 CLI），甚至可以从基于浏览器的 HTML 客户端应用程序中访问。

　　在开始设计之前，不妨考虑以下关键技术挑战。

　　（1）调整单个图像文件的大小：

　　❑　如何以编程方式将较大的图像调整为较小的、用户指定的大小？

　　❑　如何创建一个 tmp 子文件夹来存储调整大小的图像？

❏　　如何测量调整图像大小所花费的时间？

（2）调整多个图像文件的大小：如何遍历用户提供的源文件夹以识别出所有的图像文件，然后为每个条目调用图像大小调整函数？

（3）获取图像统计信息：如何扫描用户提供的源文件夹，只计算图像文件的数量，并获得该文件夹中所有图像文件的总大小？

（4）路径操作：如何操作路径以便输出文件，将文件存储在 tmp 子文件夹中？

从设计的角度来说，上述几点可分为以下 3 大类关注点：

❏　　图像大小调整逻辑。

❏　　路径操作和目录迭代逻辑。

❏　　测量调整图像大小所用的时间。

图像处理本身就是一个高度专业化的领域，详细讨论它所涉及的技术和算法超出了本书的范围。鉴于图像处理领域的复杂性和范围，本项目将使用第三方库来实现所需的算法，它可以提供一个很好的 API 供调用。

为此，我们将使用通过 Rust 编写的 image-rs/image 开源包。Crate 文档的网址如下：

https://docs.rs/image/

现在来看看如何使用该 image Crate 设计 imagix 库。

该 image Crate 功能齐全，并具有许多图像处理函数。当然，本项目将仅使用其一小部分功能。回顾上面提到的有关图像处理的 3 个关键要求：打开图像文件并将其加载到内存中的能力，将图像调整为所需大小的能力，以及将调整后的图像从内存写入磁盘文件中的能力。

image-rs/image Crate 中的以下方法满足了上述需求。

❏　　image::open()：该函数可打开指定路径中的图像文件。它会自动从图像的文件扩展名中检测图像的格式，从文件中读取图像数据并转换为 DynamicImage 类型存储在内存中。

❏　　DynamicImage::thumbnail()：该函数可将图像缩小到指定的尺寸（宽度和高度）并在保留纵横比的同时返回新图像。它将使用快速整数算法，该算法是一种正弦变换技术。这是一个内存中操作（in-memory operation）。

❏　　DynamicImage::write_to()：该函数可对图像进行编码并将其写入任何实现了 std::io::write trait 的对象中，在本示例中，该 trait 就是输出文件句柄。我们将使用此方法将调整大小之后的图像写入文件中。

上述设计应该足以满足本项目中的图像处理要求。对于路径操作和时间测量这两个问题，我们将使用 Rust 标准库，这也是在 4.3 节 "使用 Rust 标准库" 中将要讨论的内容。

4.3　使用 Rust 标准库

为了开发图像大小调整工具，我们将同时使用外部 Crate 和 Rust 标准库。在 4.2.2 节 "技术设计"中，已经讨论了如何使用 image Crate。

本节将介绍用于构建项目的 Rust 标准库的功能。本项目需要的标准库的 3 个关键功能领域如下：

❑ 需要路径操作（path manipulation）和目录迭代（directory iteration）功能来搜索目录、定位图像文件并创建新的子文件夹。

❑ 需要从用户那里获得工具配置选项。我们将评估两种方法——通过环境变量（environment variables）获取和通过命令行参数（command-line parameters）获取。最终选择其中一个选项。

❑ 需要测量完成图像大小调整任务所用的时间。

现在来详细了解这些领域。

4.3.1　路径操作和目录迭代

对于路径操作，可考虑使用 Rust 标准库中的 std::path 模块；而对于目录迭代，则可以使用 std::fs 模块。

为什么需要路径操作功能？用于调整大小的源图像文件被存储在源文件夹中。调整大小之后的图像文件的目标路径是 tmp 子文件夹（在源文件夹中）。在将每个已调整大小的图像文件写入磁盘中之前，必须构造要存储文件的路径。例如，如果源文件的路径为 /user/bob/images/image1.jpg，则调整大小后图像的目标路径为/user/bob/images/tmp/image1.jpg。

开发人员必须以编程方式构造目标路径，然后调用 image Crate 上的方法将图像存储在目标路径上。

Rust 标准库通过 Path 和 PathBuf 两种数据类型来支持路径操作功能，它们都是 std::path 模块的一部分。有关如何使用标准库构建和操作路径的更多详细信息，请参阅以下提示。

ℹ️ 注意：Rust 标准库的 std::path 模块

该模块提供跨平台的路径操作函数。

路径通过遵循目录树指向文件系统位置。

UNIX 系统中路径的一个示例是 /home/bob/images/。

Windows 系统中路径的示例是 c:\bob\images\image1.png。

std::path 模块中有两种常用的主要类型——Path 和 PathBuf。

为了解析路径及其组件（读取操作），可使用 Path。在 Rust 的术语中，Path 也被称为路径切片（path slice），就像字符串切片（string slice）一样（字符串切片是对字符串的引用）。

为了修改现有路径或构建新路径，可使用 PathBuf。

PathBuf 是一个拥有的（owned）、可变的（mutable）路径。

Path 用于读取操作，PathBuf 用于路径上的读写操作。

以下是从字符串中构造新路径的方法：

```
let path_name = Path::new("/home/alice/foo.txt");
```

在上述 path_name 中，/home/alice 代表父级，foo 是文件名词干（file stem），txt 是文件扩展名（file extension）。可以在 Path 类型上使用 file_stem()和 extension()方法提取它们。

PathBuf 类型上的 pop()和 push()方法可用于截断组件并将其附加到路径中。

例如，可使用以下代码创建一个新的 PathBuf 路径：

```
let mut path_for_editing = PathBuf::from("/home/bob/file1.png")
```

path_for_editing.pop()可将该路径截断到其父路径中，即"/home/bob"。

现在，push()方法可用于将新组件附加到 PathBuf 中。例如，如果 PathBuf 原有的值为"/home/bob"，则 push("tmp")会将 tmp 附加到"/home/bob"路径中并返回"/home/bob/tmp"。

本项目将使用 pop()和 push()方法来操作路径。

下面来看看如何执行本项目所需的目录操作。

当用户指定 mode=all 时，即意味着要求遍历指定源文件夹中的所有文件，并过滤图像文件列表进行处理。为了迭代目录路径，可使用 std::fs 模块中的 read_dir()函数。

以下是 read_dir()函数的一个应用示例：

```
use std::fs;

fn main() {
    let entries = fs::read_dir("/tmp").unwrap();
    for entry in entries {
        if let Ok(entry) = entry {
            println!("{:?}", entry.path());
        }
    }
}
```

对上述代码的解释如下：

（1）fs:read_dir()可获取源文件夹的路径并返回 std::fs::ReadDir，它是目录中条目的迭代器。

（2）使用 for 循环来提取每个目录条目（它被包装在一个 Result 类型中），并输出其值。

这是本示例用于获取目录中的条目并执行进一步处理的代码。

除了读取目录中的内容，还需要检查源文件夹下是否存在 tmp 子文件夹，如果尚不存在，则创建该目录。可使用 std::fs 模块中的 create_dir()方法来创建一个新的子目录。

在后面的章节中会讨论 std::fs 模块的更多细节。

4.3.2 时间测量

为了测量时间，可以使用 std::time 模块。

Rust 标准库中的 std::time 模块有若干个与时间相关的函数，包括获取当前系统时间、创建表示时间跨度的持续时间（duration）以及测量两个特定时刻之间经过的时间（time elapsed）。下面提供了一些使用 time 模块的示例。

要获取当前系统时间，可编写如下代码：

```
use std::time::SystemTime;
fn main() {
    let _now = SystemTime::now();
}
```

要从给定的时间点获取经过的时间，可使用以下代码：

```
use std::thread::sleep;
use std::time::{Duration, Instant};
fn main() {
    let now = Instant::now();
    sleep(Duration::new(3, 0));
    println!("{:?}", now.elapsed().as_secs());
}
```

Instant::now()用于指示要测量的时间的起点。此点与调用 now.elapsed()点之间的持续时间即表示操作所用的时间。在这里使用了 std::thread 模块中的 sleep()函数模拟延迟。

4.3.3 使用环境变量

本节将学习如何使用 Rust 标准库以及第三方辅助 Crate，将值存储在环境变量中并在程序中使用它们。

（1）使用以下代码创建一个新项目：

```
cargo new read-env && cd read-env
```

使用.env 文件中的环境变量（而不是在控制台中设置它们）更容易，因此可以在 Cargo.toml 文件中添加一个流行的 Crate，称为 dotenv。

```
[dependencies]
dotenv = "0.15.0"
```

（2）在 main.rs 中添加以下代码：

```
use dotenv::dotenv;
use std::env;

fn main() {
dotenv().ok();
for (key, value) in env::vars() {
    println!("{}:{}", key, value);
}
}
```

在上述代码中，导入了 std::env 和 dotenv::dotenv 模块。

以下语句可从.env 文件中加载环境变量：

```
dotenv().ok();
```

上面代码块中的 for 循环在一个循环中可遍历环境变量，并将它们输出到控制台中。env:vars()可返回当前进程的所有环境变量的键-值对（key-value pair）迭代器。

（3）为了测试这一点，可在项目根目录中创建一个 new.env 文件并输入以下条目：

```
size=small
mode=single
srcfolder=/home/bob/images/image1.jpg
```

（4）将 srcfolder 值替换为自己的值。使用以下命令运行程序：

```
cargo run
```

此时将看到输出的.env 文件中的环境变量，以及与该进程相关的其他变量。

（5）要访问任何特定环境变量的值，可以使用 std::env::var()函数，它将采用变量的键作为参数。将以下语句添加到 main()函数中并查看输出的 size 变量的值：

```
println!("Value of size is {}",
    env::var("size").unwrap());
```

在了解了如何使用环境变量来接收用户输入以进行图像处理之后，我们看看如何使用命令行参数接收用户的输入。

4.3.4　使用命令行参数

本节将学习使用 Rust 标准库的 std::env 模块读取命令行参数。

（1）std::env 模块通过 std::env::args()支持命令行参数。因此，可创建一个新的 Cargo 项目，将以下代码添加到 src/main.rs 的 main()函数中：

```
use std::env;
fn main() {
    for argument in env::args() {
        println!("{}", argument);
    }
}
```

（2）使用以下命令执行代码：

```
cargo run small all /tmp
```

（3）传递给程序的 3 个参数会输出到控制台中。要按索引访问单个参数，请将以下代码添加到 main.rs 中：

```
use std::env;
fn main() {
    let args: Vec<String> = env::args().collect();
    let size = &args[1];
    let mode = &args[2];
    let source_folder = &args[3];
    println!(
        "Size:{},mode:{},source folder: {}",
        size, mode, source_folder
    );
}
```

（4）使用以下命令运行程序：

```
cargo run small all /tmp
```

size、mode 和 source_folder 的各个值将被输出，如下所示：

```
Size:small,mode:all,source folder: /tmp
```

在我们讨论的两种方法中，使用命令行参数更适合接收来自最终用户的输入，而使用环境变量方法则更适合开发人员配置工具。

当然，如果要构建对用户友好的界面，那么 std::env::args 提供的基本功能是不够的。本示例将使用名为 StructOpt 的第三方 Crate 来改进用户与 CLI 的交互。

对 Rust 标准库模块的路径操作、时间测量以及读取环境和命令行参数的深入研究到此结束。

4.3.5　imagix 库设计方法总结

以下是对 imagix 库设计方法的总结。

（1）调整单个图像文件的大小。

❑　如何以编程方式将较大的图像调整为用户指定的大小？使用 image-rs/image Crate。

❑　如何创建一个 tmp 子文件夹来存储已调整大小的图像？使用 std::fs::create_dir() 方法。

（2）调整多个图像文件的大小。

❑　如何遍历用户提供的源文件夹来识别所有图像文件并调用图像大小调整函数？使用 std::fs::read_dir() 方法。

❑　如何操作路径以便将输出文件存储在 tmp 子文件夹中？使用 std::path::Path 和 std::path::PathBuf 类型。

（3）获取图像统计信息：如何扫描用户提供的源文件夹，只计算图像文件的数量，并获得该文件夹中所有图像文件的总大小？使用 std::path::Path 类型和 std::fs::read_dir() 方法。

（4）基准测试指标：如何测量调整图像大小所花费的时间？使用 std::time::Duration 和 std::time::Instant 模块。

（5）读取命令行参数：如何读取命令行参数？使用 StructOpt Crate。

imagix 库的项目范围和设计介绍至此结束。

接下来，我们将为 imagix 图像处理库编写代码。

4.4　编写 imagix 库代码

本节将编写图像大小调整和图像统计功能的代码。

4.4.1　imagix 库的模块结构

现在先来研究 imagix 库的代码结构。

imagix 库的模块结构如图 4.4 所示。

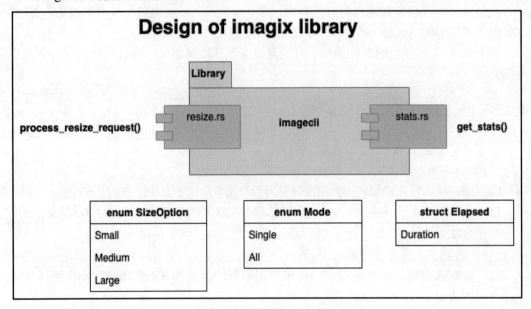

图 4.4　imagix 库的模块结构

原　　文	译　　文
Design of imagix library	imagix 库的设计

imagix 库包含两个模块——resize 和 stats——分别由 resize.rs 和 stats.rs 表示。

在图 4.4 中有两个 enum——SizeOption 和 Mode——分别表示大小选项和模式的变体。用户将指定 SizeOption enum 的变体之一来指示所需的输出图像大小，并指定 Mode enum 的变体之一来指示是否需要调整一张或多张图像的大小。另外，还有一个 struct Elapsed 用于捕获图像大小调整操作的经过时间。

resize 模块具有 process_resize_request()公共函数，该函数是 imagix 库用于调整图像大小的主要入口点。

stats 模块有一个 get_stats()公共函数。

本项目整体代码组织概览如图 4.5 所示。

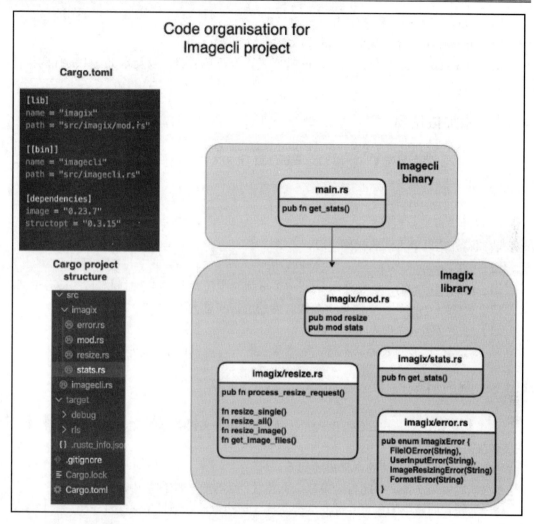

图 4.5 代码组织

原　　文	译　　文
Code organisation for Imagecli project	ImageCLI 项目的代码组织概览
Cargo project structure	Cargo 项目结构
Imagecli binary	ImageCLI 二进制文件
Imagecli library	ImageCLI 库

图 4.5 显示了以下内容：

❑　Cargo.toml 文件中包含了所需的配置和依赖项。

❏　Cargo 项目的代码树结构。

❏　imagix 库包含了源文件列表和关键函数列表。

❏　imagecli.rs 文件包含了 imagix 库上的命令行包装器，以及本工具中的代码执行入口点。

4.4.2　添加依赖项

现在可以将两个外部 Crate 添加到 imagecli 项目文件夹根目录的 Cargo.toml 文件中：

```
[dependencies]
image = "0.23.12"
structopt = "0.3.20"
```

我们将介绍以下方法的代码片段。

❏　get_image_files()：演示路径导航功能。

❏　resize_image()：包含使用 image Crate 调整图像大小和进行时间测量的核心逻辑。

❏　get_stats()：返回文件夹中图像文件的总数和总大小。

❏　自定义错误处理方法。

其余代码是标准的 Rust（不特定于本章主题），可以在本章的代码库中找到。

4.4.3　遍历目录条目

本节将仔细研究 get_image_files()的代码。这是前文提到过的检索包含在源文件夹中的图像文件列表的方法。

get_image_files()方法的逻辑描述如下。

（1）检索源文件夹中的目录条目，并将它们收集在一个向量中。

（2）迭代向量中的条目并过滤图像文件。请注意，本项目中只关注 PNG 和 JPG 文件，但也可以将其轻松扩展到其他类型的图像文件中。

（3）从该方法中返回图像文件的列表。

get_image_files() 的代码清单如下所示：

src/imagix/resize.rs

```
pub fn get_image_files(src_folder: PathBuf) ->
    Result<Vec<PathBuf>, ImagixError> {
    let entries = fs::read_dir(src_folder)
        .map_err(|e| ImagixError::UserInputError("Invalid
```

```
        source folder".to_string())))?
    .map(|res| res.map(|e| e.path()))
    .collect::<Result<Vec<_>, io::Error>>()?
    .into_iter()
    .filter(|r| {
        r.extension() == Some("JPG".as_ref())
            || r.extension() == Some("jpg".as_ref())
            || r.extension() == Some("PNG".as_ref())
            || r.extension() == Some("png".as_ref())
    })
    .collect();
    Ok(entries)
}
```

该代码使用 read_dir()方法遍历目录中的条目并将结果收集到 Vector 中，然后将 Vector 转换为迭代器，并过滤条目以仅返回图像文件。这意味着它可以提供一组用于调整大小的图像文件。

接下来，我们将查看执行实际调整图像大小操作的代码。

4.4.4　调整图像大小

本节将介绍 resize_image()方法的代码。此方法可执行调整图像大小的操作。

resize_image()方法的逻辑描述如下：

（1）该方法接收带有完整源文件夹路径的源图像文件名，将其调整为.png 文件，并将调整后的文件存储在源文件夹的 tmp 子文件夹中。

（2）从完整路径中提取源文件名。文件扩展名被更改为.png，是因为本工具仅支持.png 格式的输出文件。作为一项练习，你也可以添加对其他图像格式类型的支持。

（3）使用/tmp 构建目标文件路径，因为调整大小之后的图像需要存储在源文件夹的 tmp 子文件夹中。为此，我们需要先检查 tmp 文件夹是否已经存在。如果不存在，则必须创建它。使用 tmp 子文件夹构建路径和创建 tmp 子文件夹的逻辑在前面的代码清单中已经介绍过。

（4）调整图像的大小。为此可打开源文件，使用必要参数调用调整图像大小的函数，并将调整大小之后的图像写入输出文件中。

（5）使用 Instant::now()和 Elapsed::from()函数计算调整图像大小所用的时间。

resize_image()方法的代码清单如下。为方便解释，特将代码清单拆分为多个片段。

以下列出的代码接收 3 个输入参数——图像大小、源文件夹和 PathBuf 类型的条目（可以指图像文件的完整路径)。文件扩展名被更改为.png,因为这是该工具支持的输出格式。

```rust
fn resize_image(size: u32, src_folder: &mut PathBuf) ->
    Result<(), ImagixError> {
    // 使用.png 扩展名构建目标文件名
    let new_file_name = src_folder
        .file_stem()
        .unwrap()
        .to_str()
        .ok_or(std::io::ErrorKind::InvalidInput)
        .map(|f| format!("{}.png", f));
```

以下代码片段可将/tmp 追加到文件路径条目中以创建目标文件夹路径。请注意,由于标准库中的限制,文件名将首先被构造为 tmp.png,随后被更改,以反映调整大小之后的最终图像文件名。

```rust
// 构造目标文件夹路径
// 例如,如果在源文件夹中不存在/tmp,则创建它
let mut dest_folder = src_folder.clone();
dest_folder.pop();
dest_folder.push("tmp/");
if !dest_folder.exists() {
    fs::create_dir(&dest_folder)?;
}
dest_folder.pop();
dest_folder.push("tmp/tmp.png");
dest_folder.set_file_name(new_file_name?.as_str());
```

以下代码可打开图像文件并将图像数据加载到内存中。tmp 子文件夹是在源文件夹下创建的。然后,调整图像大小并将输出文件写入目标文件夹中,记录并输出调整图像大小操作所用的时间。

```rust
let timer = Instant::now();
let img = image::open(&src_folder)?;
let scaled = img.thumbnail(size, size);
let mut output = fs::File::create(&dest_folder)?;
scaled.write_to(&mut output, ImageFormat::Png)?;
println!(
    "Thumbnailed file: {:?} to size {}x{} in {}. Output
    file
    in {:?}",
    src_folder,
    size,
```

```
    size,
    Elapsed::from(&timer),
    dest_folder
    );
    Ok(())
}
```

以上就是调整图像大小的代码。

接下来，我们将查看生成图像统计信息的代码。

4.4.5　图像文件信息统计

在 4.4.4 节"调整图像大小"中，仔细研究了调整图像大小的代码。本节将阐释生成图像统计信息的逻辑。get_stats()方法将计算指定源文件夹中图像文件的数量，并测量它们的总大小。

get_stats()方法的逻辑描述如下：

（1）get_stats()方法以源文件夹作为其输入参数，并返回两个值：源文件夹中图像文件的数量，以及该文件夹中所有图像文件的总大小。

（2）通过调用 get_image_files()方法获取源文件夹中的图像文件列表。

（3）std::path 模块中的 metadata()函数允许查询文件或目录的元数据信息。在本示例中，遍历目录条目时，可将所有文件的大小汇总到一个变量 sum 中。sum 变量与图像文件条目的计数一起从函数中返回。

get_stats()方法的代码清单如下：

src/imagix/stats.rs

```
pub fn get_stats(src_folder: PathBuf) -> Result<(usize,f64),
    ImagixError> {
    let image_files = get_image_files
        (src_folder.to_path_buf())?;
    let size = image_files
        .iter()
        .map(move |f| f.metadata().unwrap().len())
        .sum::<u64>();
    Ok((image_files.len(), (size / 1000000) as f64))
}
```

图像处理功能的代码研究至此结束。

接下来，我们将探讨项目的自定义错误处理的一些细节。

4.4.6　错误处理

现在来看看有关错误处理的设计。

作为项目的一部分，我们可能需要处理许多失败情况。其中一些错误如下：

❑　用户提供的源文件夹可能无效。

❑　指定的文件可能不存在于源文件夹中。

❑　程序可能没有读取和写入文件的权限。

❑　用户输入的大小或模式可能不正确。

❑　调整图像大小时可能会出错（如文件损坏）。

❑　可能存在其他类型的内部处理错误。

现在可以定义一个自定义错误类型，以统一的方式处理这些不同类型的错误，并将错误作为输出提供给库的用户。

src/imagix/error.rs

```
pub enum ImagixError {
    FileIOError(String),
    UserInputError(String),
    ImageResizingError(String),
    FormatError(String),
}
```

这些错误的名称就表明了它们的意义。例如，FileIOError 是指无法读取目录或写入文件的错误，UserInputError 是指用户输入错误，ImageResizingError 是指图像处理错误，而 FormatError 则是在转换或输出参数值时遇到的任何错误。

定义该 ImagixError 错误类型的目标是处理过程中可能遇到的各种类型的错误，将它们转换成自定义的错误类型。

仅定义自定义错误类型是不够的，我们还必须确保在程序运行的过程中发生错误时，这些错误会被转换为自定义错误类型。例如，读取图像文件的错误会引发在 std::fs 模块中定义的错误。这个错误应该被捕获并转换成自定义的错误类型。这样，无论是文件操作还是错误处理，程序都会统一向用户传播相同的自定义错误类型供前端界面处理（在本项目中，前端界面是指命令行）。

为了将各种类型的错误转换为 ImagixError，我们将实现 From trait。另外，还需要为自定义错误类型实现 Display trait，以便将错误输出到控制台中。

在项目模块中的每个方法中，可以看到在失败点将抛出 ImagixError，并将该自定义错误传播回调用函数。详细源代码可以在本章配套的源文件夹中找到。

有关错误处理代码的讨论到此结束。

关于 imagix 库编码的介绍也到此结束。

在此我们仅讨论了关键的代码片段，受篇幅限制，这里无法显示整个代码清单。你可以通读本书配套 GitHub 存储库提供的本章源代码，以了解如何将各种功能转换为地道的 Rust 代码。

接下来，我们将构建包装此库并提供用户界面的命令行应用程序。

4.5　开发命令行应用程序

在 4.4 节"编写 imagix 库代码"中，已经构建了用于调整图像大小的库。本节将探讨主命令行应用程序的设计和代码的关键部分。

我们从一些自动化单元测试开始，以测试 resize.rs 中的图像大小调整功能，这样可以确认图像大小调整库独立于任何调用函数工作。

以下代码中显示了两个测试用例，其中一个用于调整单个图像文件的大小，另一个则用于调整多个图像文件的大小。你也可以将代码中的源文件夹和文件名替换为你自己的名称。

src/imagix/resize.rs

```
#[cfg(test)]
mod tests {
    use super::*;
    #[test]
    fn test_single_image_resize() {
        let mut path = PathBuf::from("/tmp/images/image1.jpg");
        let destination_path = PathBuf::from(
            "/tmp/images/tmp/image1.png");
        match process_resize_request(SizeOption::Small,
            Mode::Single, &mut path) {

            Ok(_) => println!("Successful resize of single image"),

            Err(e) => println!("Error in single image:{:?}", e),
        }
        assert_eq!(true, destination_path.exists());
    }
```

```
#[test]
fn test_multiple_image_resize() {
    let mut path = PathBuf::from("/tmp/images/");
    let _res = process_resize_request(
        SizeOption::Small, Mode::All, &mut path);
    let destination_path1 = PathBuf::from(
        "/tmp/images/tmp/image1.png");
    let destination_path2 = PathBuf::from(
        "/tmp/images/tmp/image2.png");
    assert_eq!(true, destination_path1.exists());
    assert_eq!(true, destination_path2.exists());
}
}
```

将 image1.jpg 和 image2.jpg 文件放在/tmp/images 中，并使用以下命令执行测试：

```
cargo test
```

可以看到，该测试成功通过。你也可以检查已调整大小的图像。作为一项练习，你还可以为图像统计功能添加测试用例。

现在可以得出结论，imagix 库可按预期工作。

接下来，我们将继续设计命令行应用程序，首先查看 CLI 要求。

4.5.1 设计命令行界面

本节将探讨命令行界面（CLI）的设计。这里所谓的"设计"，并不是进行绘图制作，而是最终确定用户将使用的命令行界面的结构。该命令行界面对于最终用户来说应该是直观的。命令行界面还必须在执行不同类型的操作时提供一定的灵活性。

imagecli 命令行界面将使用像 git 一样的命令-子命令模型。

该 CLI 命令结构如图 4.6 所示。

以下是一些命令示例（带有用户可以指定的参数）。

❏ 调整图像大小的命令如下（带有 3 个参数）：

```
cargo run --release resize
```

❏ 图像信息统计命令如下（带一个参数）：

```
cargo run --release stats
```

❏ 要调整单张图像的大小，命令如下：

```
cargo run --release resize --size small --mode single
```

```
--srcfolder <path-to-image-file/file-name.extn>
```

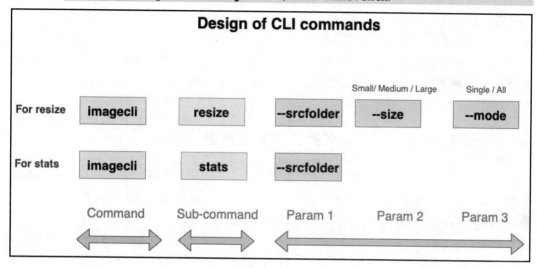

图 4.6　CLI 命令的设计

原　　文	译　　文
Design of CLI commands	CLI 命令的设计
For resize	图像大小调整命令
For stats	图像信息统计命令
Command	命令
Sub-command	子命令
Param 1	参数 1
Param 2	参数 2
Param 3	参数 3

❑　要调整多张图像的大小，命令如下：

```
cargo run --release resize --size medium --mode all
--srcfolder <path-to-folder-contains-images>
```

❑　图像信息统计命令如下：

```
cargo run --release stats --srcfolder <path-to-folder-contains-images>
```

imagecli main() 函数可解析命令行参数，处理用户输入和错误并向用户发送合适的消息，然后从 imagix 库中调用相应的函数。

简单总结一下，要调整图像大小，我们需要了解用户的以下信息：

❑　　模式（单个或多个文件）。

❑　　图像文件的输出大小（小/中/大）。

❑　　图像文件（或多个文件）所在的源文件夹。

本节为示例项目设计了命令行界面。在 4.4 节"编写 imagix 库代码"中，构建了 imagix 库来调整图像大小，因此，现在可以进入项目的最后一部分，即开发主要的命令行二进制应用程序，它可将所有部分联系在一起并接收来自命令行的用户输入。

4.5.2　使用 structopt 对命令行二进制文件进行编码

在 4.5.1 节"设计命令行界面"中，设计了命令行工具的界面。本节将探讨 main()函数的代码，该函数接收来自命令行的用户输入并调用 imagix 库。main()函数将被编译并构建到命令行二进制工具中。用户将调用此可执行文件来调整图像大小并提供必要的命令行参数。

main()函数位于 src/imagecli.rs 中，因为我们要将该命令行工具的二进制项命名为 imagecli。

现在来仔细研究该命令行应用程序的代码片段。

（1）从导入部分开始。请注意我们编写的 imagix 库的导入，以及用于命令行参数解析的 structopt：

```
mod imagix;
use ::imagix::error::ImagixError;
use ::imagix::resize::{process_resize_request, Mode, SizeOption};
use ::imagix::stats::get_stats;
use std::path::PathBuf;
use std::str::FromStr;
use structopt::StructOpt;
// 定义结构体中的命令行参数
```

（2）现在来看看该工具的命令行参数的定义。为此可使用 structopt 语法。有关该语法的详细信息，可访问以下网址：

https://docs.rs/structopt

我们的主要做法是定义了一个名为 Commandline 的 enum 并定义了两个子命令：Resize 和 Stats。Resize 可接收 3 个参数——size、mode 和 srcfolder（源文件夹）；而 Stats 则可接收一个参数——srcfolder。

```
#[derive(StructOpt, Debug)]
```

```rust
#[structopt(
    name = "resize",
    about = "This is a tool for image resizing and stats",
    help = "Specify subcommand resize or stats. For
        help, type imagecli resize --help or
        imagecli stats --help"
)]
enum Commandline {
    #[structopt(help = "
            Specify size(small/medium/large),
            mode(single/all) and srcfolder")]

    Resize {
        #[structopt(long)]
        size: SizeOption,
        #[structopt(long)]
        mode: Mode,
        #[structopt(long, parse(from_os_str))]
        srcfolder: PathBuf,
    },
    #[structopt(help = "Specify srcfolder")]
    Stats {
        #[structopt(long, parse(from_os_str))]
        srcfolder: PathBuf,
    },
}
```

（3）现在可以仔细看看 main()函数的代码。该函数可接收命令行输入（由 StructOpt 验证）并从 imagix 库中调用合适的方法。

如果用户指定了 Resize 命令，则会调用 imagix 库的 process_resize_request()方法；如果用户指定了 Stats 命令，则会调用 imagix 库的 get_stats()方法。

任何错误都会用合适的消息处理。

```rust
fn main() {
    let args: Commandline = Commandline::from_args();
    match args {
        Commandline::Resize {
            size,
            mode,
            mut srcfolder,
        } => {
            match process_resize_request(size, mode, &mut src_folder) {
```

```
                    Ok(_) => println!("Image resized successfully"),
                    Err(e) => match e {
                        ImagixError::FileIOError(e) => println!("{}", e),
                        ImagixError::UserInputError(e) => println!("{}", e),
                        ImagixError::ImageResizingError(e)
                            => println!("{}", e),

                        _ => println!("Error in processing"),
                    },
                };
            }
            Commandline::Stats { srcfolder } => match
                get_stats(srcfolder) {
                Ok((count, size)) => println!(
                    "Found {:?} image files with aggregate
                        size of {:?} MB",
                        count, size
                ),
                Err(e) => match e {
                    ImagixError::FileIOError(e) => println!("{}", e),
                    ImagixError::UserInputError(e) => println!("{}", e),
                    _ => println!("Error in processing"),
                },
            },
        }
}
```

（4）使用以下命令构建应用程序：

```
cargo build --release
```

使用发布版本的原因是，调试版本和发布版本之间在调整图像大小方面存在相当大的时间差异（后者要快得多）。

然后，可以在终端上执行和测试以下场景。确保将一个或多个.png 或.jpg 文件放在以--srcfolder 标志指定的文件夹中。

❑　调整单个图像文件的大小：

```
cargo run --release resize --size medium --mode single
--srcfolder <path-to-image-file>
```

❑　调整多个图像文件的大小：

```
cargo run --release resize --size small --mode all
```

```
--srcfolder <path-to-image-file>
```

❑　生成图像统计信息：

```
cargo run --release stats --srcfolder <path-to-image-folder>
```

本节构建了一个通过命令行界面工作的图像调整工具。作为一项练习，你可以尝试添加其他功能，包括添加对更多图像格式的支持、更改输出文件的大小，甚至提供对生成的图像文件进行加密以提高安全性的选项。

4.6　小　　结

本章演示了如何使用 std::env、std::path 和 std::fs 模块编写可以跨平台方式发现和操作系统环境、目录结构和文件系统元数据的 Rust 程序。

本章研究了如何创建可以使用命令行参数或环境变量来接收配置参数和用户输入的程序。我们讨论了两个第三方 Crate 的使用：StructOpt Crate 用于改进工具的用户界面，而 image-rs/image 则用于调整图像大小。

本章还介绍了如何使用 std:time 模块来测量特定处理任务所花费的时间。我们定义了一个自定义错误类型来统一库中的错误处理。最后，本章还介绍了文件处理操作。

第 5 章 "Rust 中的内存管理" 将详细讨论如何使用标准库进行高级内存管理。

第 2 篇

在 Rust 中管理和控制系统资源

本篇将介绍如何在 Rust 中与 Kernel 交互以管理内存、文件、目录、权限、终端 I/O、进程环境、进程控制和关系、处理信号、进程间通信和多线程等。

本篇示例项目包括一个计算 Rust 源文件指标的工具、一个文本查看器、一个自定义 shell，以及一个 Rust 源文件指标工具的多线程版本。

本篇包括以下 5 章：

- ❏ 第 5 章　Rust 中的内存管理
- ❏ 第 6 章　在 Rust 中使用文件和目录
- ❏ 第 7 章　在 Rust 中实现终端 I/O
- ❏ 第 8 章　处理进程和信号
- ❏ 第 9 章　管理并发

第 5 章　Rust 中的内存管理

在本书第 1 篇 "Rust 系统编程入门" 中，详细介绍了 Cargo（Rust 开发工具包）、Rust 语言开发核心概念、Rust 标准库以及用于管理进程环境、命令行和时间相关函数的模块等。

第 1 篇的重点是介绍 Rust 系统编程的基础，而第 2 篇 "在 Rust 中管理和控制系统资源" 的重点则是详细介绍如何使用 Rust 进行系统编程，在 Rust 中管理和控制系统资源，包括内存、文件、终端、进程和线程。

图 5.1 提供了第 2 篇中各章要介绍的重点内容的上下文环境。

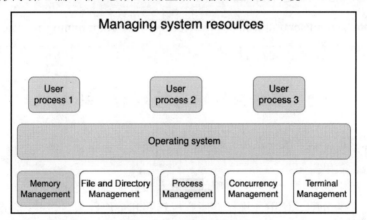

图 5.1　管理系统资源

原　　文	译　　文	原　　文	译　　文
Managing system resources	管理系统资源	Memory Management	内存管理
User process 1	用户进程 1	File and Directory Management	文件和目录管理
User process 2	用户进程 2	Process Management	进程管理
User process 3	用户进程 3	Concurrency Management	并发管理
Operating system	操作系统	Terminal Management	终端管理

本章将专注于介绍内存管理。首先，介绍操作系统中内存管理的一般性原则，包括内存管理生命周期和内存中进程的布局等；其次，讲解运行中的 Rust 程序的内存布局，包括 Rust 程序在内存中的布局以及堆、栈和静态数据段的特性等；然后，阐释 Rust 内存管理生命周期，它与其他编程语言的区别，以及在 Rust 程序中如何分配、操作和释放内

存等；最后，使用动态数据结构强化在第 3 章"Rust 标准库介绍"中构建的模板引擎。

本章包含以下主题：

- ❏　操作系统内存管理的基础知识。
- ❏　Rust 程序的内存布局。
- ❏　Rust 内存管理生命周期。
- ❏　向模板引擎添加动态数据结构。

5.1　技　术　要　求

Rustup 和 Cargo 必须安装在本地开发环境中。

本章完整代码的网址如下：

https://github.com/PacktPublishing/Practical-System-Programming-for-Rust-Developers/tree/master/Chapter05

5.2　操作系统内存管理的基础知识

本节将介绍现代操作系统中内存管理的基础知识。如果你已经熟悉该主题，则可以直接跳过或进行简单复习。

内存是运行中的程序（进程）可用的最基本和最关键的资源之一。内存管理将处理进程使用的内存的分配、使用、操作、所有权转移和最终释放。没有内存管理，就不可能执行程序。内存管理由 Kernel、程序指令、内存分配器和垃圾收集器等组件组合执行，但具体机制则因编程语言和操作系统而异。

本节将深入研究内存管理生命周期，然后了解操作系统为进程分配内存方式的详细信息。

5.2.1　内存管理生命周期

本节将介绍与内存管理相关的不同活动。

（1）当运行二进制可执行文件时，内存管理生命周期开始。操作系统将为程序分配虚拟内存地址空间，并根据二进制可执行文件中的指令初始化各个内存段。

（2）随着程序处理来自输入/输出（I/O）设备的各种输入，如文件、网络和标准输入（来自命令行），内存管理活动将继续进行。

（3）当程序终止（或程序因错误异常终止）时，内存管理生命周期结束。
图 5.2 显示了一个典型的内存管理生命周期。

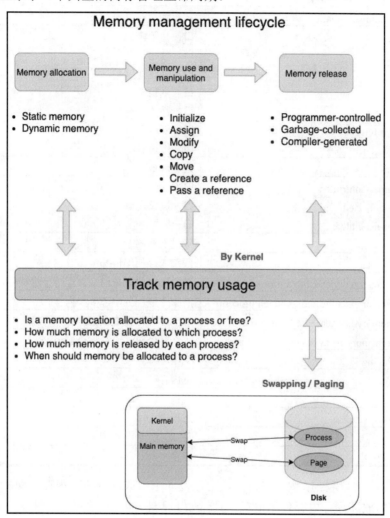

图 5.2　内存管理生命周期

原　　文	译　　文
Memory management lifecycle	内存管理生命周期
Memory allocation	内存分配
❑　Static memory	❑　静态内存
❑　Dynamic memory	❑　动态内存

续表

原　文	译　文
Memory use and manipulation	内存使用和操作
❏　Initialize	❏　初始化
❏　Assign	❏　分配
❏　Modify	❏　修改
❏　Copy	❏　复制
❏　Move	❏　移动
❏　Create a reference	❏　创建引用
❏　Pass a reference	❏　传递引用
Memory release	内存释放
❏　Programmer-controlled	❏　程序控制
❏　Garbage-collected	❏　垃圾收集
❏　Compiler-generated	❏　编译器生成
By Kernel	通过 Kernel 完成
Track memory usage	跟踪内存使用情况
Is a memory location allocated to a process or free?	某个内存位置是已经分配给了进程还是空闲的?
How much memory is allocated to which process?	给哪个进程分配了多少内存?
How much memory is released by each process?	每个进程释放多少内存?
When should memory be allocated to a process?	什么时候应该给进程分配内存?
Swapping / Paging	交换/分页
Main memory	主内存
Swap	交换
Process	进程
Page	页
Disk	磁盘

在图 5.2 中可以看到,内存管理本质上涉及 4 个组成部分——内存分配、内存使用和操作、内存释放、跟踪内存使用情况。具体如下所述。

1. 内存分配

在低级编程语言中,内存分配是由程序开发人员显式完成的,但在高级语言中,则是透明执行的。分配的内存可以是固定大小(其中数据类型的大小在编译时进行确定,如整数、布尔值或固定大小的数组),也可以是动态大小(指内存在运行时会动态增加、减少或重新定位,如可调整大小的数组)。

2．内存使用和操作

以下步骤是程序中执行的典型活动：

（1）定义一个特定类型的命名内存区域（例如，声明一个整数类型的新变量 x）。

（2）初始化一个变量。

（3）修改变量的值。

（4）复制或移动值到另一个变量。

（5）创建和操作对值的引用。

3．内存释放

在低级语言中，内存释放由程序开发人员明确执行，但在高级语言（如 Java、Python、JavaScript 和 Ruby）中，则使用称为垃圾收集器（garbage collector）的组件自动处理。

4．跟踪内存使用情况

跟踪内存使用情况是在 Kernel 级别完成的。程序将通过系统调用来分配和释放内存。系统调用由 Kernel 执行，它跟踪每个进程的内存分配和释放。

内存的交换/分页（swapping/paging）也是由 Kernel 完成的。现代操作系统可虚拟化物理内存资源。进程不直接与实际物理内存地址交互。Kernel 可为每个进程分配虚拟地址空间。分配给系统中所有进程的虚拟地址空间的总和可能大于系统中可用的物理内存，但进程并不知道（也不关心）这一点。

操作系统使用虚拟内存管理来确保进程彼此隔离，并且程序可以在其生命周期内访问提交的内存。交换和分页是虚拟内存管理（virtual memory management）中的技术。

ℹ️ 注意：分页和交换

操作系统如何将虚拟内存地址空间映射到物理内存？要达成这一目标，可将分配给程序的虚拟地址空间拆分为固定大小的页（如 4 KB 或 8 KB 的块）。

页（page）是一个固定长度的连续虚拟内存块。这样，分配给一个程序的虚拟内存就被分成了多个固定长度的页面。物理 RAM 上对应的单位是页帧（page frame），它是一个固定长度的 RAM 块。将多个页帧加起来就是系统上的总物理内存。

在任何时候，程序的虚拟页（virtual page）只有一部分需要出现在物理页帧中。其余的部分被存储在磁盘的交换区（swap area）中，这是磁盘的保留区域。

Kernel 维护一个页表（page table）来跟踪每个页在分配给程序的虚拟内存空间中的位置。

当程序尝试访问页上的内存位置时，如果该页不在页帧上，则该页位于磁盘上，然后被交换到主内存中。同样，RAM 中未使用的页被交换回磁盘（二级存储），为活动进

程腾出空间。该过程被称为分页（paging）。

　　如果在进程级别（而不是页级别）应用相同的技术，则被称为交换（swapping）。其中，一个进程的页从内存交换到磁盘中，以便为将另一个进程加载到内存中让路。

　　处理将物理 RAM 映射到虚拟地址空间的内存管理功能被称为虚拟内存管理（virtual memory management）。这确保进程可以根据需要访问足够的内存，并且相互隔离及与 Kernel 隔离。这样，程序就不会意外（或故意）写入 Kernel 或其他进程的内存空间中，从而防止内存损坏、未定义行为和安全问题。

　　在理解了进程的内存管理生命周期之后，我们将讨论操作系统在内存中布置程序的方式。

5.2.2　进程的内存布局

　　现在来看看 Kernel 分配给单个进程的虚拟地址空间的结构。图 5.3 显示了 Linux 系统上进程的内存布局，在 UNIX 和 Windows 操作系统上也存在类似的机制。

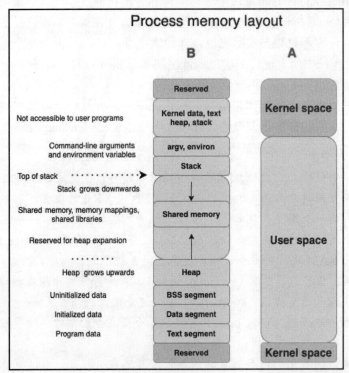

图 5.3　进程的内存布局

原　　文	译　　文
Process memory layout	进程的内存布局
Not accessible to user programs	用户程序不可访问的部分
Command-line arguments and environment variables	命令行参数和环境变量
Top of stack	栈顶
Stack grows downwards	栈向下增长
Shared memory, memory mappings, shared libraries	共享内存、内存映射、共享库
Reserved for heap expansion	为堆的扩展而保留的区域
Heap grows upwards	堆向上增长
Uninitialized data	未初始化的数据
Initialized data	初始化之后的数据
Program data	程序数据
Reserved	保留区域
Kernel data, text heap, stack	Kernel 数据、文本堆、栈
argv, environ	命令行参数、环境变量
Stack	栈
Shared memory	共享内存
Heap	堆
BSS segment	BSS 段
Data segment	数据段
Text segment	文本段
Reserved	保留区域
Kernel space	Kernel 空间
User space	用户空间

　　进程（process）是一个运行中的程序。当程序启动时，操作系统将其加载到内存中，允许它访问命令行参数和环境变量，并开始执行程序指令。

　　操作系统可为进程分配一定数量的内存。所分配的内存有一个与之相关的结构，它被称为进程的内存布局（memory layout）。进程的内存布局包含多个内存区域（memory region），这些内存区域也被称为段（segment），它们只不过是内存页的块（这在 5.2.1 节"内存管理生命周期"中已有介绍）。这些段如图 5.3 所示。

　　图 5.3 中标记为 A 的部分显示，分配给进程的整个虚拟内存空间可分为两个部分：Kernel 空间和用户空间。

　　Kernel 空间是加载 Kernel 部分的内存区域，可帮助程序管理硬件资源和与硬件资源通信。Kernel 空间包括 Kernel 代码、Kernel 自己的内存区域和标记为 Reserved（保留）

的空间。

本章仅关注用户空间，因为这是程序实际使用的区域。程序无法访问虚拟内存的 Kernel 空间。

用户空间被隔离成若干个内存段，其描述如下：

❑ 文本段（text segment）包含程序代码和其他只读数据，如字符串常量和参数。这部分可直接从程序二进制文件（可执行文件或库）中进行加载。

❑ 数据段（data segment）存储用非零值初始化的全局和静态变量。

❑ BSS 段包含未初始化的变量。

❑ 堆（heap）用于动态内存分配。随着内存在堆上分配，进程的地址空间继续增长。堆向上增长，意味着新项目添加到比以前项目更大的地址。

❑ 栈（stack）用于局部变量以及函数参数（在某些平台架构中）。栈向下增长，意味着放在栈中较早的项目占用较低的地址空间。

💡 提示：

栈和堆分配在进程地址空间的两端。栈空间向下增长，堆空间向上增长。如果它们相遇，则会发生栈溢出错误或堆上的内存分配调用失败。

❑ 在栈和堆之间有一个区域，该区域包括任何共享内存（即跨进程共享的内存）、程序使用的共享库或内存映射区域（反映磁盘上文件的内存区域）。

❑ 在栈的上方有一个段，其中包含传递给程序的命令行参数和为进程设置的环境变量。

内存管理是一个复杂的话题，为了让讨论聚焦在 Rust 中的内存管理上，很多细节都被省略了。当然，上面描述的虚拟内存管理和虚拟内存地址的基础知识对于理解 Rust 执行内存管理的方式仍至关重要。

5.3   Rust 程序的内存布局

在 5.2 节 "操作系统内存管理的基础知识" 中详细阐释了现代操作系统中内存管理方面的基础知识。本节将讨论操作系统在内存中布置正在运行的 Rust 程序的方式，还将研究 Rust 程序使用的虚拟内存不同部分的特性。

5.3.1   理解 Rust 程序的内存布局

要理解 Rust 如何实现低内存占用、内存安全和性能的组合，就有必要了解 Rust 程序如何在内存中布局以及如何以编程方式控制它们。

- ❏ 低内存占用取决于内存分配的有效管理、值的复制和内存释放。
- ❏ 内存安全处理可确保对存储在内存中的值没有不安全的访问。
- ❏ 性能取决于开发人员如何理解在栈、堆和静态数据段中存储值的含义。

Rust 的亮点在于，所有这些任务都不像在 C/C++中那样完全留给程序开发人员。Rust 编译器及其所有权系统做了很多繁重的工作，防止整个类的内存错误。现在我们来详细讨论这个主题。

Rust 程序的内存布局如图 5.4 所示。

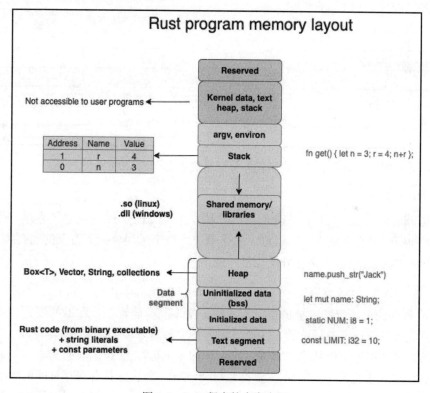

图 5.4　Rust 程序的内存布局

原　　文	译　　文
Rust program memory layout	Rust 程序的内存布局
Not accessible to user programs	用户程序不可访问的部分
Address Name Value	地址　名称　值
.so (linux)	.so（Linux）

续表

原　文	译　文
.dll (windows)	.dll（Windows）
Box<T>, Vector, String, collections	Box<T>、Vector、String、集合
Data segment	数据段
Rust code (from binary executable) + string literals + const parameters	Rust 代码（来自二进制可执行文件）+ 字符串常量 + 常量参数
Reserved	保留区域
Kernel data, text heap, stack	Kernel 数据，文本堆，栈
argv, environ	命令行参数，环境变量
Stack	栈
Shared memory/libraries	共享内存/库
Heap	堆
Uninitialized data (bss)	未初始化的数据（BSS 段）
Initialized data	初始化之后的数据
Text segment	文本段

可以通过图 5.4 来理解 Rust 程序的内存布局。具体介绍如下。

1．Rust 进程

当 Kernel 将 Rust 可执行二进制文件（例如，使用 cargo build 创建的程序）读入系统内存中并执行时，它就成为一个进程。操作系统为每个进程分配了自己的私有用户空间，这样不同的 Rust 进程就不会意外地相互干扰。

2．文本段

Rust 程序的可执行指令被放在文本段中。文本段被放置在栈和堆的下方，以防止任何溢出将其覆盖。该段是只读的，因此其内容不会被意外覆盖。

当然，多个进程可以共享文本段。以在进程 1 中运行 Rust 编写的文本编辑器为例。如果要执行编辑器的第 2 个副本，那么系统将创建一个具有私有内存空间的新进程（可称之为进程 2），但不会重新加载编辑器的程序指令。相反，它将创建对进程 1 的文本指令的引用，但其余内存（如数据、栈等）则不会在进程间共享。

3．数据段

数据段可分为初始化变量（如声明为静态的变量）、未初始化的变量和堆。其中未初始化的变量也称为由符号启动的块（block started by symbol，BSS）段。在执行过程中，如果程序要求更多的内存，则会在堆区分配。因此，堆与动态内存分配（dynamic memory allocation，DMA）相关联。

ⓘ **注意：动态生命周期与动态大小**

在 Rust 中，具有动态生命周期或动态大小的变量需要动态内存。

具有动态生命周期的 Rust 类型的示例包括 Rc（单线程引用计数指针）和 Arc（线程安全引用计数指针）。

Rust 中具有动态大小的类型示例包括 Vectors、Strings 和其他 collection 类型，它们是堆分配的。

原始类型（如整数）默认是栈分配的，但是程序开发人员可以使用 Box<T>类型在堆中分配内存。例如，以下代码可为栈上的整数 y 分配内存并将其初始化为 3：

```
let y = 3
```

而以下代码可在堆上为整数 x 分配一个值并将其初始化为 3：

```
let x: Box<i32> = Box::new(3)
```

4．栈段

栈是进程内存中存储临时（局部）变量、函数参数和指令的返回地址（它在函数调用结束后执行）的区域。默认情况下，Rust 中的所有内存分配都在栈上。每当调用函数时，其变量都会在栈上分配内存。内存分配发生在栈数据结构（stack data structure）中的连续内存位置上。

给运行中的 Rust 程序分配虚拟内存的方式总结如下：

❑　Rust 程序的代码指令进入文本段（text segment）区域中。

❑　原始数据类型被分配在栈（stack）上。

❑　静态变量位于数据段（data segment）中。

❑　堆分配的值（在编译时大小未知的值，如向量和字符串）被存储在数据段的堆（heap）区域中。

❑　未初始化的变量位于 BSS 段中。

其中，Rust 程序开发人员对文本段和 BSS 段没有太多控制权，可以处理的主要是内存的栈、堆和静态区域。因此，接下来我们将深入研究这 3 个内存区域的特性。

5.3.2　栈、堆和静态内存的特性

我们已经了解了在 Rust 程序中声明的不同类型的变量是如何在进程空间的不同区域中被分配的。在 3 个内存段（文本段、数据段和栈段）中，文本段不受 Rust 程序开发人

员的控制，但开发人员可以灵活决定是否放置值（即分配内存）在栈、堆上，或作为静态变量。当然，这个决定也有很大的影响，因为栈、静态变量和堆的管理方式完全不同，它们的生命周期也不同。理解这些权衡是编写任何 Rust 程序的重要部分。因此，接下来我们将更仔细地研究栈、堆和静态内存的特性。

表 5.1 总结了栈、堆和静态内存区域的特征。回顾图 5.4，栈分配的内存属于栈段，而堆和静态变量则属于虚拟内存地址空间的数据段。

表 5.1　栈、堆和静态内存区域的特征

特　　性	栈	堆	静　态　内　存
内存分配	自动（默认分配）	手动（由开发人员分配）	自动（在程序载入内存时进行分配）
内存释放	自动	当变量超出范围时，Rust 编译器会生成代码来调用析构函数	自动（当程序中止时）
大小	每个进程的栈大小都有系统限制（具体取决于操作系统）	堆可以增长到由操作系统分配的虚拟内存的最大值	固定大小
速度	访问非常快	访问速度相对较慢	访问很快，因为它在固定的内存位置处
内存碎片	空间由操作系统高效管理，因此不会有碎片	随着块的分配和释放，内存可能会产生碎片	不存在该问题，因为内存在程序的生命周期内不会被释放或重新分配
变量作用域	仅局部变量可被存储	值可以在程序内被全局访问	值可被全局访问
变量大小	变量的大小是固定的；无法存储可以动态增长的集合	变量可以调整大小。例如，可以在向量中追加新元素	固定大小
生命周期	变量只存在于函数代码块中	堆中分配的生命周期取决于指向它的 Box 值的生命周期	持续到程序的生命周期
读/写	默认是只读的，可通过指定 mut 进行写入	默认是只读的，可通过指定 mut 进行写入	默认是只读的，需封装在 mutex 中才能进行写入
内存重用	内存由 CPU 重用	内存可由程序开发人员重用	在固定位置分配的内存，程序开发人员无法分配或释放

ℹ️ **注意：了解值的内存位置很重要吗？**

使用过其他高级编程语言的人可能会认为没必要了解变量究竟是存储在栈、堆还是静态数据段中，因为语言编译器、运行时和垃圾收集器将抽象掉这些细节，让程序开发人员变得很轻松。

但在 Rust 中，尤其是在编写面向系统的程序时，需要了解内存布局和内存模型，以便为系统设计的各个部分选择合适且高效的数据结构。在许多情况下，这些知识甚至是编译 Rust 程序所必需的。

本节已经清楚阐释了 Rust 程序的内存布局，并比较了栈和数据段内存区域的特性。接下来，我们将介绍 Rust 的内存管理生命周期并与其他编程语言进行比较。另外，还将详细介绍 Rust 内存管理生命周期的 3 个步骤。

5.4　Rust 内存管理生命周期

计算机程序可以建模为有限状态机（finite state machine，FSM）。运行中的程序可接收不同形式的输入（如文件输入、命令行参数、网络调用、中断等）并从一种状态转换到另一种状态。

例如，一个设备驱动程序可以处于以下任一状态：未初始化、活动状态或非活动状态。当设备驱动程序刚刚被启动（加载到内存中）时，处于未初始化（uninitialized）状态；当设备寄存器被初始化并准备好接收事件时，进入活动（active）状态；设备驱动程序可以被置于挂起模式并且不准备接收输入，在这种情况下它进入非活动（inactive）状态。你还可以进一步扩展此概念。例如，对于像串口这样的通信设备，设备驱动程序可以处于发送或接收状态。

中断可以触发从一种状态到另一种状态的转换。同样，每种程序，无论是 Kernel 组件、命令行工具、网络服务器还是电子商务应用程序，都可以根据状态和转换进行建模。

为什么围绕状态的讨论对内存管理很重要？因为状态在程序中被开发人员表示为一组带有值的变量，而这些值被存储在运行中的程序（进程）的虚拟内存内。

一个程序可经历无数次状态转换（顶级社交媒体网站程序每天处理数亿次状态转换），所有这些状态和转换都被表示在内存中，然后持久化到磁盘中。

现代分层应用程序的栈的每个组件（包括前端应用程序、后端服务器、网络栈、其他系统程序和操作系统内核实用程序）都需要能够有效地分配、使用和释放内存。因此，重要的是了解程序的内存布局在其生命周期内如何发生变化，以及程序开发人员可以做些什么来使其变得更高效。

有了这个背景知识之后，我们继续了解 Rust 内存管理生命周期。

5.4.1　Rust 内存管理生命周期概述

现在可以将其他编程语言的内存管理生命周期与 Rust 的内存管理生命周期进行比较。图 5.5 显示了 Rust 中内存管理的工作原理，并与其他编程语言进行了比较。

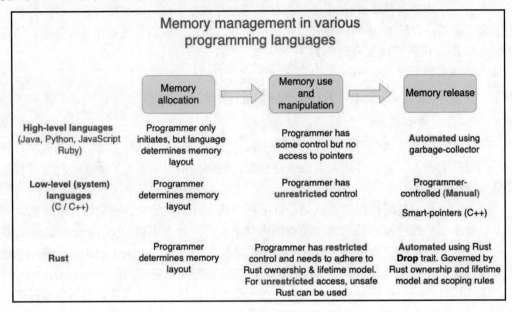

图 5.5　不同编程语言中的内存管理

原　　文	译　　文
Memory management in various programming language	不同编程语言中的内存管理
Memory allocation	内存分配
Memory use and manipulation	内存使用和操作
Memory release	内存释放
High-level languages (Java, Python, JavaScript, Ruby)	高级语言（Java、Python、JavaScript、Ruby）
Programmer only initiates, but language determines memory layout	开发人员只要初始化即可，内存布局由语言决定
Programmer has some control but no access to pointers	开发人员有部分控制权限，但无法访问指针
Automated using garbage-collector	自动使用垃圾收集器
Low-level (system) languages (C/C++)	低级（系统）语言（C/C++）
Programmer determines memory layout	开发人员决定内存布局
Programmer has unrestricted control	开发人员拥有不受限制的控制权限

续表

原　　文	译　　文
Programmer-controlled (Manual)	由开发人员控制（手动）
Smart-pointers (C++)	智能指针（C++）
Programmer determines memory layout	开发人员决定内存布局
Programmer has restricted control and needs to adhere to Rust ownership & lifetime model. For unrestricted access, unsafe Rust can be used	开发人员拥有受限的控制权限，需要遵守 Rust 所有权和生命周期模型。若要获得无限制的访问权限，可以使用不安全的 Rust
Automated using Rust Drop trait. Governed by Rust ownership and lifetime model and scoping rules	使用 Rust Drop trait 自动释放内存。由 Rust 所有权和生命周期模型以及范围规则管理

要理解 Rust 内存模型，先了解其他编程语言中的内存管理方式是很重要的。图 5.5 展示了两组编程语言——高级和低级——如何管理内存并将其与 Rust 进行了比较。

在内存管理生命周期中有 3 个主要步骤。

（1）内存分配。

（2）内存使用和操作。

（3）内存释放（release/deallocation）。

这 3 个步骤的执行方式因编程语言而异。

高级语言（如 Java、JavaScript 和 Python）对开发人员（拥有部分控制权限）隐藏了许多内存管理的细节，使用垃圾收集器组件自动释放内存，并且不会为开发人员提供直接访问内存的指针。

C/C++等低级（也称为系统）编程语言为开发人员提供了完全控制权限，但不提供任何安全网。内存的有效管理完全取决于开发人员的技能和细心。

Rust 奉行的是中庸之道。Rust 开发人员可以完全控制内存分配，能够操作和移动内存中的值和引用，但要遵守严格的 Rust 所有权规则。而 Rust 中的内存释放则由编译器生成的代码自动执行。

ⓘ 注意：高级与低级编程语言

术语"高级"和"低级"可用于根据提供给开发人员的抽象级别对编程语言进行分类。

提供更高级别编程抽象的语言更容易编程，并消除了许多围绕内存管理的硬责任，代价是程序员缺乏更精细的控制。

另外，C 和 C++等系统语言则可为开发人员提供管理内存和其他系统资源的完全控制权限和责任。

在理解了 Rust 与其他编程语言内存管理方法的异同之后，我们将更详细地逐一分析它们。

5.4.2　内存分配

内存分配是将值（可以是整数、字符串、向量或更高级别的数据结构，如网络端口、解析器或电子商务订单）存储到内存某个位置处的过程。作为内存分配的一部分，开发人员可实例化一个数据类型（原始的或用户定义的类型）并为其分配一个初始值。Rust 程序可通过系统调用来分配内存。

在高级语言中，开发人员使用指定的语法声明变量。语言编译器（与语言运行时一起）处理虚拟内存中各种数据类型的分配和确切位置。

在 C/C++中，开发人员可通过提供的系统调用接口控制内存分配（和重新分配）。语言（编译器、运行时）不会干预开发人员的决定。

在 Rust 中，默认情况下，当开发人员初始化数据类型并为其赋值时，操作系统会在栈上分配内存。这适用于所有原始类型（整数、浮点数、字符、布尔值、定长数组）、函数局部变量、函数参数和其他定长数据类型（如智能指针）。但是，开发人员也可以选择使用 Box<T>智能指针将原始数据类型显式放置在堆上。

其次，所有动态值（例如，在运行时大小会发生变化的字符串和向量）都被存储在堆中，而指向此堆数据的智能指针则被放置在栈中。

总结如下：

❑　对于固定长度的变量，值被存储在栈中。

❑　具有动态长度的变量，在堆上被分配内存。

❑　指向堆分配内存起始位置的指针被存储在栈上。

现在来看看有关内存分配的一些附加信息。

Rust 程序中声明的所有数据类型都在编译时计算其大小，它们不是动态分配或释放的。那么，什么是动态的？

当存在随时间变化的值（例如，其值在编译时尚且未知的字符串或预先未知元素数量的集合）时，这些值会在运行时在堆上进行分配，但对此类数据的引用则作为指针（具有固定大小）被存储在栈上。

例如，运行以下代码：

```
use std::mem;
fn main() {
    println!("Size of string is {:?}",
        mem::size_of::<String>());
}
```

当在 64 位系统上运行以上程序时，String 的大小将被输出为 24，这意味着它需要 24 个字节。你是否注意到，我们在输出 String 的大小时甚至没有创建字符串变量或为其赋值，这是因为 Rust 不关心字符串有多长（以便计算其大小）。听起来很奇怪？但这就是它的工作原理。

在 Rust 中，String 是一个智能指针。图 5.6 对此进行了说明。String 具有 3 个组件：指向字节的指针（存储在堆中）、长度和容量。

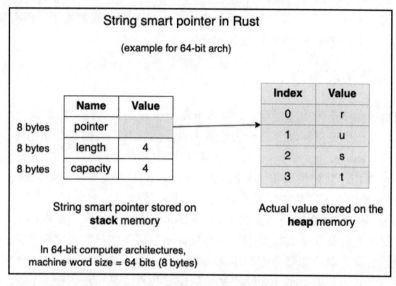

图 5.6　Rust 中字符串智能指针的结构

原　　文	译　　文
String smart pointer in Rust (example for 64-bit arch)	Rust 中的 String 智能指针（以 64 位架构为例）
8 bytes	8 字节
Name Value	名称　值
pointer	指针
length	长度
capacity	容量
String smart pointer stored on stack memory	String 智能指针存储在栈中
Index Value	索引　值
Actual value stored on the heap memory	实际值存储在堆中
In 64-bit computer architectures, machine word size = 64 bits (8 bytes)	在 64 位计算机架构中，机器字大小= 64 位（8 字节）

这 3 个组件中的每一个都有一个机器字（machine-word）的大小，因此，在 64 位架构中，String 智能指针的这 3 个组件中的每一个都占用 64 位（即 8 个字节），String 类型的变量占用的总大小为 24 个字节。这与存储在堆中的字符串所包含的实际值无关，而智能指针（24 个字节）被存储在栈中。

请注意，即使 String 智能指针的大小是固定的，堆上分配的内存的实际大小也可能会随着程序运行时字符串值的变化而变化。

本节讨论了 Rust 程序中内存分配的各个方面。接下来，我们将了解内存管理生命周期的第 2 步，即 Rust 程序中的内存使用和操作。

5.4.3　内存使用和操作

内存使用和操作是指程序指令，如修改分配给变量的值、将值复制到另一个变量中、将值的所有权从一个变量移动到另一个变量中以及创建对现有值的新引用等。

在 Rust 中，copy、move 和 clone 是 3 种基本的内存操作。

❑　copy 操作：允许使用按位复制（bit-wise copy）来复制与变量关联的值。

❑　move 操作：可将数据的所有权从一个变量转移到另一个变量中。

❑　clone 操作：在数据类型上实现 clone trait 允许复制值而不是移动语义。

默认情况下，所有原始数据类型（如整数、布尔值和字符）都实现了 copy trait。这意味着将原始数据类型的变量分配给相同类型的另一个变量会复制该值（重复）。

如果用户定义的数据类型（如结构体）的所有数据成员也都实现了 copy trait，则它们可以实现复制。

默认情况下，任何未实现 copy 的内容都会被移动。例如，对于 Vec 数据类型，所有操作（例如，将 Vec 值作为函数参数进行传递、从函数中返回 Vec、赋值、模式匹配等）都是移动操作。Rust 没有显式的 move trait，因为它是默认的。

对于非复制数据类型，move 是默认行为。要在非复制类型上实现任意 copy 操作，可以在类型上实现 clone trait。

有关详细信息，可访问以下网址：

https://doc.rust-lang.org/book/

在高级语言中，开发人员可以初始化一个变量，给变量赋值，以及将值复制到其他变量中。一般来说，高级语言没有显式的指针语义或算术，而是使用引用（reference）。区别在于，指针指向值的确切内存地址，而引用则是另一个变量的别名。当开发人员使用引用语义时，语言在内部实现指针操作。

在 C/C++ 中，开发人员可以初始化变量、赋值和复制值。此外，还可以操作指针。指针允许开发人员直接写入进程分配的任何内存中。该模型的问题在于，这会导致多种类型的内存安全问题，如使用后释放（free-after-use，FAU）、双重释放和缓冲区溢出等。

在 Rust 中，内存使用和操作受某些规则控制：

❑ Rust 中的所有变量默认都是不可变的。如果需要更改变量中包含的值，则必须将该变量显式声明为可变的（使用 mut 关键字）。

❑ 存在适用于数据访问的所有权规则，下文将详细介绍。

❑ 当涉及与一个或多个变量共享一个值时，有适用的引用（借用）规则，下文将详细介绍。

❑ 存在生命周期，它将向编译器提供有关两个或多个引用如何相互关联的信息。这有助于编译器通过检查引用是否有效来防止内存安全问题。

这些概念和规则使 Rust 编程与其他语言编程有很大的不同（有时确实更难），也正是这些概念赋予了 Rust 在内存和线程安全领域的超能力。重要的是，Rust 是在没有运行时成本的情况下提供了这些好处。

接下来，我们将介绍 Rust 的所有权规则。

5.4.4　Rust 的所有权规则

所有权（ownership）可以说是 Rust 最独特的功能。它可为 Rust 程序提供内存安全，无须外部垃圾收集器或完全依赖开发人员的技能。

Rust 中有 3 个所有权规则，在以下链接中可找到更多详细信息：

https://doc.rust-lang.org/book/ch04-01-what-is-ownership.html

ⓘ 注意：管理 Rust 所有权的规则

在 Rust 中，每个值都有一个所有者。在任何时间点，对于给定的值，只能有一个所有者。当值的所有者超出范围时，值将被删除（与其关联的内存被释放）。变量范围的一些示例包括函数、for 循环、语句或匹配表达式的分支。有关范围的详细信息，可访问以下网址：

https://doc.rust-lang.org/reference/destructors.html#drop-scopes

Rust 真正有趣的方面是，并不是为了让开发人员记住所有权规则，而是 Rust 编译器强制执行这些规则。这些所有权规则的另一个重要含义是，除了内存安全，相同的规则还可确保线程安全。

5.4.5　Rust 借用和引用规则

在 Rust 中，引用只是借用一个值并用 & 符号表示。它们基本上允许你引用一个值而无须获得该值的所有权。这与 String、Vector、Box 和 Rc 等智能指针不同，智能指针拥有它们所指向的值。

对值的引用被称为借用（borrowing），借用是对某个对象的临时引用，但它必须返回且不能被借用者销毁（只有所有者才能释放内存）。如果一个值有多次借用，则编译器会确保所有借用在对象被销毁之前结束。这消除了内存错误，如释放后使用（FAU）和双重释放（double-free）错误。

关于 Rust 借用和引用的详细信息，可访问以下网址：

https://doc.rust-lang.org/book/ch04-02-references-and-borrowing.html

ℹ️ **注意：管理 Rust 引用的规则**

存储在内存中的值可以有一个可变引用或任意数量的不可变引用（但不能同时具有）。

引用必须始终有效。如果在代码中发现无效引用，则 Rust 编译器的借用检查器部分会停止编译。当引用不明确时，Rust 编译器还会要求开发人员明确指定引用的生命周期。

本节介绍了控制内存中变量和值操作的若干个规则以及如何管理这些规则。

接下来，我们将研究内存管理生命周期的最后一个方面，即在使用后释放内存。

5.4.6　内存释放

内存释放处理的是如何从 Rust 程序中将内存释放回操作系统的问题。

如前文所述，栈分配的值会自动释放，因为这是一个托管内存区域；静态变量在程序结束前都有生命周期，因此在程序终止时它们会自动释放。这意味着真正可能存在内存释放问题的是堆分配的内存。

内存中的某些值可能在程序结束之前就不需要再被保存在内存中，在这种情况下，它们可以被释放。但是，这种内存释放的机制在不同的编程语言之间差异很大，具体如下。

- ❑ 高级语言不需要开发人员在不再需要时显式释放内存。相反，它们使用的是一种称为垃圾收集（garbage collection）的机制。在该模型中，一个称为垃圾收集器（garbage collector，GC）的运行时组件将分析进程的堆分配内存，使用专门的算法确定未使用的对象，然后释放它们。这有助于提高内存安全性，防止内存泄漏（memory leak），并使得开发人员的编程更轻松。

❑　在 C/C++中，释放内存是开发人员的责任。忘记释放内存会导致内存泄漏。在内存释放后访问值会导致内存安全问题。在大型、复杂的代码库中，或者在由多人维护的代码中，这会导致严重的问题。

❑　Rust 采用了一种有很大不同的内存释放方法。Rust 既没有垃圾收集器（GC），也不需要开发人员明确记住释放堆分配的内存。相反，Rust 使用了一种称为资源获取即初始化（resource acquisition is initialization，RAII）的技术。对于一种调用析构函数（destructor）并在变量超出范围时释放内存的技术来说，这是一个相当奇怪的名称。开发人员可以为一个类型实现析构函数（在 Rust 中是 Drop trait），编译器生成的代码会调用该函数。这种方法的好处是它提供了细粒度的内存控制（就像 C/C++语言那样），同时使 Rust 开发人员不必手动释放内存（就像高级语言那样），没有垃圾收集器的缺点（延迟和不可预测的 GC 暂停）。

❑　值得一提的是，在 Rust 中，只有值的所有者才能释放与其关联的内存。引用时并不拥有它们指向的数据，因此无法释放内存，而智能指针则拥有它们指向的数据。当智能指针超出范围时，编译器将生成从与智能指针关联的 Drop trait 中调用 drop 方法的代码。

❑　此外，这些内存释放规则仅适用于堆分配的内存，因为其他两种类型的内存段（栈和静态内存）由操作系统直接管理。

到目前为止，我们已经详细讨论了在 Rust 程序中管理内存分配、操作和释放的规则。这些规则旨在没有外部垃圾收集器的情况下实现内存安全的主要目标，这确实是 Rust 编程语言的亮点之一。

接下来，我们将介绍各种类型的内存漏洞以及 Rust 如何防止这些漏洞。

5.4.7　内存安全

内存安全（memory safety）意味着在程序的任何可能执行路径中，都不能访问无效内存。下面介绍一些突出的内存安全漏洞类型。

❑　双重释放（double-free）：尝试多次释放相同的内存位置。这可能会导致未定义的行为或内存损坏。Rust 所有权规则只允许值的所有者释放内存，并且在任何时候，堆中分配的值只能有一个所有者。因此，Rust 可以防止此类内存安全错误。

❑ 释放后使用（use-after-free，UAF）：内存位置在被程序释放后被访问。正在访问的内存可能已被分配给另一个指针，因此指向该内存的原始指针可能会无意中破坏内存位置的值，从而通过任意代码执行导致未定义的行为或安全问题。编译器中的借用检查器（borrow checker）强制执行的 Rust 引用和生命周期规则可始终确保引用在使用前有效。Rust 借用检查器还可以防止出现引用比它指向的值寿命更长的情况。

❑ 缓冲区溢出（buffer overflow）：程序尝试将超出分配范围的值存储在内存中。这可能会损坏数据、导致程序崩溃或导致执行恶意代码。Rust 将容量与缓冲区相关联，并对访问执行边界检查（bounds check）。因此，在安全的 Rust 代码中，不可能溢出缓冲区。如果你尝试越界写入，则会导致 Rust Panic。

❑ 未初始化的内存使用：程序从已分配但未用值初始化的缓冲区中读取数据。这会导致未定义的行为，因为内存位置可以保存不确定的值。Rust 可以防止读取未初始化的内存。

❑ 空指针（null pointer）取消引用：程序使用空指针写入内存，导致分段错误。空指针在安全 Rust 中是不可能的，因为 Rust 可确保引用的生命周期不会超过它所引用的值，并且 Rust 的生命周期规则要求操作引用的函数使用生命周期注释声明来自输入和输出的引用是如何链接的。

由此可见，Rust 可以通过其独特的不可变默认变量系统、所有权规则、生命周期、引用规则和借用检查器来实现内存安全。

有关 Rust 内存管理生命周期的介绍至此结束。接下来，我们将在 Rust 中实现一个动态数据结构。

5.5　实现动态数据结构

本节将强化在第 3 章"Rust 标准库介绍"中构建的模板引擎，以在一个语句中添加对多个模板变量的支持。我们将通过把静态数据结构转换为动态数据结构来实现这一点。

图 5.7 显示了该模板的引擎模型。

在第 3 章"Rust 标准库介绍"中实现了一个模板引擎，以使用模板变量解析输入语句，并使用提供的上下文数据将其转换为动态 HTML 语句。本节将强化模板变量功能。我们将首先讨论设计上的变化，然后实现代码的修改。

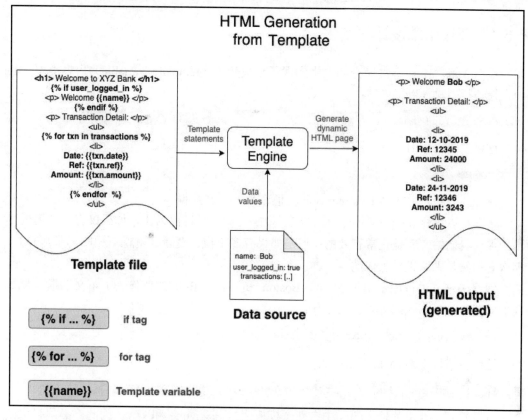

图 5.7　模板引擎的概念模型

原　　文	译　　文
HTML Generation from Template	从模板中生成 HTML
Template file	模板文件
Template statements	模板语句
Template Engine	模板引擎
Data source	数据源
Data values	数据值
Generate dynamic HTML page	生成动态 HTML 页面
HTML output(generated)	HTML 输出（生成的结果）
if tag	if 标签
for tag	for 标签
Template variable	模板变量

5.5.1　模板引擎设计的变化

在第 3 章 "Rust 标准库介绍" 中实现了模板变量（template variable）内容类型，其中在命令行中输入以下内容：

```
<p> Hello {{name}} </p>
```

这将生成以下 HTML 语句：

```
<p> Hello Bob </p>
```

在 main()程序中提供了 name=Bob 的值作为上下文数据。

现在可以强化 template variable 内容类型的功能。到目前为止，如果仅有一个模板变量，那么我们的实现是正常有效的；但是如果有多个模板变量（就像下面的例子那样），那么它仍然是无法正常工作的。

假设在 main()程序中提供了 city=Boston 和 name=Bob 的值作为上下文数据，那么我们的期望是以下代码可以正常工作：

```
<p> Hello {{name}}. Are you from {{city}}? </p>
```

这将生成以下 HTML 语句：

```
<p> Hello Bob. Are you from Boston? </p>
```

可以看到，这里的输入语句中有两个模板变量——name 和 city。因此，必须强化模板引擎才能支持该功能，这可以从 ExpressionData 结构体开始，因为它将存储模板变量语句的解析结果。

现在来仔细看看数据结构 ExpressionData。它的代码网址如下：

https://github.com/PacktPublishing/Practical-System-Programming-for-Rust-Developers/tree/master/Chapter03

ExpressionData 的具体代码如下：

```
#[derive(PartialEq, Debug)]
pub struct ExpressionData {
    pub head: Option<String>,
    pub variable: String,
    pub tail: Option<String>,
}
```

假设有以下输入值：

```
<p> Hello {{name}}. How are you? </p>
```

那么它将被标记化为 ExpressionData 结构体，如下所示：

```
Head = Hello
Variable = name
Tail = How are you?
```

在上面的设计中，允许使用以下格式：

```
<String literal> <template variable> <String literal>
```

可以看到，template variable（模板变量）之前的 String literal（字符串常量）被映射到 ExpressionData 的 Head 字段中，而模板变量之后的字符串常量则被映射到 ExpressionData 的 Tail 字段中。

由此可见，我们在数据结构中仅提供了一个 template variable（该 variable 字段的类型为 String）。要在一个语句中容纳多个 template variable，则必须改变该结构体，以允许变量字段存储多个 template variable 条目。

除了允许多个模板变量，还需要适应更灵活的输入语句结构。在当前的实现中，仅在 template variable 之前容纳一个字符串常量，在它之后容纳一个常量。但在现实世界中，输入语句可以有任意数量的字符串常量，例如：

```
<p> Hello , Hello {{name}}. Can you tell me if you are living
    in {{city}}? For how long? </p>
```

因此，可以对模板引擎进行以下修改：

❏　允许每个语句解析多个模板变量。

❏　允许在输入语句中解析两个以上的字符串常量。

要允许这些变化，则必须重新设计 ExpressionData 结构体。此外，还需要修改处理 ExpressionData 的方法来实现这两个变化的解析功能。

图 5.8 显示了要对设计进行修改的总结。该图来自第 3 章 "Rust 标准库介绍"，但突出显示了要更改的组件。

本节为模板引擎设计了一个动态数据结构。接下来，我们将编写代码来实现这一点。

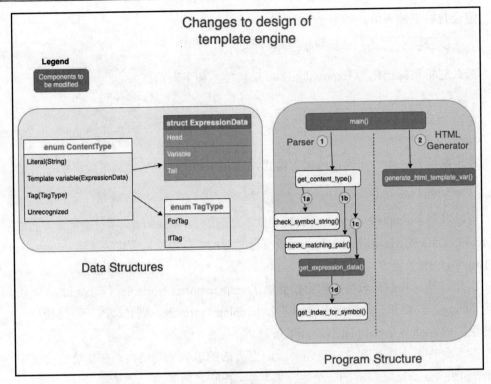

图 5.8　模板引擎设计的变化

原　　文	译　　文
Changes to design of template engine	模板引擎的设计变化
Legend	图例
Components to be modified	要修改的组件
Data Structures	数据结构
Program Structure	程序结构
① Parser	① 解析器
② HTML Generator	② HTML 生成器

5.5.2　编写动态数据结构的代码

如图 5.7 所示，需要修改的模板引擎组件如下：

❑　ExpressionData 结构体。

❑　get_expression_data()函数。

❑　generate_html_template_var()函数。

❑　main()函数。

这可以从对 ExpressionData 结构体的更改开始，如下所示：

src/lib.rs

```
#[derive(PartialEq, Debug, Clone)]
pub struct ExpressionData {
    pub expression: String,
    pub var_map: Vec<String>,
    pub gen_html: String,
}
```

我们已经完全更改了 ExpressionData 的结构。它现在有 3 个字段。对这些字段的具体说明如下。

❑　expression：存储用户输入的表达式。

❑　var_map：现在有一个字符串向量来存储语句中的多个模板变量，而不是之前的单个 String 字段。这里使用了向量而不是数组，因为在编译时并不知道用户输入中有多少模板变量。对于向量，内存在堆上动态分配。

❑　gen_html：存储生成的与输入对应的 HTML 语句。

ⓘ **注意**：什么是动态数据结构？

动态数据结构（dynamic data structure）是可以根据需要增长和收缩的数据结构。内存块分配在堆上，通过数据结构的定义捆绑在一起。当不再需要数据时，内存会被释放并重新使用。

在修改后的模板引擎中，ExpressionData 是动态数据结构的一个示例。之所以说它是动态的，是因为字段 var_map 的内存分配在运行时会动态变化，具体取决于输入中存在多少模板变量，以及 expression 字段的总长度（基于输入语句中字符串常量的数量和长度）。

该表达式数据是与智能指针相关联的用户自定义数据结构的一个示例，因为其字段成员包含了动态值。

由于对 ExpressionData 结构进行了更改，因此我们还必须改变两个函数：get_expression_data()和 generate_html_template_var()。修改 get_expression_data()函数如下：

src/lib.rs

```
pub fn get_expression_data(input_line: &str) -> ExpressionData
{
    let expression_iter = input_line.split_whitespace();
```

```
    let mut template_var_map: Vec<String> = vec![];
    for word in expression_iter {
        if check_symbol_string(word, "{{") &&
            check_symbol_string(word, "}}") {
            template_var_map.push(word.to_string());
        }
    }
    ExpressionData {
        expression: input_line.into(),
        var_map: template_var_map,
        gen_html: "".into(),
    }
}
```

在上面的代码中，执行了以下操作：

❑ 将输入语句拆分为由空格分隔的单词（expression_iter）。

❑ 遍历单词以仅解析模板变量。

❑ 将模板变量添加到字符串向量中。具体语句已加粗显示：

```
template_var_map.push(word.to_string());
```

❑ 构造 ExpressionData 结构体并从函数中返回。

ℹ️ **注意：动态内存分配**

在上面的函数中，以下语句显示了动态内存分配：

```
template_var_map.push(word.to_string());
```

该语句可以将在输入语句中找到的每个模板变量添加到向量集合中，然后将其存储在 ExpressionData 结构体中。

向量上的每个 push() 语句都被 Rust 标准库转换为内存分配（通过操作系统调用），它在堆段上分配内存。

由于内存是动态分配的，因此 ExpressionData 是一个动态数据结构。同样，当 ExpressionData 类型的变量超出范围时，将为结构体的所有元素（包括字符串向量）释放内存。

现在可以修改生成 HTML 输出的函数：

src/lib.rs

```
pub fn generate_html_template_var(
    content: &mut ExpressionData,
```

```
    context: HashMap<String, String>,
) -> &mut ExpressionData {
    content.gen_html = content.expression.clone();
    for var in &content.var_map {
        let (_h, i) = get_index_for_symbol(&var, '{');
        let (_j, k) = get_index_for_symbol(&var, '}');
        let var_without_braces = &var[i + 2..k];
        let val = context.get(var_without_braces).unwrap();
        content.gen_html = content.gen_html.replace(var, val);
    }
    content
}
```

generate_html_template_var()函数接收两个输入——ExpressionData 类型和 context HashMap。

可以通过一个示例来理解该逻辑。假设将以下输入值传递给 generate_html_template_var()函数。

❑　content 的 expression 字段内容如下：

```
<p> {{name}} {{city}} </p>
```

❑　content 的 var_map 字段内容如下：

```
[{{name}},{{city}}]
```

❑　以下 context 数据将被传递给 content HashMap 中的函数：

```
name=Bob
city=Boston
```

以下是在 generate_html_template_var()函数中执行的处理：

（1）遍历包含在 content 的 var_map 字段中的模板变量列表。

（2）对于每次迭代，首先从 content 的 var_map 字段存储的模板变量值中去除前后花括号。所以{{name}}成为 name，{{city}}成为 city。然后在 context HashMap 中查找它们并检索值（产生的结果是 Bob 和 Boston）。

（3）将输入字符串中{{name}}的所有实例替换为 Bob，将{{city}}的所有实例替换为 Boston。结果字符串被存储在 content 结构体的 gen_html 字段中，该结构体的类型为 ExpressionData。

最后还需要修改 main()函数。与第 3 章 "Rust 标准库介绍" 相比，main()函数的主要变化是传递给 generate_hml_template_var()函数的参数的变化。

src/main.rs

```rust
use std::collections::HashMap;
use std::io;
use std::io::BufRead;
use template_engine::*;
fn main() {
    let mut context: HashMap<String, String> = HashMap::new();
    context.insert("name".to_string(), "Bob".to_string());
    context.insert("city".to_string(), "Boston".to_string());

    for line in io::stdin().lock().lines() {
        match get_content_type(&line.unwrap().clone()) {
            ContentType::TemplateVariable(mut content) => {
                let html = generate_html_template_var(&mut
                    content, context.clone());
                println!("{}", html.gen_html);
            }
            ContentType::Literal(text) => println!("{}", text),
            ContentType::Tag(TagType::ForTag) => println!("For
                Tag not implemented"),
            ContentType::Tag(TagType::IfTag) => println!("If
                Tag not implemented"),
            ContentType::Unrecognized => println!(
                "Unrecognized input"),
        }
    }
}
```

在进行了上述修改之后，现在可以用 cargo run 运行程序，并在命令行中输入以下内容：

```
<p> Hello {{name}}. Are you from {{city}}? </p>
```

在终端上可以看到生成的 HTML 语句，如下所示：

```
<p> Hello Bob. Are you from Boston? </p>
```

本节将 ExpressionData 结构体从静态数据结构转换为动态数据结构，并修改了相关函数，为模板引擎添加了以下功能：

❑　允许每个语句解析多个模板变量。

❑　允许在输入语句中解析两个以上的字符串常量。

5.6　小　　结

本章深入研究了 Linux 环境中标准进程的内存布局，以及 Rust 程序的内存布局。

我们比较了不同编程语言的内存管理生命周期，以及 Rust 采用的不同的内存管理方法，另外，我们阐释了在 Rust 程序中分配、操作和释放内存的方式，并探讨了 Rust 中管理内存的规则，包括所有权和引用规则。

本章讨论了不同类型的内存安全问题，以及 Rust 如何通过其所有权模型、生命周期、引用规则和借用检查器等构建内存安全屏障。

本章强化了第 3 章 "Rust 标准库介绍" 中的模板引擎实现示例，并向模板引擎中添加了一些功能。我们通过将静态数据结构转换为动态数据结构实现了这一强化。

动态数据结构在处理外部输入的程序中非常有用（例如，在接收来自网络套接字或文件描述符的传入数据的程序中，事先并不知道传入数据的大小）。在使用 Rust 编写系统应用程序的职业生涯中，开发人员将频繁遇到这种复杂情况，因此，掌握使用动态数据结构并理解内存的动态分配方式是非常重要的。

有关内存管理主题的讨论到此结束。在第 6 章 "在 Rust 中使用文件和目录" 中，我们将仔细研究处理文件和目录操作的 Rust 标准库模块。

5.7　延　伸　阅　读

Understanding Ownership in Rust（理解 Rust 中的所有权），其网址如下：

https://doc.rust-lang.org/book/ch04-00-understanding-ownership.html

第6章 在 Rust 中使用文件和目录

第 5 章"Rust 中的内存管理"详细阐释了 Rust 如何使用内存这一关键系统资源。

本章将深入研究 Rust 如何使用另一类重要的系统资源——文件和目录。Rust 标准库提供了一组丰富的抽象，支持独立于平台的文件和目录操作。

本章将首先介绍 UNIX/Linux 管理文件的基础知识，然后讨论 Rust 标准库提供的用于处理文件、路径、链接和目录的关键 API。

本章将使用 Rust 标准库实现一个 shell 命令 rstat，该命令可以计算目录（及其子文件夹）中 Rust 代码的总行数，并提供一些额外的源代码指标。

本章包含以下主题：

❑ 理解用于文件操作的 Linux 系统调用。

❑ 在 Rust 中执行文件 I/O 操作。

❑ 了解目录和路径操作。

❑ 设置硬链接、符号链接和执行查询。

❑ 在 Rust 中编写 shell 命令。

6.1 技 术 要 求

使用以下命令验证 rustc 和 cargo 是否已正确安装：

```
rustc --version
cargo --version
```

本章代码的网址如下：

https://github.com/PacktPublishing/Practical-System-Programming-for-Rust-Developers/tree/master/Chapter06

6.2 理解用于文件操作的 Linux 系统调用

本节将详细阐释与在操作系统级别管理文件系统资源相关的术语和基本机制。我们将以 Linux/UNIX 系统为例，但类似的概念也适用于其他操作系统。

文件（file）只是一组字节。一个字节（byte）代表一个信息单元，它可以是数字、文本、视频、音频、图像或任何其他此类数字性内容。字节被组织在称为字节流（byte stream）的线性数组（linear array）中。就操作系统而言，在文件的结构或内容方面没有其他期望。用户应用程序（user application）负责解释文件及其内容。

用户应用程序是不属于操作系统内核的程序。用户应用程序的一个示例是将数据字节解释为图像的图像查看器。由于文件是由操作系统管理的资源，因此，开发人员编写的任何用户程序都必须知道如何通过系统调用与操作系统进行交互。文件可以被读取、写入或执行。可执行文件的一个示例是二进制可执行（目标）文件，由软件构建系统（如 Make 或 Cargo）生成。

Linux/UNIX 独有的另一个方面是"一切都是文件"的哲学。这里的"一切"指的是系统资源。Linux/UNIX 上可以有多种类型的文件：

❑　常规文件（regular file），用于存储文本或二进制数据。

❑　目录（directory），其中包含名称列表和对其他文件的引用。

❑　块设备文件（block device file），如硬盘、USB 摄像头等。

❑　字符设备文件（character device file），如终端、键盘、打印机、声卡等。

❑　命名管道（named pipe），一种内存中（in-memory）进程间通信机制。

❑　UNIX 域套接字（UNIX domain socket），这也是进程间通信的一种形式。

❑　链接（link），如硬链接和符号链接。

本章将重点介绍文件、目录和链接。当然，UNIX 输入/输出（I/O）模型的通用性意味着用于打开、读取、写入和关闭常规文件的同一组系统调用，也可以用于任何其他类型的文件，如设备文件。这是在 Linux/UNIX 中通过标准化系统调用来实现的，然后由各种文件系统和设备驱动程序实现。

Linux/UNIX 还为其所有文件和目录提供了统一的命名空间（namespace）。组织成层次结构的文件和目录被称为文件系统（file system）。许多不同的文件系统可以通过挂载（mounting）和卸载（unmounting）添加到命名空间或从命名空间中删除。例如，CD-ROM 驱动器可以挂载在/mnt/cdrom 中，这是访问文件系统根目录的位置。可以在挂载点访问文件系统的根目录。

进程的挂载命名空间（mount namespace）是进程所看到的所有挂载文件系统的集合。进程对文件操作进行系统调用，即可对它认为是其挂载命名空间一部分的文件和目录集进行操作。

用于文件操作的 UNIX/Linux 系统调用（即应用程序编程接口——API）模型取决于

4 项操作：打开（open）、读取（read）、写入（write）和关闭（close），所有这些都与文件描述符（file descriptor）的概念有关。

那么，什么是文件描述符？

文件描述符是文件的句柄。打开一个文件会返回一个文件描述符，其他的读、写、关闭等操作都需要使用这个文件描述符。

🛈 注意：有关文件描述符的更多信息

文件的读写等操作由进程执行。进程可通过调用 Kernel 上的系统调用来执行这些操作。进程打开文件后，Kernel 会将其记录在文件表中，其中每个条目都包含打开文件的详细信息，包括文件描述符（FD）和文件位置。每个 Linux 进程可以打开的文件数量都有限制。

对于 Kernel 来说，所有打开的文件都由文件描述符引用。当进程打开现有文件或创建新文件时，Kernel 会向进程返回文件描述符。默认情况下，当进程从 shell 中启动时，会自动创建以下 3 个文件描述符：

open: 0——标准输入（stdin）

　　　　1——标准输出（stdout）

　　　　2——标准错误（stderr）

Kernel 维护一个包含所有打开文件描述符的表。如果进程打开或创建文件，则 Kernel 会从空闲文件描述符池中分配下一个空闲文件描述符。当一个文件被关闭时，文件描述符被释放回池中并且可以重新分配。

现在来看看操作系统公开的与文件操作相关的常见系统调用。

❑　open()：该系统调用可打开一个现有的文件。如果文件不存在，那么它还可以创建一个新文件。它接收路径名、打开文件的模式和标志。

　　open()系统调用返回一个文件描述符，可用于后续系统调用以访问该文件：

```
int open(const char *pathname, int flags, ... /* mode_t mode */);
```

打开文件有 3 种基本模式——只读、只写和读写。此外，标志被指定为 open()系统调用的参数。标志的一个示例是 O_CREAT，它告诉系统调用：在文件不存在时创建一个文件，并返回文件描述符。

如果打开文件出现错误，则返回–1 代替文件描述符，返回的错误号（errno）指定错误的原因。文件打开调用失败的原因有很多，包括权限错误和在系统调用的参数中指定的路径不正确等。

❑ read()：该系统调用接收 3 个参数——文件描述符、要读取的字节数以及要放置读取数据的缓冲区的内存地址。它将返回读取的字节数。如果在读取文件时发生错误，则返回−1。

❑ write()：该系统调用与 read()类似，因为它也接收 3 个参数，即一个文件描述符、一个缓冲区指针（从中读取数据），以及要从缓冲区中读取的字节数。请注意，成功完成 write()系统调用并不能保证字节已立即被写入磁盘中，因为 Kernel 出于性能和效率的原因会执行磁盘 I/O 缓冲。

❑ close()：该系统调用接收一个文件描述符并释放它。如果没有为文件显式调用close()，则在进程终止时将关闭所有打开的文件。但是，在不再需要时释放文件描述符以供 Kernel 重用是一种很好的做法。

❑ lseek()：对于每个打开的文件，Kernel 都会跟踪一个文件偏移量，该偏移量表示文件中下一次读取或写入操作将发生的位置。系统调用 lseek()允许开发人员将文件偏移量重新定位到文件中的任何位置。

lseek()系统调用接收 3 个参数——文件描述符、偏移量和引用位置。引用位置可以采用 3 个值——文件开头、当前光标位置或文件末尾。偏移量指定相对于引用位置的字节数，用于下一个 read()或 write()系统调用。

以上就是我们总结的有关操作系统管理文件这种系统资源的术语和关键概念。我们介绍了 Linux 中用于处理文件的主要系统调用（syscalls）。本书不会直接使用这些系统调用，而是通过 Rust 标准库模块间接使用这些系统调用。

Rust 标准库提供了更高级别的包装器（wrapper），以便更轻松地使用这些系统调用。这些包装器还使得 Rust 程序可以正常工作，而不必了解不同操作系统之间系统调用的所有差异。当然，开发人员仍应该掌握有关操作系统管理文件的基本知识，因为这可以让我们对使用 Rust 标准库进行文件和目录操作时发生的事情做到心中有数。

接下来，我们将介绍如何在 Rust 中执行文件 I/O 操作。

6.3　在 Rust 中执行文件 I/O 操作

本节将详细研究 Rust 方法调用，这些调用允许开发人员在 Rust 程序中处理文件。Rust 标准库使得程序开发人员不必直接处理系统调用，并提供了一组封装方法来公开常见文件操作的 API。

Rust 标准库中用于处理文件的主要模块是 std::fs。有关 std::fs 的官方文档，可访问以下网址：

https://doc.rust-lang.org/std/fs/index.html

该文档提供了一组方法、结构体（struct）、枚举（enum）和特征（trait），它们共同提供了处理文件的功能。它有助于开发人员研究 std::fs 模块的结构以获得更深入的理解。当然，对于那些开始在 Rust 中探索系统编程的开发人员来说，先设想需要对文件做什么，然后将其映射回 Rust 标准库中会更有用。这就是本节要做的事情。

文件的常见生命周期操作如图 6.1 所示。

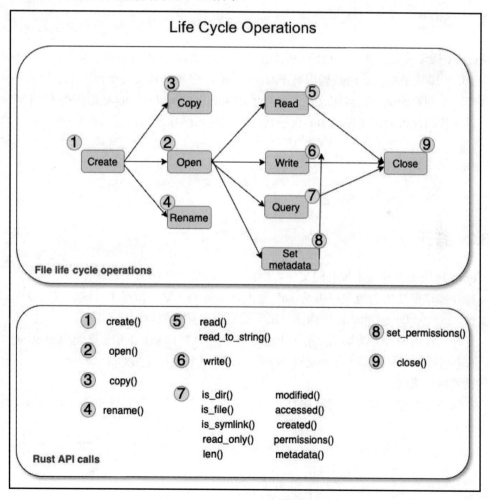

图 6.1　常见的文件生命周期操作

原　　文	译　　文
Life Cycle Operations	生命周期操作
File life cycle operations	文件生命周期操作
Rust API calls	Rust API 调用

如图 6.1 所示，常见的文件操作包括创建文件、打开和关闭文件、读取和写入文件、访问有关文件的元数据以及设置文件权限等。下面将详细介绍如何使用 Rust 标准库执行这些文件操作。

6.3.1　创建

create 操作就是在文件系统的特定位置处创建一个具有指定名称的新文件。

std::fs 模块中相应的函数调用是 File::create()，它允许开发人员创建一个新文件并写入其中。要创建的文件的自定义权限可以使用 std::fs::OpenOptions 结构体指定。

以下代码片段显示了使用 std::fs 模块创建文件的操作示例：

```
use std::fs::File;
fn main() {
    let file = File::create("./stats.txt");
}
```

6.3.2　打开

open 操作可打开一个现有的文件，给出文件系统中文件的完整路径。

打开操作要使用的函数调用是 std::fs::File::open()。默认情况下，这会以只读模式打开文件。std::fs::OpenOptions 结构体可用于设置自定义权限以创建文件。

打开文件的两种方法如下：第一个函数可返回一个 Result 类型，仅使用.expect()处理它，如果找不到文件，那么它会发出一条消息；第二个函数使用 OpenOptions 为要打开的文件设置附加权限。

在以下示例中，我们为写操作打开一个文件，并且要求创建该文件（如果该文件尚不存在）：

```
use std::fs::File;
use std::fs::OpenOptions;
fn main() {
    // 方法 1
    let _file1 = File::open("stats1.txt").expect("File not found");
```

```
    // 方法2
    let _file2 = OpenOptions::new()
        .write(true)
        .create(true)
        .open("stats2.txt");
}
```

6.3.3　复制

copy 操作只是将一个文件的内容逐字节复制到另一个文件中。

std::fs::copy()函数可用于将一个文件的内容复制到另一个文件中，并覆盖后者。其应用示例如下：

```
use std::fs;
fn main() {
    fs::copy("stats1.txt", "stats2.txt").expect("Unable to copy");
}
```

6.3.4　重命名

rename 是将指定文件重命名为新名称的操作。如果源文件不存在或权限不足，则可能会发生错误。

在 Rust 中，std::fs::rename()函数可用于此目的。如果 to 文件存在，则替换它。需要注意的一点是，在进程的挂载命名空间内可以挂载多个文件系统（在不同点）。Rust 中的 rename()方法只有在 from 和 to 文件路径都在同一个文件系统中时才会起作用。

以下显示了 rename()函数的使用示例：

```
use std::fs;
fn main() {
    fs::rename("stats1.txt", "stats3.txt").expect("Unable to rename");
}
```

6.3.5　读取

read 操作可采用文件名及其路径作为参数并读取文件内容。

在 std::fs 模块中，有两个函数可用：fs::read()和 fs::read_to_string()。前者可将文件的

内容读入 bytes vector（字节向量）中，它可以根据文件大小（如果可用）预先分配缓冲区。后者会直接将文件内容读入字符串中。示例如下：

```
use std::fs;
fn main() {
    let byte_arr = fs::read("stats3.txt").expect("Unable
        to read file into bytes");
    println!(
        "Value read from file into bytes is {}",
        String::from_utf8(byte_arr).unwrap()
    );
    let string1 = fs::read_to_string("stats3.txt").
        expect("Unable to read file into string");
    println!("Value read from file into string is {}", string1);
}
```

在 fs::read()代码中可以看到，byte_arr 被转换为用于输出目的的字符串，因为输出字节数组不是人类可读的。

6.3.6　写入

write 操作可将缓冲区的内容写入文件中。

在 std::fs 中，fs::write()函数可接收文件名和字节切片作为参数，并将字节切片作为内容写入文件中。其应用示例如下：

```
use std::fs;
fn main() {
    fs::write("stats3.txt", "Rust is exciting,isn't
        it?").expect("Unable to write to file");
}
```

6.3.7　查询

query 操作可获取有关文件的元数据。

在 std::fs 模块中，有若干种文件查询方法可用。例如，函数 is_dir()、is_file()和 is_symlink()分别可检查文件是目录、常规文件还是符号链接。modified()、created()、accessed()、len()和 metadata()函数可用于检索文件元数据信息，而 permission()函数则可用于检索文件的权限列表。

查询操作用法的示例如下：

```rust
use std::fs;
fn main() {
    let file_metadata = fs::metadata("stats.txt").
        expect("Unable to get file metadata");
    println!(
        "Len: {}, last accessed: {:?}, modified : {:?},
        created: {:?}",
        file_metadata.len(),
        file_metadata.accessed(),
        file_metadata.modified(),
        file_metadata.created()
    );
    println!(
        "Is file: {}, Is dir: {}, is Symlink: {}",
        file_metadata.is_file(),
        file_metadata.is_dir(),
        file_metadata.file_type().is_symlink()
    );
    println!("File metadata: {:?}",fs::metadata("stats.txt"));
    println!("Permissions of file are: {:?}",
        file_metadata.permissions());
}
```

6.3.8　元数据

文件的元数据（metadata）包括有关文件的详细信息，如文件类型、文件权限、上次访问时间、创建时间等。

可以使用 set_permissions()为文件设置权限。将文件权限设置为只读后，对文件的写操作将失败，示例如下：

```rust
use std::fs;
fn main() {
    let mut permissions = fs::metadata("stats.txt").
        unwrap().permissions();
    permissions.set_readonly(true);
    let _ = fs::set_permissions("stats.txt",
        permissions).expect("Unable to set permission");
```

```
    fs::write("stats.txt", "Hello- Can you see me?").
        expect("Unable to write to file");
}
```

6.3.9　关闭

在 Rust 中，文件在超出范围时会自动关闭。Rust 标准库中并没有特定的 close()方法来关闭文件。

以上就是来自 Rust 标准库的关键函数调用，它们可用于执行文件操作和查询操作。接下来，我们将讨论用于目录和路径操作的 Rust 标准库。

6.4　了解目录和路径操作

Linux（和其他 UNIX 变体）中的 Kernel 维护一个对进程可见的单个目录树结构，该目录树结构是分层的并且包含该命名空间中的所有文件。

这种分层结构包含单独的文件、目录和链接（如符号链接）。

6.3 节"在 Rust 中执行文件 I/O 操作"研究了 Rust 中的文件操作，本节将仔细研究目录和路径操作。

目录（directory）是一个特殊文件，它包含一个文件名列表，其中包含对相应文件的引用，这称为索引节点（inode）。目录可以指向常规文件或其他目录。正是这种目录之间的连接在命名空间中建立了整个目录层次结构。例如，/代表根目录，/home 和/etc 会链接到/，并将/作为父目录。

请注意，在某些操作系统（如 Microsoft Windows 系列操作系统）中，每个磁盘设备都有自己的文件层次结构，并且没有一个统一的命名空间。

每个目录至少包含两个条目，其中一个是指向自身的点（.），另一个是链接到其父目录的点点（..）。

在 Rust 标准库中，std::fs 模块包含处理目录的方法，而 std::path 模块则包含处理路径的方法。

本节将研究涉及目录和路径操作的常见编程任务，如图 6.2 所示。

接下来，我们将详细讨论图 6.2 中的目录和路径操作。

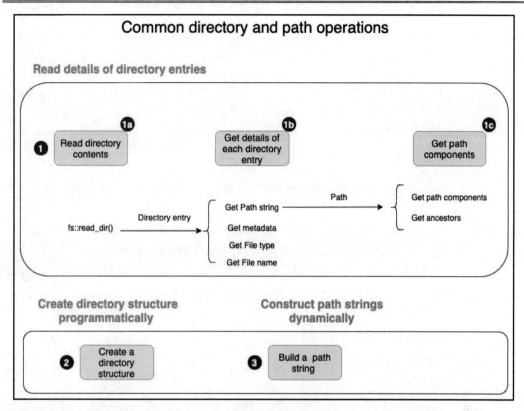

图 6.2　常见目录和路径操作

原　　文	译　　文
Common directory and path operations	常见目录和路径操作
Read details of directory entries	读取目录条目的详细信息
Read directory contents	读取目录内容
Get details of each directory entry	获取每个目录条目的详细信息
Get path components	获取路径组成部分
Directory entry	目录条目
Get Path string	获取路径字符串
Get metadata	获取元数据
Get File type	获取文件类型
Get File name	获取文件名称
Path	路径
Get path components	获取路径组成部分

原　　文	译　　文
Get ancestors	获取根目录
Create directory structure programmatically	以编程方式创建目录结构
Create a directory structure	创建目录结构
Construct path strings dynamically	动态构建路径字符串
Build a path string	构建路径字符串

6.4.1　读取目录条目的详细信息

为了编写处理文件和目录的系统程序，有必要了解如何读取目录的结构，检索目录条目并获取它们的元数据。这是通过使用 std::fs 模块中的函数来实现的。

std::fs::read_dir()函数可用于遍历和检索目录中的条目。从检索的目录条目中，可以使用函数 path()、metadata()、file_name()和 file_type()获取目录条目的元数据详细信息。

执行此操作的示例如下：

```
use std::fs;
use std::path::Path;
fn main() {
    let dir_entries = fs::read_dir(".").expect("Unable to
        read directory contents");
    // 读取目录内容
    for entry in dir_entries {
        // 获取每个目录条目的详细信息
        let entry = entry.unwrap();
        let entry_path = entry.path();
        let entry_metadata = entry.metadata().unwrap();
        let entry_file_type = entry.file_type().unwrap();
        let entry_file_name = entry.file_name();
        println!(
            "Path is {:?}.\n Metadata is {:?}\n File_type
            is {:?}.\n Entry name is{:?}.\n",
            entry_path, entry_metadata, entry_file_type,
            entry_file_name
        );
    }
    // 获取路径的组成部分
    let new_path = Path::new("/usr/d1/d2/d3/bar.txt");
    println!("Path parent is: {:?}", new_path.parent());
```

```
    for component in new_path.components() {
        println!("Path component is: {:?}", component);
    }
}
```

接下来，我们将介绍如何以编程方式构建目录树。

6.4.2　以编程方式创建目录结构

如果需要在文件系统中以编程方式创建目录结构，则可以使用 std::fs 模块。

Rust std::fs:DirBuilder 结构提供了以递归方式构造目录结构的方法。

以递归方式创建目录结构的示例如下：

```
use std::fs::DirBuilder;
fn main() {
    let dir_structure = "/tmp/dir1/dir2/dir3";
    DirBuilder::new()
        .recursive(true)
        .create(dir_structure)
        .unwrap();
}
```

请注意，还有两个函数可用于创建目录。std::fs 模块中的 create_dir()和 create_dir_all()
函数可用于此目的。

相应地，std::fs 模块中的 remove_dir()和 remove_dir_all()函数可用于删除目录。

接下来，我们将介绍如何动态构造路径字符串。

6.4.3　动态构造路径字符串

路径名是由一系列由斜杠分隔的组成部分构造的字符串。每个组成部分代表一个目
录名，最后一个斜杠后面的组成部分代表文件。例如，在路径名/usr/bob/a.txt 中，usr 和
bob 代表目录，a.txt 代表文件。

Rust 标准库提供了以编程方式构造路径字符串（表示文件或目录的完整路径）的工
具。这在 std::path::PathBuf 中可用。

动态构造路径字符串的示例如下：

```
use std::path::PathBuf;
fn main() {
    let mut f_path = PathBuf::new();
    f_path.push(r"/tmp");
```

```
    f_path.push("packt");
    f_path.push("rust");
    f_path.push("book");
    f_path.set_extension("rs");
    println!("Path constructed is {:?}", f_path);
}
```

在上面的代码中，构造了一个 PathBuf 类型的新变量，并动态地添加了各种路径组件以创建一个完全符合标准的路径。

有关使用 Rust 标准库执行目录和路径操作的讨论到此结束。

本节研究了如何使用 Rust 标准库来读取目录条目、获取它们的元数据、以编程方式构建目录结构、获取路径的组成部分以及动态构建路径字符串。

接下来，我们将讨论如何使用链接和查询。

6.5　设置硬链接、符号链接和执行查询

如前文所述，目录在文件系统中的处理方式与常规文件类似。但目录有一个不同的文件类型，即它包含一个文件名及其索引节点的列表。索引节点（inode）是包含有关文件的元数据的数据结构，如索引节点编号（用于唯一标识文件）、权限、所有权等。

在 UNIX/Linux 系统中，ls - li 命令输出的第一列可显示与文件对应的索引节点编号，如图 6.3 所示。

```
256029 drwxrwxr-x. 3 ap ap 4096 Aug 20 12:53 rust
```

图 6.3　文件列表中可见的索引节点编号

由于目录包含将文件名与索引节点编号映射的列表，因此可以有多个文件名映射到相同的索引节点编号上。这样的多个名称被称为硬链接（hard link），或简称为链接（link）。

UNIX/Linux 系统中的硬链接是使用 ln shell 命令创建的。并非所有非 UNIX 文件系统都支持这种硬链接。

在一个文件系统中，可以有许多指向同一个文件的链接。它们本质上都是相同的，因为它们指向同一个文件。大多数文件的链接数为 1（意味着该文件只有一个目录条目），但文件的链接数可以大于 1（例如，如果有两个链接指向同一个索引节点条目，则会有该文件的两个目录条目，链接数为 2）。Kernel 维护此链接计数。

硬链接的局限性在于它们只能引用同一文件系统中的文件，因为索引节点编号仅在文件系统中是唯一的。还有另一种类型的链接称为符号链接（symbolic link）——也称为

软链接（soft link）——它是一种特殊类型的文件，其中包含另一个文件的名称。

在 UNIX/Linux 系统中，符号链接是使用 ln -s 命令创建的。由于符号链接指的是文件名而不是索引节点编号，因此它可以指代另一个文件系统中的文件。此外，与硬链接不同的是，符号链接可以在目录中创建。

接下来，我们将详细讨论 Rust 标准库中可用于创建、查询硬链接和符号链接（symlinks）的方法。

6.5.1　创建硬链接

Rust std::fs 模块中有一个函数 fs::hard_link()，可用于在文件系统上创建新的硬链接。其应用示例如下：

```rust
use std::fs;
fn main() -> std::io::Result<()> {
    // stats.txt 到 statsa.txt 的硬链接
    fs::hard_link("stats.txt", "./statsa.txt")?;
    Ok(())
}
```

6.5.2　创建和查询符号链接

使用 Rust 标准库创建符号链接的 API 因平台而异。

❑　在 UNIX/Linux 系统上，可以使用 std::os::unix::fs::symlink 方法。

❑　在 Windows 系统上，则有两个 API：

➢　os::windows::fs::symlink_file 用于创建指向文件的符号链接。

➢　os::windows::fs::symlink_dir 用于创建指向目录的符号链接。

在类 UNIX 平台上创建符号链接的示例如下：

```rust
use std::fs;
use std::os::unix::fs as fsunix;
fn main() {
    fsunix::symlink("stats.txt", "sym_stats.txt").
        expect("Cannot create symbolic link");
    let sym_path = fs::read_link("sym_stats.txt").

        expect("Cannot read link");
    println!("Link is {:?}", sym_path);
}
```

fs::read_link()函数可用于读取代码中所示的符号链接。

有关在 Rust 标准库中使用链接的介绍至此结束。

到目前为止，我们已经讨论了如何在 Rust 中处理文件、目录、路径和链接。接下来，我们将构建一个很小的 shell 命令来演示 Rust 标准库对文件和目录操作的实际应用。

6.6　在 Rust 中编写 shell 命令

本节将使用在前几节中介绍过的关于文件和目录操作的 Rust 标准库知识来实现一个 shell 命令。

那么，shell 命令能够做什么？

本项目中的 shell 命令将被称为 rstat，它是 Rust 源统计（Rust source statistics）的缩写。给定一个目录作为参数，它将生成 Rust 源文件的文件计数，以及目录结构中的空白、注释和实际代码行数等源代码指标。

例如，输入以下命令：

```
cargo run --release -- -m src .
```

从本项目 shell 命令中看到的结果示例如下：

```
Summary stats: SrcStats { number_of_files: 7, loc: 187,
comments: 8, blanks: 20 }
```

本节分为 4 个小节。在 6.6.1 节中，将简要介绍代码结构，以及构建此 shell 命令的步骤。在后续 6.6.2 节～6.6.4 节中，将阐释与错误处理、源指标计算和 main()函数相对应的 3 个源文件的代码。

6.6.1　代码概述

本节将简要介绍 shell 命令的代码结构。此外还将阐释构建 shell 命令的步骤。

本项目的代码结构如图 6.4 所示。

以下是构建 shell 命令的步骤摘要。稍后将显示源代码片段。

（1）创建项目。使用以下命令创建一个新项目并进入 rstat 目录中：

```
cargo new rstat && cd rstat
```

（2）创建源文件。在 src 文件夹中创建 3 个文件：main.rs、srcstats.rs 和 errors.rs。

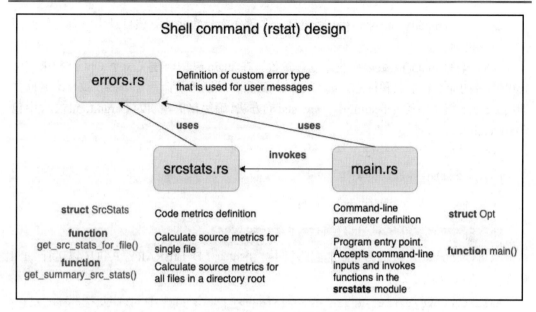

图 6.4　shell 命令代码结构

原　　文	译　　文
Shell command (rstat) design	shell 命令（rstat）设计
Definition of custom error type that is used for user messages	用于用户消息的自定义错误类型的定义
uses	使用
invokes	调用
Code metrics definition	代码指标定义
Calculate source metrics for single file	计算单个文件的源指标
Calculate source metrics for all files in a directory root	计算根目录中所有文件的源指标
Command-line parameter definition	命令行参数定义
Program entry point.	程序入口点。
Accepts command-line inputs and invokes functions in the **srcstats** module	接收命令行输入并调用 **srcstats** 模块中的函数

　　（3）自定义错误处理。在 errors.rs 中，创建一个结构体 StatsError，以代表自定义的错误类型。这将用于在本项目中统一错误处理并将消息发送回用户。在 struct StatsError 上实现 4 个 trait：fmt::Display、From<&str>、From<io::Error>和 From<std::num::TryFromIntError>。

　　（4）定义计算源统计的逻辑。在 srcstats.rs 中，创建一个结构体 SrcStats 来定义要计算的源指标。定义以下两个函数。

　　❑　get_src_stats_for_file()：接收文件名作为参数并计算该文件的源指标。

❑　get_summary_src_stats()：采用目录名称作为参数并计算该目录中所有文件的源指标。

（5）编写 main()函数以接收命令行参数。在 main.rs 中，定义一个 Opt 结构来定义 shell 命令的命令行参数和标志。编写 main()函数，该函数从命令行中接收源目录名称并调用 srcstats 模块中的 get_summary_src_stats()方法。确保在依赖项的 Cargo.toml 文件中包含 structopt。

（6）使用以下命令构建工具：

```
cargo build --release
```

（7）使用以下命令运行 shell 命令：

```
cargo run --release -- -m src <src-folder>
```

也可以将 rstat 二进制文件添加到路径中，并设置 LD_LIBRARY PATH 以运行 shell 命令，具体如下所示：

```
target/debug/rstat -m src <src-folder>
```

在 UNIX 环境中，可以对 LD_LIBRARY_PATH 进行如下设置（等效命令可用于 Windows）：

```
export LD_LIBRARY_PATH=$(rustc --print sysroot)/lib:$LD_LIBRARY_PATH
```

（8）查看输出到终端中的综合源统计信息并确认生成的指标。

接下来，可以看看上述步骤中的代码片段，先从自定义错误处理开始。

6.6.2　错误处理

在执行 shell 命令时，有若干种情况可能会导致出错。例如，指定的源文件夹可能无效，权限可能不足以查看目录条目等。除此之外，还可能有其他类型的 I/O 错误，有关详细信息，可访问以下网址：

https://doc.rust-lang.org/std/io/enum.ErrorKind.html

要向用户提供有意义的消息，可创建一个自定义错误类型。我们还将编写转换方法，通过实现各种 From trait，将不同类型的 I/O 错误自动转换为自定义的错误类型。所有这些代码都被存储在 errors.rs 文件中。

可以将此文件中的代码分为以下两部分：

❑　第 1 部分涵盖自定义错误类型的定义和 Display trait 实现。

❑　第 2 部分涵盖自定义错误类型的各种 From trait 实现。

errors.rs 代码的第 1 部分如下：

src/errors.rs（第 1 部分）

```
use std::fmt;
use std::io;

#[derive(Debug)]
pub struct StatsError {
    pub message: String,
}

impl fmt::Display for StatsError {
    fn fmt(&self, f: &mut fmt::Formatter) -> Result<(),
        fmt::Error> {
        write!(f, "{}", self)
    }
}
```

在上述代码中，StatsError 结构体定义了一个字段 message，用于存储错误消息。如果出现错误，那么它将被传播给用户。上述代码还实现了 Display trait，以使错误消息能够输出到控制台中。

现在来看看 errors.rs 文件的第 2 部分。该部分实现了各种 From trait 实现，具体如下所示。请注意，在该代码中提供了注释编号**<1>**、**<2>**、**<3>**，分别对应后面的说明（1）、（2）、（3）。

src/errors.rs（第 2 部分）

```
impl From<&str> for StatsError {                         <1>
    fn from(s: &str) -> Self {
        StatsError {
            message: s.to_string(),
        }
    }
}
impl From<io::Error> for StatsError {                     <2>
    fn from(e: io::Error) -> Self {
        StatsError {
            message: e.to_string(),
        }
```

```
    }
}
impl From<std::num::TryFromIntError> for StatsError {        <3>
    fn from(_e: std::num::TryFromIntError) -> Self {
        StatsError {
            message: "Number conversion error".to_string(),
        }
    }
}
```

源代码注释（以数字显示）说明如下：

（1）帮助从字符串中构造 StatsError。

（2）将 IO:Error 转换为 StatsError。

（3）在将 usize 转换为 u32 时检查错误。

本节研究了 errors.js 文件的代码。接下来，我们将介绍计算源代码指标的代码。

6.6.3　源指标计算

本节将仔细研究 srcstats.rs 文件的代码。此文件的代码片段将按以下顺序显示在单独的 4 个部分中。

❑　第 1 部分：模块导入。

❑　第 2 部分：SrcStats 结构体的定义。

❑　第 3 部分：get_summary_src_stats()函数的定义。

❑　第 4 部分：get_src_stats_for_file()函数的定义。

现在先来看看第 1 部分。该部分显示了导入的模块。以下代码提供了注释编号**<1>**～**<6>**，分别对应后面的说明（1）～（6）。

srcstats.rs（第 1 部分）

```
use std::convert::TryFrom;           <1>
use std::ffi::OsStr;                 <2>
use std::fs;                         <3>
use std::fs::DirEntry;               <4>
use std::path::{Path, PathBuf};      <5>
use super::errors::StatsError;       <6>
```

源代码注释（以数字显示）说明如下：

（1）TryFrom：用于捕获将 usize 转换为 u32 的任何错误。

（2）OsStr：用于检查扩展名为.rs 的文件。

（3）std::fs：是 Rust 标准库中用于文件和目录操作的主要模块。

（4）DirEntry：是 Rust 标准库用来表示单个目录条目的结构体。

（5）Path 和 PathBuf：用于存储路径名。&Path 类似&str，而 PathBuf 则类似 String。一个是引用，另一个是拥有的对象。

（6）StatsError：读取文件或计算中的任何错误都会转换为自定义错误类型 StatsError。这是在该行中导入的。

现在来查看第 2 部分的代码。该部分涵盖了用于存储计算指标的结构的定义。

结构体 SrcStats 包含以下源指标，这些指标将由 shell 命令生成：

❑　Rust 源文件的数量。

❑　代码行数（不包括注释和空格）。

❑　空行数。

❑　注释行数（以//开头的单行注释；请注意，在此工具范围内不考虑多行注释）。

保存计算的源文件指标的 Rust 数据结构如下所示：

src/srcstats.rs（第 2 部分）

```
// 包含源文件指标的结构体
#[derive(Debug)]
pub struct SrcStats {
    pub number_of_files: u32,
    pub loc: u32,
    pub comments: u32,
    pub blanks: u32,
}
```

现在来看看第 3 部分，它是计算汇总统计的主要函数。由于这段代码较长，因此可分为以下 3 部分来讨论：

❑　第 3a 部分显示了变量初始化。

❑　第 3b 部分显示了以递归方式检索目录中 Rust 源文件的主要代码。

❑　在第 3c 部分，遍历 Rust 文件列表并调用 get_src_stats_for_file()方法来计算每个文件的源指标。结果被合并在一起。

get_summary_src_stats()方法的第 3a 部分如下所示：

src/srcstats.rs（第 3a 部分）

```
pub fn get_summary_src_stats(in_dir: &Path) ->
    Result<SrcStats, StatsError> {
    let mut total_loc = 0;
```

```
let mut total_comments = 0;
let mut total_blanks = 0;
let mut dir_entries: Vec<PathBuf> = vec![in_dir.to_path_buf()];
let mut file_entries: Vec<DirEntry> = vec![];

// 以递归方式迭代目录条目
// 以获得 .rs 文件的展平列表
```

第 3a 部分显示了变量的初始化，这些变量表示将由 shell 命令计算的各种指标——total_loc、total_comments 和 total_blanks。另外 dir_entries 和 file_entries 两个变量被初始化为 vector 数据类型，它们将用于中间计算。

get_summary_src_stats()方法的第 3b 部分如下所示：

src/srcstats.rs（第 3b 部分）

```
while let Some(entry) = dir_entries.pop() {
    for inner_entry in fs::read_dir(&entry)? {
        if let Ok(entry) = inner_entry {
            if entry.path().is_dir() {
                dir_entries.push(entry.path());
            } else {
                if entry.path().extension() ==
                Some(OsStr::new("rs")) {
                    file_entries.push(entry);
                }
            }
        }
    }
}
```

在代码的第 3b 部分，可遍历指定文件夹中的条目，并将目录类型的条目与文件类型的条目分开，最后将它们存储在单独的 vector 变量中。

get_summary_src_stats()方法的第 3c 部分如下所示：

src/srcstats.rs（第 3c 部分）

```
let file_count = file_entries.len();
// 计算 stats
for entry in file_entries {
    let stat = get_src_stats_for_file(&entry.path())?;
    total_loc += stat.loc;
    total_blanks += stat.blanks;
```

```
        total_comments += stat.comments;
    }

    Ok(SrcStats {
        number_of_files: u32::try_from(file_count)?,
        loc: total_loc,
        comments: total_comments,
        blanks: total_blanks,
    })
}
```

现在来看看第 4 部分，它是计算单个 Rust 源文件的源指标的代码：

src/srcstats.rs（第 4 部分）

```
pub fn get_src_stats_for_file(file_name: &Path) ->
    Result<SrcStats, StatsError> {
    let file_contents = fs::read_to_string(file_name)?;
    let mut loc = 0;
    let mut blanks = 0;
    let mut comments = 0;
    for line in file_contents.lines() {
        if line.len() == 0 {
            blanks += 1;
        } else if line.trim_start().starts_with("//") {
            comments += 1;
        } else {
            loc += 1;
        }
    }
    let source_stats = SrcStats {
        number_of_files: u32::try_from(file_contents.lines().count())?,
        loc: loc,
        comments: comments,
        blanks: blanks,
    };
    Ok(source_stats)
}
```

在第 4 部分中，显示了 get_src_stats_for_file()函数的代码。该函数可逐行读取源文件并确定该行是否对应于常规代码行、空格或注释。相应的计数器会基于该分类递增。最终结果作为函数的 SrcStats 结构体被返回。

srcstats 模块的代码清单到此结束。本节讨论了计算源指标的代码。接下来，我们将
讨论最后一部分代码，即 main()函数。

6.6.4　main()函数

本节将仔细研究代码的最后一部分，即表示二进制文件入口点的 main()函数。它执
行以下 4 项任务：

（1）接收来自命令行的用户输入。

（2）调用适当的方法来计算源代码度量。

（3）向用户显示结果。

（4）发生错误时，向用户显示合适的错误消息。

main()函数的代码清单可分为以下两部分：

❑　第 1 部分显示了 shell 命令的命令行界面的结构。

❑　第 2 部分显示了调用计算源指标并向用户显示结果的代码。

main.rs 的第 1 部分如下所示。我们将使用 structopt Crate 来定义要接收用户命令行输
入的结构。

将以下内容添加到 Cargo.toml 文件中：

```toml
[dependencies]
structopt = "0.3.16"
```

第 1 部分的代码清单如下所示：

src/main.rs（第 1 部分）

```rust
use std::path::PathBuf;
use structopt::StructOpt;
mod srcstats;
use srcstats::get_summary_src_stats;
mod errors;
use errors::StatsError;

#[derive(Debug, StructOpt)]
#[structopt(
    name = "rstat",
    about = "This is a tool to generate statistics on Rust projects"
)]
struct Opt {
    #[structopt(name = "source directory", parse(from_os_str))]
```

```
    in_dir: PathBuf,
    #[structopt(name = "mode", short)]
    mode: String,
}
```

在上述代码中，定义了一个数据结构 Opt，它包含以下两个字段。

❑ in_dir：表示输入文件夹的路径（要为其计算源指标）。

❑ mode：在本示例中，mode 的值为 src，表示要计算源代码指标。

将来还可以添加其他模式（例如，object 模式可计算对象文件的指标，如可执行文件和库对象文件的大小）。

在第 2 部分代码中，可从用户的命令行参数中读取源文件夹，并从 srcstats 模块中调用 get_summary_src_stats()方法。此方法返回的指标随后会在终端中显示给用户。

第 2 部分的代码清单如下所示：

src/main.rs（第 2 部分）

```
// main()函数代码
fn main() -> Result<(), StatsError> {
    let opt = Opt::from_args();
    let mode = &opt.mode[..];
    match mode {
        "src" => {
            let stats = get_summary_src_stats(&opt.in_dir)?;
            println!("Summary stats: {:?}", stats);
        }
        _ => println!("Sorry, no stats"),
    }
    Ok(())
}
```

第 2 部分是 main()函数的代码，它是本项目 shell 命令的入口点。main()函数接收并解析命令行参数，然后调用 get_summary_src_stats()函数，将用户指定的源文件夹作为函数参数传递。包含合并源代码指标的结果将被输出到控制台中。

使用以下命令构建并运行该工具：

```
cargo run --release -- -m src <src-folder>
```

<source-folder>是 Rust 项目或源文件的位置；-m 是要指定的命令行标志，它将是 src，表示我们想要源代码指标。

如果要运行当前项目的统计信息，可使用以下命令：

```
cargo run --release -- -m src .
```

注意命令中的点（.），它表示要为当前项目文件夹运行命令。

在终端上将显示源代码指标。

作为一项练习，你可以扩展此 shell 命令以生成 Rust 项目二进制文件的指标。要调用此选项，可允许用户将 - m 标志指定为 bin。

开发 shell 命令的部分到此结束。

6.7　小　　结

本章阐释了操作系统级文件管理的基础知识，并讨论了处理文件的主要系统调用。

我们研究了如何使用 Rust 标准库来打开和关闭文件、读写文件、查询文件元数据以及使用链接。在文件操作之后，我们介绍了如何在 Rust 中进行目录和路径操作。此外，还讨论了如何使用 Rust 创建硬链接和软（符号）链接，以及如何查询符号链接。

本章开发了一个 shell 命令，用于计算目录树中 Rust 源文件的源代码指标。该项目通过一个实际例子说明了如何在 Rust 中执行各种文件和目录操作，并强化了 Rust 标准库对文件 I/O 操作的概念。

第 7 章"在 Rust 中实现终端 I/O"将继续 I/O 的主题，我们将学习终端 I/O 的基础知识，并了解 Rust 提供的使用伪终端的功能。

第 7 章　在 Rust 中实现终端 I/O

第 6 章"在 Rust 中使用文件和目录"研究了如何处理文件和目录。我们在 Rust 中构建了一个 shell 命令，它可以为项目目录中的 Rust 源文件生成合并的源代码指标。

本章将着眼于在 Rust 中构建基于终端的应用程序。终端应用程序是许多软件程序的组成部分，包括游戏、文本编辑器和终端仿真器等。要开发这些类型的程序，了解如何构建基于终端界面的定制应用程序是有帮助的。这也是本章要讨论的重点。

本章将介绍有关终端工作原理的基础知识，然后演示如何在终端上执行各种类型的操作，如设置颜色和样式、执行光标操作（如清除和定位）以及使用键盘和鼠标输入等。

本章包含以下主题：

❑　有关终端输入/输出（I/O）的基础知识。

❑　处理终端用户界面（大小、颜色、样式）和光标。

❑　处理键盘输入和滚动。

❑　处理鼠标输入。

本章将通过一个实际示例来解释这些概念。我们将构建一个迷你文本查看器，它将演示使用终端的关键概念。该文本查看器能够从磁盘中加载文件并在终端界面上显示其内容，它还允许用户使用键盘上的各种箭头键滚动浏览内容，并在页眉和页脚栏上显示信息。

7.1　技　术　要　求

本章代码的网址如下：

https://github.com/PacktPublishing/Practical-System-Programming-for-Rust-Developers/tree/master/Chapter07/tui

对于那些在 Windows 平台上工作的开发人员，本章需要安装一个虚拟机，因为用于终端管理的第三方 Crate 不支持 Windows 平台（至少在本书编写时如此），所以建议安装一个虚拟机（如 VirtualBox）或运行 Linux 的机器来处理本章中的代码。有关 VirtualBox 的安装说明，可访问以下网址：

https://www.virtualbox.org

为了使用终端，Rust 提供了多种功能来读取按键并控制进程的标准输入和标准输出。当用户在命令行中输入字符并按 Enter 键时，生成的字节可供程序使用。这对多种类型的程序都很有用。但是对于某些类型的程序，例如需要更细粒度控制的游戏或文本编辑器，则程序必须按照用户输入的方式处理每个字符，这也称为原始模式（raw mode）。有若干个第三方 Crate 可以使原始模式处理变得更容易。本章就将使用这样一个 Crate，它的名字是 Termion。

7.2　终端 I/O 基础知识

本节将介绍终端的关键特性，简要了解 Termion Crate，并定义我们将在此项目中构建的范围。

先来看看终端的一些基础知识。

7.2.1　终端的特性

终端是指用户可以与计算机交互的设备。用户可以使用终端获得命令行访问权限，以与计算机的操作系统进行交互。shell 通常充当控制程序，一方面驱动终端，另一方面驱动与操作系统的接口。

最初，UNIX 系统是使用连接到串行线路的终端（也称为控制台）来访问的。这些终端通常具有 24 行×80 列基于字符的界面，或者在某些情况下具有基本的图形功能。为了在终端上执行操作（如清除屏幕或移动光标），使用了特定的转义序列（escape sequence）。

终端有以下两种操作模式。

❑ 规范模式（canonical mode）：在规范模式下，用户的输入将逐行处理，用户必须按 Enter 键才能将字符发送到程序进行处理。

❑ 非规范模式或原始模式（raw mode）：在原始模式下，终端输入不收集到行中，但程序可以读取用户输入的每个字符。

终端可以是物理设备或虚拟设备。今天的大多数终端都是伪终端（pseudo-terminal），它们是一种虚拟设备，一侧被连接到终端设备，另一侧则被连接到驱动终端设备的程序。

伪终端可帮助我们编写程序，在这样的程序中，一台主机上的用户可以使用网络通信在另一台主机上执行面向终端的程序。

伪终端应用程序的一个示例是 SSH，它允许用户通过网络登录到远程主机上。

终端管理包括在终端屏幕上执行以下操作的能力。

- ❑　颜色管理：在终端上设置各种前景色和背景色，并将颜色重置为默认值。
- ❑　样式管理：将文本样式设置为粗体、斜体、下画线等。
- ❑　光标管理：在特定位置设置光标、保存当前光标位置、显示和隐藏光标以及其他特殊功能，如闪烁光标。
- ❑　事件处理：监听和响应键盘和鼠标事件。
- ❑　屏幕处理：从主屏幕切换到备用屏幕并清除屏幕。
- ❑　原始模式：将终端切换到原始模式。

本章将结合使用 Rust 标准库和 Termion Crate 来开发面向终端的应用程序。因此，接下来，我们将了解 Termion Crate。

7.2.2　Termion Crate

Termion Crate 提供了 7.2.1 节 "终端的特性" 中列出的终端管理功能，同时还为用户提供了易于使用的命令行界面。本章将使用其中的许多功能。

🛈 **注意：为什么要使用外部 Crate 进行终端管理**

虽然在技术上使用 Rust 标准库即可在字节级别工作，但是很麻烦。Termion 等外部 Crate 可帮助我们将单个字节分组为按键，还实现了许多常用的终端管理功能，这使开发人员能够专注于实现更高级别的、用户导向的功能。

下面将讨论 Termion Crate 的一些终端管理功能。Crate 的官方文档网址如下：

https://docs.rs/termion/

Termion Crate 有以下关键模块。
- ❑　cursor：用于移动光标。
- ❑　event：用于处理键和鼠标事件。
- ❑　raw：将终端切换到原始模式。
- ❑　style：在文本上设置各种样式。
- ❑　clear：清除整个屏幕或单行。
- ❑　color：为文本设置各种颜色。
- ❑　input：处理高级用户输入。
- ❑　scroll：在屏幕上滚动。

要包含 Termion Crate，可启动一个新项目并将以下条目添加到 Cargo.toml 文件中：

```
[dependencies]
termion = "1.5.5"
```

Termion 的部分应用示例如下。

❑　要获取终端大小，可使用以下代码：

```
termion::terminal_size()
```

❑　要设置前景色，可使用以下代码：

```
println!("{}", color::Fg(color::Blue));
```

❑　要设置背景色，然后将背景色重置为原始状态，可使用以下代码：

```
println!(
    "{}Background{} ",
    color::Bg(color::Cyan),
    color::Bg(color::Reset)
);
```

❑　要设置粗体，可使用以下代码：

```
println!(
    "{}You can see me in bold?",
    style::Bold
);
```

❑　要将光标设置到特定位置，可使用以下代码：

```
termion::cursor::Goto(5, 10)
```

❑　要清除屏幕，可使用以下代码：

```
print!("{}", termion::clear::All);
```

接下来，我们将在一个实际示例中使用这些终端管理功能。不过，在此之前，我们还需要定义本章将构建的内容。

7.2.3　定义项目构建内容

本章将开发一个迷你文本查看器应用程序。此应用程序提供了一个终端文本界面，用于从目录位置处加载文档并查看文档。用户可以使用键盘键滚动浏览文档。我们将通过多次代码迭代逐步构建该项目。

图 7.1 显示了本章将要构建的屏幕布局。

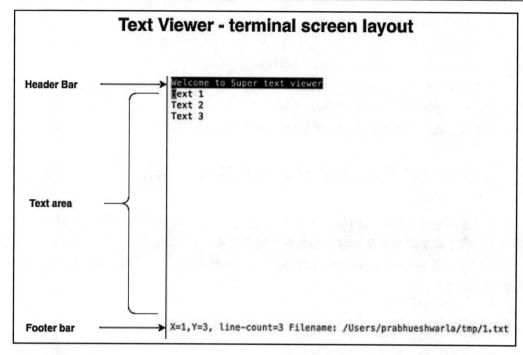

图 7.1　文本查看器屏幕布局

原　　文	译　　文
Text Viewer - terminal screen layout	文本查看器——终端屏幕布局
Header Bar	页眉（标题）栏
Text area	文本区域
Footer bar	页脚栏

该文本查看器的终端界面包含 3 个组件。

❑　页眉（标题）栏：包含文本编辑器的标题。

❑　文本区域：包含要显示的文本行。

❑　页脚栏：显示光标的位置、文件中文本的行数以及正在显示的文件的名称。

文本查看器将允许用户执行以下操作：

❑　用户可以提供文件名作为要显示的命令行参数。这应该是一个已经存在的有效文件名。如果文件不存在，则程序将显示错误消息并退出。

❑　文本查看器将加载文件内容并在终端上显示它们。如果文件中的行数超过终端高度，则程序将允许用户滚动文档，并重新绘制下一组行。

❑　用户可以使用向上、向下、向左和向右键在终端中滚动查看。

❑　用户可以按 Ctrl+Q 快捷键退出文本查看器。

一个流行的文本查看器还会有更多的功能，但这个核心范围已经为我们提供了一个足够的机会来学习在 Rust 中开发面向终端的应用程序。

本节讲解了终端的特性以及它们支持哪些类型的功能，还介绍了 Termion Crate 的功能，并定义了示例项目要构建的内容。

接下来，我们将开发文本查看器的第一次迭代。

7.3　处理终端用户界面和光标

本节将构建文本查看器的第一次迭代。构建完成后，得到一个程序，该程序可从命令行中接收文件名，显示其内容，并显示页眉和页脚栏。

我们将使用 Termion Crate 设置颜色和样式，获取终端大小，将光标定位在特定坐标处，并清除屏幕。

本节的代码组织如下：

❑　编写数据结构和 main()函数。
❑　初始化文本查看器并获取终端大小。
❑　显示文档并设置终端颜色、样式和光标位置。
❑　退出文本查看器。

我们从数据结构和文本查看器的 main()函数开始。

7.3.1　编写数据结构和 main()函数

本节将定义在内存中表示文本查看器所需的数据结构，还将编写 main()函数，以协调和调用各种其他函数。

（1）新建一个项目，切换到 tui 目录，命令如下：

```
cargo new tui && cd tui
```

在这里，tui 代表的是终端用户界面（terminal user interface）。在 src/bin 下创建一个名为 text-viewer1.rs 的新文件。

（2）在 Cargo.toml 文件中添加以下内容：

```
[dependencies]
termion = "1.5.5"
```

（3）从标准库和 Termion Crate 中导入所需的模块：

```
use std::env::args;
use std::fs;
use std::io::{stdin, stdout, Write};
use termion::event::Key;
use termion::input::TermRead;
use termion::raw::IntoRawMode;
use termion::{color, style};
```

（4）定义表示文本查看器的数据结构：

```
struct Doc {
    lines: Vec<String>,
}
#[derive(Debug)]
struct Coordinates {
    pub x: usize,
    pub y: usize,
}
struct TextViewer {
    doc: Doc,
    doc_length: usize,
    cur_pos: Coordinates,
    terminal_size: Coordinates,
    file_name: String,
}
```

上述代码显示了为文本查看器定义的以下 3 种数据结构。

❑ Doc：在文本查看器中显示的文档被定义为一个 Doc 结构体，它实际上是一个字符串向量。

❑ Coordinates：为了存储光标位置 *x* 和 *y* 坐标并记录终端的当前大小（即字符的总行数和列数），定义了一个 Coordinates 结构体。

❑ TextViewer：该结构体是代表文本查看器的主要数据结构。正在被查看的文件中包含的行数可以在 doc_length 字段中进行捕获。而在查看器中显示的文件的名称则被记录在 file_name 字段中。

（5）现在可定义 main() 函数，它是文本查看器应用程序的入口点。代码如下：

```
fn main() {
    // 获取命令行参数
    let args: Vec<String> = args().collect();
    if args.len() < 2 {
```

```
        println!("Please provide file name as argument");
        std::process::exit(0);
    }
    // 检查文件是否存在
    // 如果不存在，则输出错误消息并退出进程
    if !std::path::Path::new(&args[1]).exists() {
        println!("File does not exist");
        std::process::exit(0);
    }
    // 打开文件并载入结构体中
    println!("{}", termion::cursor::Show);
    // 初始化文本查看器
    let mut viewer = TextViewer::init(&args[1]);
    viewer.show_document();
    viewer.run();
}
```

main()函数接收一个文件名作为命令行参数，如果该文件不存在，则退出程序。此外，如果文件名未作为命令行参数提供，则会显示错误消息并退出程序。

（6）如果找到文件，则 main()函数将执行以下操作：

首先，调用 TextViewer 结构体上的 init()方法来初始化变量。

然后，调用 show_document()方法在终端屏幕上显示文件的内容。

最后，调用 run()方法，该方法等待用户对进程的输入。如果用户按 Ctrl+Q 快捷键，则程序退出。

（7）现在需要编写 3 个方法签名——init()、show_document()和 run()。

应该将这 3 个方法添加到 TextViewer 结构体的 impl 块中，如下所示：

```
impl TextViewer {
    fn init(file_name: &str) -> Self {
        //...
    }
    fn show_document(&mut self) {
        // ...
    }
    fn run(&mut self) {
        // ...
    }
}
```

到目前为止，我们已经定义了数据结构并编写了 main()函数（带有其他函数的占位符）。接下来，需要编写函数以初始化文本查看器。

7.3.2 初始化文本查看器并获取终端大小

当用户使用文档名称启动文本查看器时，必须使用一些信息初始化文本查看器并执行启动任务。这就是 init()方法要做的事情。

下面是 init()方法的完整代码。以下代码提供了注释编号**<1>**～**<6>**，分别对应后面的说明（1）～（6）。

```rust
fn init(file_name: &str) -> Self {
    let mut doc_file = Doc { lines: vec![] };                      <1>
    let file_handle = fs::read_to_string(file_name).unwrap();      <2>

    for doc_line in file_handle.lines() {                          <3>
        doc_file.lines.push(doc_line.to_string());
    }
    let mut doc_length = file_handle.lines().count();              <4>

    let size = termion::terminal_size().unwrap();                  <5>
    Self {                                                         <6>
        doc: doc_file,
        cur_pos: Coordinates {
            x: 1,
            y: doc_length,
        },
        doc_length: doc_length,
        terminal_size: Coordinates {
            x: size.0 as usize,
            y: size.1 as usize,
        },
        file_name: file_name.into(),
    }
}
```

init()方法中的代码注释描述如下：

（1）初始化用于存储文件内容的缓冲区。

（2）以字符串形式读取文件内容。

（3）从文件中读取每一行并将其存储在 Doc 缓冲区中。

（4）用文件中的行数初始化 doc_length 变量。

（5）使用 Termion Crate 获取终端大小。

（6）创建一个 TextViewer 类型的新结构体并从 init()方法中返回。

文本查看器的初始化代码编写完成。

接下来，我们将编写代码以在终端屏幕上显示文档内容，并显示页眉和页脚。

7.3.3　显示文档并设置终端颜色、样式和光标位置

在图 7.1 中已经显示了本章将要构建的文本查看器的布局。

文本查看器屏幕布局由 3 个主要部分组成——页眉、文档区域和页脚。本节将编写主要函数和支持函数，以按照定义的屏幕布局显示内容。

先来看看 show_document()方法的代码。

以下代码提供了注释编号**<1>**～**<7>**，分别对应后面的说明（1）～（7）。

src/bin/text-viewer1.rs

```
fn show_document(&mut self) {
    let pos = &self.cur_pos;
    let (old_x, old_y) = (pos.x, pos.y);                      <1>
    print!("{}{}", termion::clear::All,
        termion::cursor::Goto(1, 1));                         <2>
    println!(                                                 <3>
        "{}{}Welcome to Super text viewer\r{}",
        color::Bg(color::Black),
        color::Fg(color::White),
        style::Reset
    );
    for line in 0..self.doc_length {                          <4>
        println!("{}\r", self.doc.lines[line as usize]);
    }

    println!(                                                 <5>
        "{}",
        termion::cursor::Goto(0, (self.terminal_size.y - 2) as u16),
    );
    println!(                                                 <6>
        "{}{} line-count={} Filename: {}{}",
        color::Fg(color::Red),
        style::Bold,
        self.doc_length,
        self.file_name,
        style::Reset
    );
```

```
    self.set_pos(old_x, old_y);                                    <7>
}
```

show_document()方法的代码注释描述如下：

（1）将光标当前位置的 x 和 y 坐标存储在临时变量中。这将用于在后面的步骤中恢复光标位置。

（2）使用 Termion Crate 清除整个屏幕，并将光标移动到屏幕上的第 1 行和第 1 列。

（3）输出文本查看器的页眉栏。以黑色背景色和白色前景色输出文本。

（4）将内部文档缓冲区的每一行显示到终端屏幕上。

（5）将光标移动到屏幕底部（使用 terminal_size 的 y 坐标）以输出页脚。

（6）采用红色和粗体输出页脚文本。将文档中的行数和文件名输出到页脚中。

（7）将光标重置到原始位置，即在步骤（1）中保存的临时变量。

现在来看看 show_document()方法使用的 set_pos()辅助方法：

src/bin/text-viewer1.rs

```
fn set_pos(&mut self, x: usize, y: usize) {
    self.cur_pos.x = x;
    self.cur_pos.y = y;
    println!(
        "{}",
        termion::cursor::Goto(self.cur_pos.x as u16,
            (self.cur_pos.y) as u16)
    );
}
```

此辅助方法可同步内部光标跟踪字段（TextViewer 结构体的 cur_pos 字段）和屏幕上的光标位置。

现在已经有了代码来初始化文本查看器并在屏幕上显示文档。这样用户就可以在文本查看器中打开文档并查看其内容。但是，用户该如何退出文本查看器呢？这是接下来我们要实现的功能。

7.3.4　退出文本查看器

前文已经介绍了本项目的设想——用户按 Ctrl+Q 快捷键即可退出文本查看器程序。那么，该如何实现呢？

为了实现这一点，需要一种方法来监听用户的按键，当按特定的组合键时，就应该退出程序。如前文所述，我们需要让终端进入原始操作模式，其中每个字符都可供程序评估，而不是等待用户按 Enter 键。一旦得到了原始字符，那么剩下的工作就变得相当简单了。

可以在 impl TextViewer 块的 run()方法中编写代码来执行此操作，具体如下：

src/bin/text-viewer1.rs

```
fn run(&mut self) {
    let mut stdout = stdout().into_raw_mode().unwrap();
    let stdin = stdin();
    for c in stdin.keys() {
        match c.unwrap() {
            Key::Ctrl('q') => {
                break;
            }
            _ => {}
        }
        stdout.flush().unwrap();
    }
}
```

在上述代码中，使用了 stdin.keys()方法在循环中监听用户输入。stdout()方法用于向终端显示文本。当按 Ctrl+Q 快捷键时，程序退出。

现在可以使用以下命令运行程序：

```
cargo run --bin text-viewer1 <file-name-with-full-path>
```

由于本程序还没有实现滚动，因此可将文件名传递给具有 24 行内容的程序（这通常是标准终端在行数方面的默认高度）。此时将看到文本查看器处于打开状态，并将页眉栏、页脚栏和文件内容输出到终端中，按 Ctrl+Q 快捷键即可退出。请注意，必须使用完整文件路径作为命令行参数，以指定文件名。

本节介绍了如何使用 Termion Crate 获取终端大小、设置前景色和背景色，以及应用粗体。另外，演示了如何将光标定位在屏幕上的指定坐标处，以及如何清除屏幕。

接下来，我们将研究如何在文本编辑器显示的文档中处理用户导航按键以及实现滚动。

7.4　处理键盘输入和滚动

在 7.3 节"处理终端用户界面和光标"中，构建了面向终端的文本查看器应用程序的第一次迭代。我们能够显示少于 24 行内容的文件，并看到包含一些信息的页眉和页脚栏，还可以按 Ctrl+Q 快捷键退出程序。

本节将向文本查看器添加以下功能：

❑　提供显示任何大小文件的能力。

❑　为用户提供使用箭头键滚动文档的能力。

❑　将光标位置坐标添加到页脚栏。

我们从创建代码的新版本开始。

将原代码复制到一个新文件中，使用的命令如下：

```
cp src/bin/text-viewer1.rs src/bin/text-viewer2.rs
```

本节可分为 3 个小节。

首先，实现响应用户以下按键的逻辑：向上、向下、向左、向右和退格键。

其次，实现在内部数据结构中更新光标位置的功能，同时更新屏幕上的光标位置。

最后，实现允许滚动多页文档。

我们将从处理用户按键开始。

7.4.1　侦听用户的按键

现在可以修改 run()方法来处理用户输入并滚动文档。另外，还需要在页脚栏中记录和显示当前光标位置。具体代码如下：

src/bin/text-viewer2.rs

```
fn run(&mut self) {
    let mut stdout = stdout().into_raw_mode().unwrap();
    let stdin = stdin();
    for c in stdin.keys() {
        match c.unwrap() {
            Key::Ctrl('q') => {
                break;
            }
            Key::Left => {
                self.dec_x();
                self.show_document();
            }
            Key::Right => {
                self.inc_x();
                self.show_document();
            }
            Key::Up => {
```

```
            self.dec_y();
            self.show_document();
        }
        Key::Down => {
            self.inc_y();
            self.show_document();
        }
        Key::Backspace => {
            self.dec_x();
        }
        _ => {}
    }
    stdout.flush().unwrap();
}
}
```

上述代码中，以粗体显示了对早期版本的 run()方法的更改。这段新添加的代码可以侦听向上、向下、向左、向右和退格键。这些按键中的任何一个都可以使用以下方法之一适当地增加 x 或 y 坐标：inc_x()、inc_y()、dec_x()或 dec_y()。例如，如果按向右箭头，则使用 inc_x()方法增加光标位置的 x 坐标；如果按向下箭头，则使用 inc_y()方法仅增加 y 坐标。

坐标的变化记录在内部数据结构（TextViewer 结构体的 cur_pos 字段）中。此外，光标会在屏幕上重新定位。所有这些都是通过 inc_x()、inc_y()、dec_x()和 dec_y()方法实现的。

更新光标位置后，屏幕将完全刷新并重新显示。

接下来，我们将实现上述 4 种方法来更新光标坐标，并在屏幕上重新定位光标。

7.4.2　定位终端光标

现在需要为 inc_x()、inc_y()、dec_x()和 dec_y()方法编写代码。这些代码应该像其他方法的代码一样，作为 impl TextViewer 代码块的一部分添加到其中。

src/bin/text-viewer2.rs

```
fn inc_x(&mut self) {
    if self.cur_pos.x < self.terminal_size.x {
        self.cur_pos.x += 1;
    }
    println!(
        "{}",
        termion::cursor::Goto(self.cur_pos.x as u16,
```

```
            self.cur_pos.y as u16)
    );
}
fn dec_x(&mut self) {
    if self.cur_pos.x > 1 {
        self.cur_pos.x -= 1;
    }
    println!(
        "{}",
        termion::cursor::Goto(self.cur_pos.x as u16,
            self.cur_pos.y as u16)
    );
}
fn inc_y(&mut self) {
    if self.cur_pos.y < self.doc_length {
        self.cur_pos.y += 1;
    }

    println!(
        "{}",
        termion::cursor::Goto(self.cur_pos.x as u16,
            self.cur_pos.y as u16)
    );
}
fn dec_y(&mut self) {
    if self.cur_pos.y > 1 {
        self.cur_pos.y -= 1;
    }
    println!(
        "{}",
        termion::cursor::Goto(self.cur_pos.x as u16,
            self.cur_pos.y as u16)
    );
}
```

这 4 种方法的结构都是相似的，每个方法只执行以下两个步骤：

（1）根据按键的不同，相应的坐标（x 或 y）被增加或减少并记录在 cur_pos 内部变量中。

（2）光标重新定位到新坐标处。

现在有了一种机制，可以在用户按向上、向下、向左、向右或退格键时更新光标坐标，但这还不够，光标应在屏幕上被重新定位到最新的光标坐标处。为此，我们还需要更新 show_document()方法。

7.4.3　在终端上启用滚动功能

到目前为止，我们已经实现了用于侦听用户按键并在屏幕上重新定位光标的代码。现在可以将注意力转向代码中的另一个主要问题。如果加载的文档行数少于终端高度，则代码可以正常工作；但是，终端只能显示 24 行字符，如果文本查看器上显示的文档有50 行，则现有的代码就无法处理它。本节将修复该问题。

要显示比屏幕尺寸更多的行，仅重新定位光标是不够的。我们需要根据光标位置重新绘制屏幕以适应终端屏幕中文档的一部分。启用滚动功能需要对 show_document()方法进行修改。在 show_document()方法中查找以下代码行：

```
for line in 0..self.doc_length {
        println!("{}\r", self.doc.lines[line as usize]);
    }
```

按以下方式修改上述代码：

src/bin/text-viewer2.rs

```
if self.doc_length < self.terminal_size.y {               <1>
    for line in 0..self.doc_length {
        println!("{}\r", self.doc.lines[line as usize]);
    }
} else {

    if pos.y <= self.terminal_size.y {                    <2>
        for line in 0..self.terminal_size.y - 3 {
            println!("{}\r", self.doc.lines[line as usize]);
        }
    } else {
        for line in pos.y - (self.terminal_size.y - 3)..pos.y {
            println!("{}\r", self.doc.lines[line as usize]);
        }
    }
}
```

show_document()方法片段中代码注释**<1>**和**<2>**的解释分别如下：

（1）检查输入文档的行数是否小于终端高度。如果是，则在终端屏幕上显示输入文档中的所有行。

（2）如果输入文档的行数大于终端高度，则必须将文档分成若干部分显示。最初，文档中的第一组行显示在屏幕上，对应于适合终端高度的行数。例如，如果为文本显示区域分配了 21 行，则只要光标在这些行内，就会显示最开始的一组行；如果用户进一步向下滚动，则下一组行将显示在屏幕上。

使用以下命令运行程序：

```
cargo run --bin text-viewer2 <file-name-with-full-path>
```

你可以尝试以下两种文件的输入：

❑　行数小于终端高度的文件。

❑　行数大于终端高度的文件。

现在可以使用向上、向下、向左和向右箭头滚动文档并查看内容。你还将看到当前光标位置（ x 和 y 坐标）显示在页脚栏中。按 Ctrl+Q 快捷键可退出程序。

文本查看器项目到此结束。我们构建了一个功能性文本查看器，它可以显示任何大小的文件，并且允许用户使用箭头键滚动浏览其内容。用户还可以在页脚栏中查看光标的当前位置以及文件名和行数。

ℹ️**注意：关于文本查看器的注意事项**

我们实现的是不到 200 行代码的文本查看器的迷你版本。它只是演示了关键功能，还可以实现其他功能来增强应用程序并提高其可用性。此外，该查看器可以转换为成熟的文本编辑器。这些就留给读者作为一项练习。

本节已经完成了文本查看器项目。文本查看器是一个经典的命令行应用程序，没有需要鼠标输入的图形用户界面（GUI）。但是，学习如何处理鼠标事件对于开发基于 GUI 的终端界面很重要。7.5 节"处理鼠标输入"将学习如何做到这一点。

7.5　处理鼠标输入

与键盘事件一样，Termion Crate 还支持侦听鼠标事件、跟踪鼠标光标位置并在代码中对其做出反应。来看看如何执行此操作。

在 src/bin 下创建一个名为 mouse-events.rs 的新源文件。

以下是代码逻辑：

（1）导入需要的模块。

（2）在终端中启用鼠标支持。

（3）清屏。

（4）在传入事件上创建迭代器。

（5）侦听鼠标按下、释放和保持事件，并在终端屏幕上显示鼠标光标位置。

以下将对上述逻辑的相应代码进行解释。先来看看模块导入。

（1）导入 Termion Crate 模块以切换到原始模式、检测光标位置和侦听鼠标事件，如下所示：

```
use std::io::{self, Write};
use termion::cursor::{self, DetectCursorPos};
use termion::event::*;
use termion::input::{MouseTerminal, TermRead};
use termion::raw::IntoRawMode;
```

（2）在 main()函数中启用鼠标支持，具体如下：

```
fn main() {
    let stdin = io::stdin();
    let mut stdout = MouseTerminal::from(io::stdout().
        into_raw_mode().unwrap());
    // ...其他代码未显示
}
```

（3）为确保终端屏幕上的先前文本不会干扰该程序，可进行清屏处理，如下所示：

```
writeln!(
    stdout,
    "{}{} Type q to exit.",
    termion::clear::All,
    termion::cursor::Goto(1, 1)
)
.unwrap();
```

（4）在传入事件上创建一个迭代器并侦听鼠标事件。在终端上显示鼠标光标的位置。具体如下：

```
for c in stdin.events() {
    let evt = c.unwrap();
    match evt {
        Event::Key(Key::Char('q')) => break,
        Event::Mouse(m) => match m {
            MouseEvent::Press(_, a, b) |
                MouseEvent::Release(a, b) |
                MouseEvent::Hold(a, b) => {
```

```
                    write!(stdout, "{}",
                    cursor::Goto(a, b))
                    .unwrap();
                    let (x, y) = stdout.cursor_pos().unwrap();
                    write!(
                        stdout,
                        "{}{}Cursor is at:
                        ({},{}){}",
                        cursor::Goto(5, 5),
                        termion::clear::UntilNewline,
                        x,
                        y,
                        cursor::Goto(a, b)
                    )
                    .unwrap();
                }
            },
            _ => {}
        }

    stdout.flush().unwrap();
}
```

（5）在上述代码中，同时侦听了键盘事件和鼠标事件。在键盘事件中，专门寻找退出程序的 Q 键。侦听的鼠标事件包括 press（按下）、release（释放）和 hold（保持）。在本示例中，我们将光标定位在指定的坐标处，并将坐标输出到终端屏幕上。

（6）使用以下命令运行程序：

```
cargo run --bin mouse-events
```

（7）用鼠标在屏幕周围单击，即可看到终端屏幕上显示的光标位置坐标。按 Q 键可退出程序。

有关在终端上处理鼠标事件的编码至此结束，同时，使用 Rust 管理终端输入/输出（I/O）的演练也已完成。

7.6　小　　结

本章通过编写一个迷你文本查看器的项目实例阐释了终端管理的基础知识。我们掌握了如何使用 Termion 库获取终端大小、设置前景色和背景色以及设置样式。之后，我们还学习了如何在终端上使用光标，包括清屏、将光标定位在一组特定的坐标上以及跟踪当前光标位置等。

我们演示了如何侦听用户输入并跟踪键盘箭头键进行滚动操作，包括向左、向右、向上和向下。我们编写了代码以在用户滚动时动态显示文档内容，同时牢记终端大小的限制。作为一项练习，你还可以优化该文本查看器程序，例如，可以添加将文本查看器转换为成熟编辑器的功能。

学习这些知识对于编写基于终端的游戏、编辑和查看应用程序及终端图形界面等应用程序，以及提供基于终端的仪表板等都很重要。

在第 8 章"处理进程和信号"中，我们将学习使用 Rust 进行进程管理的基础知识，包括启动和停止进程，以及处理错误和信号等。

第 8 章　处理进程和信号

当用户在计算机的终端界面中输入命令后，命令是如何被执行的？这些命令是否由操作系统直接执行的，还是存在处理它们的中间程序？当用户在前台从命令行中运行一个程序，按 Ctrl+C 快捷键时，又是谁在侦听这个按键，程序是如何终止的？操作系统如何同时运行多个用户程序？程序和进程有什么区别？如果你对这些问题都很好奇，那么不妨仔细阅读本章。

第 7 章"在 Rust 中实现终端 I/O"介绍了如何控制和更改用于在命令行应用程序中与用户交互的终端界面。

本章将研究进程，它是系统编程中仅次于文件的一个流行的抽象。我们将详细探讨什么是进程，它们与程序有何不同，它们如何启动和终止，以及如何控制进程环境。如果开发人员想要编写诸如 shell 之类的系统程序，并且希望对进程的生命周期进行编程控制，则这是必须掌握的知识和技能。

本章还将使用 Rust 标准库构建一个基本的 shell 程序作为一个迷你项目，以帮助开发人员实际了解 Bourne、Bash 和 zsh 等流行 shell 的底层工作原理，并了解如何在 Rust 中构建自定义的 shell 环境。

本章包含以下主题：

❑　Linux 进程概念和系统调用。
❑　使用 Rust 生成新进程。
❑　处理子进程的 I/O 和环境变量。
❑　处理恐慌、错误和信号。
❑　使用 Rust 编写一个基本的 shell 程序。

在通读完本章之后，读者将掌握如何以编程方式将新程序作为单独的进程启动，如何设置和调整环境变量，如何处理错误、响应外部信号以及优雅地退出进程；了解如何使用 Rust 标准库与操作系统对话以执行这些任务。这些知识使系统程序开发人员可以很好地控制进程这一重要的系统资源。

8.1　技 术 要 求

使用以下命令验证 rustc 和 cargo 是否已正确安装：

```
rustc -version
```

```
cargo --version
```

本章代码网址如下：

https://github.com/PacktPublishing/Practical-System-Programming-for-Rust-Developers/tree/master/Chapter08

💡 提示：

信号处理部分需要类 UNIX 的开发环境（UNIX、Linux 或 macOS），因为 Microsoft Windows 并不直接具有信号（signal）的概念。如果使用的是 Windows 系统，则可以下载虚拟机，如 Oracle VirtualBox，其下载网址如下：

https://www.virtualbox.org/wiki/Downloads

也可以使用 Docker 容器启动 UNIX/Linux 镜像以进行后续操作。

8.2　理解 Linux 进程概念和系统调用

本章将介绍进程管理的基础知识，并帮助开发人员理解为什么进程管理对系统编程很重要。我们将详细讨论进程生命周期，具体包括创建新进程、设置其环境参数、使用其标准输入和输出以及终止进程等。

我们将首先阐释程序和进程之间的差异，然后讨论有关 Linux 进程基础知识的一些关键细节，最后简要介绍如何使用 Rust 标准库封装的系统调用来管理 Rust 的进程生命周期等。

8.2.1　程序和进程之间的区别

进程是一个正在运行的程序。准确地说，它是一个正在运行的程序的实例。你可以同时运行单个程序的多个实例，例如从多个终端窗口中启动文本编辑器。正在运行的程序的每个这样的实例都是一个进程。

即使进程是作为运行（或执行）程序的结果而创建的，但二者仍然有区别。程序以两种形式存在——源代码和机器可执行指令（目标代码或可执行文件）。编译器（和链接器）通常用于将程序的源代码转换为机器可执行指令（machine-executable instruction）。

机器可执行指令包含有关操作系统如何将程序加载到内存、初始化和运行程序的信息。指令包括以下内容：

❑　可执行格式（例如，ELF 是 UNIX 系统中流行的可执行格式）。

❑　由 CPU 执行的程序逻辑。

❑　程序入口点的内存地址。

❑ 一些用于初始化程序变量和常量的数据。

❑ 有关共享库、函数和变量位置的信息。

8.2.2 程序内存布局和进程管理

从命令行、脚本或图形用户界面中启动程序时，会执行以下步骤：

（1）操作系统（Kernel）为程序分配虚拟内存，也称为程序的内存布局（memory layout）。在第 5 章"Rust 中的内存管理"中已经详细讨论了如何基于栈、堆、文本和数据段为程序布置虚拟内存。

（2）Kernel 将程序指令加载到虚拟内存的文本段中。

（3）Kernel 初始化数据段中的程序变量。

（4）Kernel 触发 CPU 开始执行程序指令。

（5）Kernel 还可以为运行中的程序提供访问所需资源（如文件或附加内存）的权限。

进程（运行中的程序）的内存布局在第 5 章"Rust 中的内存管理"中已经讨论过，这里不妨再次进行引用以加深印象，如图 8.1 所示。

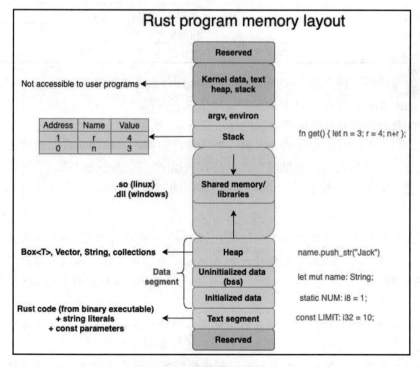

图 8.1　程序内存布局

原　　文	译　　文
Rust program memory layout	Rust 程序的内存布局
Not accessible to user programs	用户程序不可访问的部分
Address Name Value	地址 名称 值
.so (linux)	.so（Linux）
.dll (windows)	.dll（Windows）
Box<T>, Vector, String, collections	Box<T>、Vector、String、集合
Data segment	数据段
Rust code (from binary executable) + string literals + const parameters	Rust 代码（来自二进制可执行文件）+ 字符串常量 + 常量参数
Reserved	保留区域
Kernel data, text heap, stack	Kernel 数据、文本堆、栈
argv, environ	命令行参数、环境变量
Stack	栈
Shared memory/libraries	共享内存/库
Heap	堆
Uninitialized data(bss)	未初始化的数据（BSS 段）
Initialized data	初始化之后的数据
Text segment	文本段

在复习和理解了程序的内存布局之后，那么，什么是进程呢？

就 Kernel 而言，进程是一个抽象，它包括以下内容：

❑　加载程序指令和数据的虚拟内存，如图 8.1 所示。

❑　一组关于运行中程序的元数据，如进程标识符、与程序关联的系统资源（如打开文件的列表）、虚拟内存表以及有关程序的其他此类信息。特别重要的是进程 ID，它唯一标识了一个运行中的程序的实例。

💡提示：

Kernel 本身就是进程管理器（process manager）。它将进程 ID 分配给用户程序的新实例。当系统启动时，Kernel 会创建一个名为 init 的特殊进程，该进程被分配一个进程 ID 1。init 进程仅在系统关闭且无法被杀死时终止。所有未来的进程都由 init 进程或其后代进程之一创建。

因此，程序是指由开发人员创建的指令（以源代码或机器可执行格式存在），而进程则是使用系统资源并由 Kernel 控制的程序的运行实例。

作为开发人员，如果想要控制一个运行中的程序，则需要对 Kernel 使用适当的系统调用。Rust 标准库可将这些系统调用包装成纯净的 API，以便在 Rust 程序中使用，在第 3 章"Rust 标准库介绍"中已经对此有详细介绍。

在理解了程序与进程的关系之后，我们将讨论有关进程特征的更多细节。

8.3　深入了解 Linux 进程基础知识

在第 3 章"Rust 标准库介绍"中，详细探讨了系统调用如何成为用户程序（进程）和 Kernel（操作系统）之间的接口。用户程序可以使用系统调用管理和控制各种系统资源，包括文件、内存、设备等。

8.3.1　进程管理关键任务分解

本节将介绍一个运行中的程序（父进程）如何进行系统调用来管理另一个程序（子进程）的生命周期。事实上，进程在 Linux 中也被视为系统资源，就像文件或内存一样。

了解一个进程如何管理另一个进程并与它通信是本节的重点。

图 8.2 显示了与进程管理相关的关键任务集。

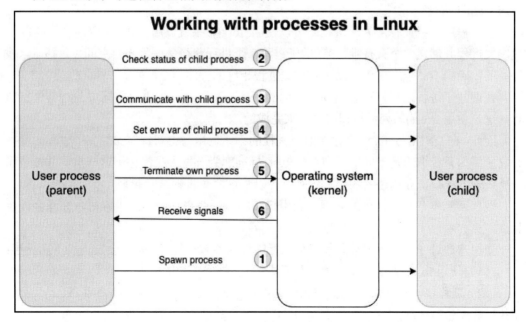

图 8.2　在 Rust 中处理进程

原　　文	译　　文
Working with processes in Linux	在 Linux 中处理进程
User process(parent)	用户进程（父进程）
① Spawn process	① 生成进程
② Check status of child process	② 检查子进程的状态
③ Communicate with child process	③ 与子进程通信
④ Set env var of child process	④ 设置子进程的环境变量
⑤ Terminate own process	⑤ 终止拥有的进程
⑥ Receive signals	⑥ 接收信号
Operating system(kernel)	操作系统（Kernel）
User process(child)	用户进程（子进程）

接下来，我们将详细研究图 8.2 所示的进程管理任务。我们将讨论 Linux 上的进程管理如何由非 Rust 用户程序（如 C/C++）完成，以及它在 Rust 中有何不同。

8.3.2　创建新进程

在使用 UNIX/Linux 时，任何需要创建新进程的用户程序都必须通过系统调用（syscalls）请求 Kernel 执行。

一个程序（我们称之为父进程）可以使用 fork() 系统调用创建一个新进程。Kernel 复制父进程并创建一个具有唯一 ID 的子进程。子进程获得父进程内存空间（包括堆、栈等）的精确副本。子进程还可以访问与父进程相同的程序指令副本。

在创建子进程之后，可以选择将不同的程序加载到其进程内存空间中并对其进行执行。这是使用 exec() 系列系统调用之一来完成的。

因此，在 UNIX/Linux 中创建新的子进程的系统调用与将新程序加载到子进程中并执行它所需的系统调用是不同的。当然，Rust 标准库为开发人员简化了这一点，并提供了一个统一的接口，在创建新的子进程时，可以将这两个步骤结合起来。

现在回到本章开头提出的问题：当用户在终端的命令行中输入内容时，究竟会发生什么？

当用户通过在命令行中输入程序可执行文件名称来运行程序时，会发生以下两件事：

（1）使用 fork() 系统调用创建一个新进程。

（2）新程序（即可执行程序）的镜像（image）被加载到内存中并使用 exec() 系列调用执行。

ⓘ 注意：当用户在终端中输入命令时会发生什么

如前文所述，终端为用户提供了与系统交互的界面。但是必须有一些东西可以解释并执行该命令，这就是 shell 程序。你可能熟悉其中一些流行的 shell 程序，如 UNIX/Linux 中的 Bourne shell 或 Bash shell，或 Windows 中的 PowerShell。正是这些程序从命令行中接收命令并产生新进程来执行命令。

例如，在 UNIX/Linux 上执行以下命令时，将按递归方式查找当前目录结构中的文件条目，搜索 debug，并返回此类文件的计数。

```
find * | grep debug | wc -l
```

当这个命令被输入终端中时，shell 程序会产生 3 个进程来执行这个命令管道。正是这个 shell 命令对 Kernel 进行系统调用以创建新进程、加载这些命令并按顺序执行它们，然后返回执行结果并将其输出到标准输出中。

8.3.3 检查子进程的状态

一旦 Kernel 产生了一个子进程，就会返回一个子进程 ID。wait()和 waitpid()系统调用可用于通过将子进程 ID 传递给调用来检查子进程是否正在运行。这些有助于同步子进程与父进程的执行。Rust 系统库可提供调用以等待子进程完成并检查其状态。

8.3.4 使用进程间通信

进程可以相互通信并与 Kernel（请记住，Kernel 也是一个进程）进行通信以协调它们的活动，使用诸如信号（signal）、管道（pipe）、套接字（socket）、消息队列（message queue）、信号量（semaphore）和共享内存（shared memory）等机制。

在 Rust 中，两个进程也可以使用各种方式进行通信，包括管道、进程和消息队列。但是父进程和子进程之间的进程间通信（inter-process communication，IPC）的基本形式之一涉及 stdin/stdout 管道。父进程可以写入标准输入中并从子进程的标准输出中进行读取。下文将介绍这样的示例。

8.3.5 设置环境变量

每个进程也有自己的一组关联的环境变量。fork()和 exec()系统调用允许将环境变量从父进程传递和设置到子进程中。这些环境变量的值被存储在进程的虚拟内存区域中。Rust 标准库还允许父进程显式设置或重置子进程的环境变量。

8.3.6　终止进程

进程可以通过使用 exit()系统调用、被信号杀死（如用户按 Ctrl+C 快捷键）或使用 kill()系统调用来终止自身。

Rust 也有一个 exit()调用。此外，Rust 还提供了其他终止进程的方法，下文将会展开介绍。

8.3.7　处理信号

信号可用于将诸如键盘中断之类的异步事件传送到进程中。除了 SIGSTOP 和 SIGKILL 信号，进程可以选择忽略信号或决定如何以自己的方式响应信号。

直接使用 Rust 标准库处理信号对开发人员来说可能有点困难，因此可以考虑使用外部 Crate，下文将进行介绍。

至此，我们已经讨论了程序和进程之间的区别，深入研究了 Linux 进程的一些特征，并简要介绍了可以在 Rust 中执行哪些操作来与进程交互。

接下来，我们将通过编写一些代码直接学习如何使用 Rust 生成进程、与进程交互和终止进程。请注意，在接下来的几节中，仅提供了代码片段。为了执行代码，需要创建一个新的 cargo 项目，在 src/main.rs 文件中添加显示的代码并导入适当的模块。

8.4　使用 Rust 生成进程

在 Rust 标准库中，std::process 是处理进程的模块。本节将介绍如何使用 Rust 标准库生成新进程、与子进程交互以及终止当前进程。Rust 标准库在内部使用相应的 UNIX/Linux 系统调用来调用 Kernel 操作以管理进程。

我们从启动新的子进程开始。

8.4.1　生成新的子进程

std::process::Command 可用于在指定路径启动程序或运行标准 shell 命令。可以使用构建器模式生成新进程的配置参数。来看一个简单的例子：

```
use std::process::Command;
fn main() {
```

```
Command::new("ls")
    .spawn()
    .expect("ls command failed to start");
}
```

上述代码使用了 Command::new()方法创建一个新的执行命令，采用要运行的程序的名称作为参数。spawn()方法可创建一个新的子进程。

如果运行此程序，那么将看到当前目录中的文件列表。

这是使用 Rust 标准库将标准 UNIX shell 命令或用户程序分拆为子进程的最简单方法。

如果想要将参数传递给 shell 命令该怎么办？以下代码段显示了一些示例代码，该代码段可将参数传递给命令：

```
use std::process::Command;
fn main() {
    Command::new("ls")
        .arg("-l")
        .arg("-h")
        .spawn()
        .expect("ls command failed to start");
}
```

arg()方法可用于向程序中传递一个参数。在这里，我们要运行 ls －lh 命令以显示具有可读文件大小的长格式文件。

必须两次使用 arg()方法来传递两个标志。

或者，也可以按以下方式使用 args()方法。请注意，std::process 导入和 main()函数声明已在以后的代码片段中删除以避免重复，但在运行程序之前必须添加它们。

```
Command::new("ls")
        .args(&["-l", "-h"]).spawn().unwrap();
```

现在可更改代码以列出上一级目录（相对于当前目录）的目录内容。

该代码显示了通过 args()方法配置的 ls 命令的两个参数。

接下来，可将子进程的当前目录设置为非默认值：

```
Command::new("ls")
    .current_dir("..")
    .args(&["-l", "-h"])
    .spawn()
    .expect("ls command failed to start");
```

上述代码在上一级目录中生成运行 ls 命令的进程。

使用以下命令运行程序：

```
cargo run
```

此时将看到显示的父目录列表。

到目前为止，我们已经使用 spawn()方法创建了一个新的子进程。此方法可返回子进程的句柄。

生成新进程的另一种方法是使用 output()。不同之处在于，output()方法可产生子进程并等待它终止。来看一个示例：

```
let output = Command::new("cat").arg("a.txt").output().unwrap();
if !output.status.success() {
    println!("Command executed with failing error code");
}
println!("printing: {}", String::from_utf8(output.stdout).unwrap());
```

上述代码使用了 output()方法生成一个新进程以输出一个名为 a.txt 的文件的内容。我们使用以下命令创建此文件：

```
echo "Hello World" > a.txt
```

此时，运行程序将看到 a.txt 文件的内容被输出到终端中。请注意，输出的是子进程的标准输出句柄的内容，因为默认情况下这就是 cat 命令的输出指向。下文将介绍使用子进程的标准输入和标准输出的更多细节。

接下来，我们将看看如何终止一个进程。

8.4.2　终止进程

前文已经介绍了如何产生新进程。那么，如何终止它们呢？Rust 标准库为此提供了两种方法——abort()和 exit()。

abort()方法的用法显示在以下代码段中：

```
use std::process;
fn main() {
    println!("Going to abort process");
    process::abort();
    // 该语句不再执行
    println!("Process aborted");
}
```

该代码可终止当前进程，并且不会输出最后一条语句。

还有一个类似于 abort() 的 exit() 方法，它允许开发人员指定一个可供调用进程使用的 exit 代码。

进程返回错误代码有什么好处？

由于各种错误，子进程可能会失败。当程序失败且子进程退出时，调用程序或用户获得表示失败原因的错误代码会很有用。0 表示成功退出。其他错误代码表示数据错误、系统文件错误、I/O 错误等各种情况。

错误代码是与特定平台相关的，但大多数类 UNIX 平台都使用 8 位错误代码，允许错误值为 0～255。UNIX BSD 的错误代码示例网址如下：

https://www.freebsd.org/cgi/man.cgi?query=sysexits&apropos=0&sektion=0&manpath=FreeBSD+11.2-stable&arch=default&format=html

以下示例显示了使用 exit() 方法从进程中返回错误代码：

```
use std::process;
fn main() {
    println!("Going to exit process with error code 64");
    process::exit(64);
    // 执行永远不会到达此处
    println!("Process exited");
}
```

在终端的命令行中运行此程序。要知道在类 UNIX 系统上最后执行的进程的退出代码，可以在命令行中输入$?。请注意，此命令可能因平台而异。

ⓘ 注意：abort() 与 exit() 方法

abort() 和 exit() 方法都不会清理和调用任何析构函数，因此，如果开发人员想以干净的方式关闭进程，则应仅在所有析构函数都运行后再调用这些方法。

当然，操作系统将确保在进程终止时，与其相关的所有资源（如内存和文件描述符）都可以自动被重新分配给其他进程。

本节已经讨论了如何生成和终止进程。接下来，我们看看如何检查子进程的执行状态。

8.4.3 检查子进程的执行状态

如前文所述，当启动一个新进程时，还可以指定要在该进程内执行的程序或命令。很多时候，开发人员也会关心该程序或命令是否执行成功，以便采取合适的行动。

Rust 标准库提供了一个 status() 方法让开发人员知道一个进程是否成功执行完毕。以下代码段显示了一些示例用法：

```rust
use std::process::Command;
fn main() {
    let status = Command::new("cat")
        .arg("non-existent-file.txt")
        .status()
        .expect("failed to execute cat");

    if status.success() {
        println!("Successful operation");
    } else {
        println!("Unsuccessful operation");
    }
}
```

运行此程序时，可以看到消息 Unsuccessful operation（不成功的操作）输出到终端中。使用有效的文件名重新运行程序，则将看到输出的成功消息。

本节操作到此结束。我们已经掌握了在单独的子进程中运行命令的不同方法、如何终止子进程以及如何获取子进程的执行状态。

接下来，我们将了解如何设置环境变量以及如何处理子进程的 I/O。

8.5　处理 I/O 和环境变量

本节将探讨如何处理子进程的 I/O，并学习如何设置和清除子进程的环境变量。

为什么需要掌握这些操作？

以负载均衡器为例，负载均衡器的任务是生成新的工作线程（UNIX 进程）以响应传入的请求。假设新的工作线程（Worker）从环境变量中读取配置参数以执行其任务，然后负载平衡器进程需要生成 Worker 进程并设置其环境变量。

类似地，可能还有另一种情况，即父进程想要读取子进程的标准输出或标准错误并将其路由到日志文件。

接下来，我们将介绍在 Rust 中执行此类活动，并从处理子进程的 I/O 开始。

8.5.1　处理子进程的 I/O

标准输入（stdin）、标准输出（stdout）和标准错误（stderr）是允许进程与周围环境交互的抽象。

　　例如，当多个用户进程同时运行时，如果用户在终端上按下按键，则 Kernel 会将按键传递到正确进程的标准输入中。同样，Rust 程序（在 shell 中作为进程运行）可以将字符输出到其标准输出中，然后由 shell 程序读取并传递给用户的终端屏幕。

　　现在来看看如何使用 Rust 标准库处理标准输入和标准输出。

　　std::process::Stdio 上的 piped()方法允许子进程使用 pipe 与其父进程通信（这是类 UNIX 系统中的 IPC 机制）。

　　我们首先查看父进程与子进程的标准输出句柄之间如何通信，示例如下：

```
use std::io::prelude::*;
use std::process::{Command, Stdio};

fn main() {
    // 生成 ps 命令
    let process = match Command::new("ps").
    stdout(Stdio::piped()).spawn() {
        Err(err) => panic!("couldn't spawn ps: {}", err),
        Ok(process) => process,
    };
    let mut ps_output = String::new();
    match process.stdout.unwrap().read_to_string(&mut ps_output) {
        Err(err) => panic!("couldn't read ps stdout: {}", err),
        Ok(_) => print!("ps output from child process
            is:\n{}", ps_output),
    }
}
```

　　在上述代码片段中，首先创建了一个新的子进程来运行 ps 命令，以显示当前正在运行的进程列表。默认情况下，输出发送到子进程的 stdout（标准输出）中。

　　为了从父进程中访问子进程的标准输出，使用了 stdio::piped()方法创建一个 UNIX 管道。process 变量是子进程的句柄，process.stdout 是子进程标准输出的句柄。父进程可以从该句柄中进行读取，并将其内容输出到自己的 stdout（即父进程的标准输出）中。这就是父进程读取子进程输出的方式。

　　现在编写一些代码来将一些字节从父进程发送到子进程的标准输入中：

```
let process = match Command::new("rev")
    .stdin(Stdio::piped())                              <1>
    .stdout(Stdio::piped())                             <2>
    .spawn()
{
    Err(err) => panic!("couldn't spawn rev: {}", err),
```

```
    Ok(process) => process,
};
match process.stdin.unwrap().write_all

    ("palindrome".as_bytes()) {
    Err(why) => panic!("couldn't write to stdin: {}", why),
    Ok(_) => println!("sent text to rev command"),
}                                                        <3>
let mut child_output = String::new();
match process.stdout.unwrap().read_to_string(&mut child_output) {
    Err(err) => panic!("couldn't read stdout: {}", err),
    Ok(_) => print!("Output from child process is:\n{}", child_output),
}                                                        <4>
```

以下提供了对上述代码中编号注释的解释：

（1）在父进程和子进程的标准输入之间注册管道连接。

（2）在父进程和子进程的标准输出之间注册管道连接。

（3）将字节写入子进程的标准输入中。

（4）从子进程的标准输出中读取并输出到终端屏幕上。

子进程还有其他一些可用的方法。例如，id()方法可提供子进程的进程 id，kill()方法可杀死子进程，stderr 方法可给出子进程标准错误的句柄，wait()方法可以使父进程等待至子进程已经完全退出。

在理解了如何处理子进程的 I/O 之后，我们将学习如何使用环境变量。

8.5.2　为子进程设置环境变量

现在可以来看看如何为子进程设置环境变量。以下示例显示了如何为子进程设置路径环境变量：

```
use std::process::Command;
fn main() {
    Command::new("env")
        .env("MY_PATH", "/tmp")
        .spawn()
        .expect("Command failed to execute");
}
```

std::process::Command 上的 env()方法允许父进程为要生成的子进程设置环境变量。运行程序并使用以下命令对其进行测试：

```
cargo run | grep MY_PATH
```

此时可以看到在程序中设置的 MY_PATH 环境变量的值。

要设置多个环境变量，可以使用 envs()命令。

还可以使用 env_clear()方法清除子进程的环境变量，如下所示：

```
Command::new("env")
    .env_clear()
    .spawn()
    .expect("Command failed to execute");
```

现在使用 cargo run 运行程序，会看到 env 命令没有输出任何内容。注释掉.env_clear()
语句重新运行程序，又可以看到输出到终端中的 env 值。

要删除特定的环境变量，可以使用 env_remove()方法。

至此，我们已经掌握了如何与子进程的标准输入和标准输出交互以及如何设置/重置
环境变量。接下来，我们将学习如何处理子进程中的错误和信号。

8.6 处理恐慌、错误和信号

由于各种错误情况，进程可能会失败。这些必须以受控方式处理。也可能存在必须
终止进程以响应外部输入的情况，例如，当用户按 Ctrl+C 快捷键时。如何处理此类情况
是本节关注的重点。

💡 提示：

在进程因错误退出的情况下，操作系统本身会执行一些清理工作，如释放内存、关
闭网络连接以及释放与进程关联的任何文件句柄。但有时，开发人员可能需要程序驱动
的控件来处理这些情况。

进程执行中的故障大致可以分为两种类型——不可恢复的错误（unrecoverable error）
和可恢复的错误（recoverable error）。当进程遇到不可恢复的错误时，有时别无选择，
只能中止进程。让我们来看看如何做到这一点。

8.6.1 中止当前进程

在 8.4 节"使用 Rust 生成进程"中已经讨论了如何终止和退出进程。process::Command
上的 abort()和 exit()方法均可用于此目的。

在某些情况下，我们会有意识地允许程序在某些情况下失败而不处理它，这主要是在出现不可恢复的错误的情况下。std::panic 宏允许开发人员引发当前线程的恐慌（panic），这意味着程序会立即终止并向调用者提供反馈。但与 exit()或 abort()方法不同，std::panic 宏会回溯（unwind）当前线程的栈并调用所有析构函数。

下面是一个使用 panic!宏的例子：

```
use std::process::{Command, Stdio};
fn main() {
    let _child_process = match Command::new("invalid-command")
        .stdin(Stdio::piped())
        .stdout(Stdio::piped())
        .spawn()
    {
        Err(err) => panic!("Unable to spawn child process:{}", err),
        Ok(new_process_handle) => {
            println!("Successfully spawned child process");
            new_process_handle
        }
    };
}
```

使用 cargo run 运行程序，可以看到 panic!宏输出的错误信息。

还有一个可以注册的自定义钩子，它将在 panic 宏执行标准清理之前被调用。以下是一个相同的示例，不过这次使用了自定义 panic 挂钩：

```
use std::panic;
use std::process::{Stdio,Command};
fn main() {
panic::set_hook(Box::new(|_| {
        println!(" This is an example of custom panic
            hook, which is invoked on thread panic, but
            before the panic run-time is invoked")
    }));
    let _child_process = match Command::new("invalid-command")
        .stdin(Stdio::piped())
        .stdout(Stdio::piped())
        .spawn()
    {
        Err(err) => panic!("Normal panic message {}", err),
        Ok(new_process_handle) => new_process_handle,
    };
}
```

在运行此程序时，可以看到自定义错误挂钩消息显示，因为我们提供了一个无效命令以生成一个子进程。

注意，panic!只用于不可恢复的错误。例如，如果子进程试图打开一个不存在的文件，则可以使用可恢复的错误机制（如 Result enum）来处理。使用 Result 的好处是程序可以恢复到原来的状态，失败的操作可以重试。但如果使用的是 panic!，则程序将突然终止，程序的原始状态无法恢复。当然，有些情况下使用 panic!可能是合适的，例如当进程耗尽系统中的内存时。

接下来，我们看看进程控制的另一个方面——信号处理。

8.6.2　信号处理

在类 UNIX 系统中，操作系统可以向进程发送信号。需要注意的是，Windows 操作系统不使用信号。

进程可以按它认为合适的方式处理信号，甚至忽略该信号。操作系统对于各种信号处理有其默认值。例如，当用户从 shell 中对进程发出 kill 命令时，会生成 SIGTERM 信号。默认情况下，程序在收到此信号时即终止，并且不需要用 Rust 编写特殊的附加代码来处理该信号。类似地，当用户按下 Ctrl+C 快捷键时会收到一个 SIGINT 信号，但是 Rust 程序也可以选择按自己的方式处理这些信号。

当然，由于各种原因，正确处理 UNIX 信号是很困难的。例如，某个信号随时可能发生，直到信号处理程序完成执行，线程处理才能继续。此外，信号可能出现在任何线程上，因此需要进行同步。

为此，最好在 Rust 中使用第三方 Crate 进行信号处理。请注意，即使在使用外部 Crate 时，也应谨慎行事，因为 Crate 并不能解决与信号处理相关的所有问题。

现在来看一个使用 signal-hook Crate 处理信号的例子。将其添加到 Cargo.toml 文件的依赖项中，具体如下：

```
[dependencies]
signal-hook = "0.1.16"
```

示例代码片段如下：

```
use signal_hook::iterator::Signals;
use std::io::Error;
fn main() -> Result<(), Error> {
    let signals = Signals::new(&[signal_hook::SIGTERM,
        signal_hook::SIGINT])?;
```

```
'signal_loop: loop {
    // 拾取自上次以来到达的信号
    for signal in signals.pending() {
        match signal {
            signal_hook::SIGINT => {
                println!("Received signal SIGINT");
            }
            signal_hook::SIGTERM => {
                println!("Received signal SIGTERM");
                break 'signal_loop;
            }
            _ => unreachable!(),
        }
    }
}
println!("Terminating program");
Ok(())
}
```

上述代码在 match 子句中侦听两个特定信号——SIGTERM 和 SIGINT。SIGINT 信号可以通过按 Ctrl+C 快捷键发送到程序，而 SIGTERM 信号则可以通过在 shell 的进程 ID 上使用 kill 命令来生成。

现在运行该程序并模拟这两个信号。按 Ctrl+C 快捷键，会生成 SIGINT 信号。此时将看到，出现的不是默认行为（即终止程序），而是向终端输出了一条语句。

要模拟 SIGTERM，可在 UNIX shell 的命令行中运行 ps 命令并检索进程 ID，然后使用进程 ID 运行 kill 命令。此时将看到进程终止，并向终端输出一条语句。

💡 提示：

如果开发人员将 tokio 用于异步代码，则可以使用信号钩子的 tokio-support 功能。

重要的是要记住，信号处理是一个复杂的话题，即使是使用外部 Crate，在编写自定义信号处理代码时也必须小心谨慎。

在处理信号或错误时，使用诸如 log 之类的 Crate 记录信号或错误也是一种很好的做法，以供系统管理员将来参考和排除故障。当然，如果想要一个程序来读取这些日志，则可以使用 serde_json 等外部 Crate 以 JSON 格式而不是纯文本格式记录这些消息。

关于在 Rust 中处理恐慌、错误和信号的介绍到此结束。接下来，我们将编写一个 shell 程序来演示所讨论的一些概念。

8.7　用 Rust 编写 shell 程序

在 8.3 节 "深入了解 Linux 进程基础知识" 中，已经解释了什么是 shell 程序。本节将构建一个 shell 程序，以按迭代方式添加功能。

在第 1 次迭代中，将编写基本代码从命令行中读取 shell 命令并生成一个子进程来执行命令；在第 2 次迭代中，添加将命令参数传递给子进程的功能；在第 3 次迭代中，添加对自然语言命令的支持，以实现个性化 shell；最后进行了测试和错误处理。

8.7.1　新建项目

请按以下步骤操作。

（1）使用以下命令新建一个项目：

```
cargo new myshell && cd myshell
```

（2）创建 3 个文件：src/iter1.rs、src/iter2.rs 和 src/iter3.rs。3 次迭代的代码将被放置在这些文件中，以便于分别构建和测试每次迭代。

（3）在 Cargo.toml 文件中添加以下内容：

```
[[bin]]
name = "iter1"
path = "src/iter1.rs"

[[bin]]
name = "iter2"
path = "src/iter2.rs"

[[bin]]
name = "iter3"
path = "src/iter3.rs"
```

在上述代码中，向 Cargo 工具中指定要为 3 次迭代构建单独的二进制文件。

接下来，我们将开始 shell 程序的第 1 次迭代。

8.7.2　迭代 1——生成执行命令的子进程

首先，编写一个程序来接收来自终端的命令，然后生成一个新的子进程来执行这些用户命令。添加循环结构以在循环中继续接收用户命令，直到进程终止。具体代码如下：

src/iter1.rs

```
use std::io::Write;
use std::io::{stdin, stdout};
use std::process::Command;
fn main() {
    loop {
        print!("$ ");                                       <1>
        stdout().flush().unwrap();                          <2>
        let mut user_input = String::new();                <3>
        stdin()
            .read_line(&mut user_input)                    <4>
            .expect("Unable to read user input");
        let command_to_execute = user_input.trim();        <5>
        let mut child = Command::new(command_to_execute)   <6>
            .spawn()
            .expect("Unable to execute command");
        child.wait().unwrap();                             <7>
    }
}
```

上述代码中的编号注释相应说明如下：

（1）显示$提示符以允许用户输入命令。

（2）刷新 stdout 句柄，使$提示符立即显示在终端上。

（3）创建一个缓冲区来保存用户输入的命令。

（4）一次读取一行用户命令。

（5）从缓冲区中删除换行符（这是在用户按 Enter 键提交命令时添加的）。

（6）新建子进程，将用户命令传递给子进程执行。

（7）等待子进程完成执行，然后接收额外的用户输入。

现在可使用以下命令运行程序：

cargo run --bin iter1

在$提示符下输入任何不带参数的命令，如 ls、ps 或 du。此时将看到终端上显示的命令执行的输出。可以在下一个$提示符处继续输入更多此类命令。按 Ctrl+C 快捷键退出程序。

现在 shell 程序的第一个版本可以工作了，但是如果在命令之后输入参数或标志，则该程序就会失败。例如，输入 ls 之类的命令有效，但输入 ls - lah 则会导致程序崩溃并退出。在代码的下一次迭代中，我们将添加对命令参数的支持。

8.7.3　迭代 2——添加对命令参数的支持

现在可以使用 args()方法添加对命令参数的支持：

src/iter2.rs

```
// 省略模块导入语句
fn main() {
    loop {
        print!("$ ");
        stdout().flush().unwrap();
        let mut user_input = String::new();
        stdin()
            .read_line(&mut user_input)
            .expect("Unable to read user input");
        let command_to_execute = user_input.trim();
        let command_args: Vec<&str> =
        command_to_execute.split_whitespace().
        collect();                                            <1>

        let mut child = Command::new(command_args[0])          <2>
            .args(&command_args[1..])                          <3>
            .spawn()
            .expect("Unable to execute command");
        child.wait().unwrap();
    }
}
```

上述代码与前面的代码段基本相同，只是添加了 3 行（用数字注释）。这些注释的相应描述如下：

（1）获取用户输入，用空格分隔，并将结果存储在 Vec 中。

（2）Vec 的第一个元素对应命令。创建一个子进程来执行该命令。

（3）将 Vec 元素列表（从第二个元素开始）作为参数列表传递给子进程。

现在可使用以下命令运行程序：

cargo run --bin iter2

在按 Enter 键之前输入命令并向其传递参数。例如，可输入以下命令之一：

ls -lah

```
ps -ef
cat a.txt
```

请注意，在上述最后一个命令中，a.txt 是位于项目根文件夹中的现有文件，可以在其中任意输入一些内容，如 Hello, world!。

此时在终端上可以看到成功显示的命令输出。该 shell 程序可以按预期工作。

接下来，我们将在下一次迭代中进一步扩展 shell 程序。

8.7.4　迭代 3——支持自然语言命令

由于这是我们自己开发的 shell，因此本次迭代中不妨为 shell 命令实现一个用户友好的别名，使得用户可以用自然语言输入命令，而不是输入 ls，示例如下：

```
show files
```

这就是接下来要编码的内容。先来看看模块导入：

```
use std::io::Write;
use std::io::{stdin, stdout};
use std::io::{Error, ErrorKind};
use std::process::Command;
```

来自 std::io 的模块被导入，用于写入终端、从终端中读取和错误处理。前文已经介绍过导入 process 模块的目的。

现在分步骤研究 main()程序。我们不会讨论之前迭代中已经看到的代码。main()函数的完整代码可以在本章 GitHub 存储库的 src/iter3.rs 文件中找到。

（1）在显示$提示符之后，检查用户是否输入了任何命令。如果用户在提示时只按 Enter 键，则忽略并重新显示$提示符。以下代码可检查用户是否至少输入了一个命令，然后处理用户输入：

```
if command_args.len() > 0 {..}
```

（2）如果输入的命令是 show files，则在子进程中执行 ls 命令；如果输入的命令是 show process，则执行 ps 命令；如果输入 show 时不带参数，或者在 show 命令后跟无效词，则抛出一个错误。代码如下：

```
let child = match command_args[0] {
    "show" if command_args.len() > 1 => match command_args[1] {
        "files" => Command::new("ls").
            args(&command_args[2..]).spawn(),
```

```
    "process" => Command::new("ps").args
        (&command_args[2..]).spawn(),

    _ => Err(Error::new(
        ErrorKind::InvalidInput,
        "please enter valid command",
    )),
    },
    "show" if command_args.len() == 1 =>
        Err(Error::new(
        ErrorKind::InvalidInput,
        "please enter valid command",
    )),
    "quit" => std::process::exit(0),
    _ => Command::new(command_args[0])
        .args(&command_args[1..])
        .spawn(),
};
```

（3）等待子进程完成。如果子进程执行失败，或者用户输入无效，则抛出错误。代码如下：

```
match child {
    Ok(mut child) => {
        if child.wait().unwrap().success() {
        } else {
            println!("\n{}", "Child process failed")
        }
    }
    Err(e) => match e.kind() {
        ErrorKind::InvalidInput => eprintln!(
            "Sorry, show command only supports following options:
            files, process "
        ),
        _ => eprintln!("Please enter a valid command"),
    },
}
```

8.7.5　测试和错误处理

现在用 cargo run --bin iter3 运行程序，在$提示符下尝试使用以下命令进行测试：

```
show files
```

```
show process
du
```

此时可以看到命令成功执行，并输出一条指示成功的语句。

在上述代码中还添加了一些错误处理。要解决的错误条件如下：

❑　如果用户在没有输入命令的情况下按 Enter 键。

❑　如果用户输入不带参数（文件或进程）的 show 命令。

❑　如果用户输入带有无效参数的 show 命令。

❑　如果用户输入了有效的 UNIX 命令，但程序不支持该命令（如 pipe 或 redirection）。

现在可尝试以下无效输入：

```
show memory
show
invalid-command
```

将看到一条错误消息输出到终端中。

尝试在没有输入命令的情况下按 Enter 键，会看到操作没有被处理。

在错误处理代码中，请注意 ErrorKind enum 的使用，它是一组在 Rust 标准库中定义的预定义错误类型。预定义的错误类型列表网址如下：

https://doc.rust-lang.org/std/io/enum.ErrorKind.html

8.7.6　练习和改进

恭喜！你已经实现了一个基本的 shell 程序，该程序可以为非技术用户识别自然语言命令。此外，你还实现了一些错误处理，以使程序相当健壮，不会因无效输入而崩溃。

作为一项练习，你可以执行以下操作来改进此 shell 程序。

❑　添加对管道操作符分隔的命令链的支持，例如：

```
ps | grep sys
```

❑　添加对重定向（如>运算符）的支持，以将进程执行的输出转移到文件中。

❑　将命令行解析的逻辑移动到单独的标记化器（tokenizer）模块中。

本节编写了一个 shell 程序，它具有真实世界的 shell 程序（如 zsh 或 bash）的部分功能。需要明确的是，真实世界的 shell 程序还有很多更复杂的功能，但本节已经介绍了创建 shell 程序背后的基本概念。同样重要的是，我们还学会了如何在用户输入无效或子进程失败的情况下处理错误。为了巩固你的学习成果，建议你按照上述思路练习编写一些代码。

关于在 Rust 中编写 shell 程序的部分到此结束。

8.8　小　　结

本章阐释了类 UNIX 操作系统中进程的基础知识。

本章讨论了如何生成一个子进程，如何与其标准输入和标准输出进行交互，以及如何使用它的参数执行命令；还介绍了如何设置和清除环境变量，研究了在错误条件下终止进程的各种方法，以及如何检测和处理外部信号。

本章还使用 Rust 编写了一个 shell 程序，它可以执行标准的 UNIX 命令，但也接收一些自然语言格式的命令。我们还处理了一组错误，以使程序更加健壮。

第 9 章"管理并发"将继续讨论管理系统资源的主题，我们将学习如何在 Rust 中管理进程的线程，构建并发系统程序。

第9章 管 理 并 发

并发系统无处不在。用户可以一边下载文件，一边播放流媒体音乐，一边与朋友们聊天，而计算机还在后台输出某些内容，这就是并发的魔力。操作系统可在后台为用户管理这些应用，跨可用处理器（CPU）调度任务。

如何编写一个可以同时做多件事的程序？如何以内存和线程安全的方式进行操作，同时确保系统资源的最佳使用？并发编程是实现这一目标的方式之一。但是，由于在跨多个执行线程同步任务和安全共享数据方面存在挑战，并发编程在大多数编程语言中被认为是一个难题。

本章将阐释 Rust 中并发的基础知识，并介绍 Rust 如何以更轻松的方式避开常见陷阱，使开发人员能够以安全方式编写并发程序。

本章包含以下主题：

❑ 并发的基础知识。
❑ 生成和配置线程。
❑ 线程中的错误处理。
❑ 线程之间的消息传递。
❑ 通过共享状态实现并发。
❑ 使用计时器暂停线程执行。

在学习完本章之后，你将掌握生成新线程、处理线程错误、跨线程安全地传输和共享数据以同步任务等操作，了解线程安全数据类型的基础知识，熟悉如何在 Rust 中编写并发程序，以及暂停当前线程的执行以进行同步。

9.1 技 术 要 求

使用以下命令验证 rustup、rustc 和 cargo 是否已正确安装：

```
rustup --version
rustc --version
cargo --version
```

本章代码网址如下：

https://github.com/PacktPublishing/Practical-System-Programming-for-Rust-Developers/tree/master/Chapter09

接下来，我们从了解并发的一些基础概念开始。

9.2　并发的基础知识

本节将介绍有关多线程（multi-threading）的基础知识，并阐明有关并发性（concurrency）和并行性（parallelism）的术语。

要体会并发编程的价值，必须了解今天的程序需要快速做出决策或在短时间内处理大量数据的现实。如果严格依赖顺序执行（即在一项任务完成之后再执行下一项任务），那么本章开头列举的几个多任务用例就不可能实现。

现在我们考虑几个必须同时执行多项操作的系统示例。

一辆自动驾驶汽车需要同时执行许多任务，例如处理来自各种传感器的输入（以构建其周围环境的内部地图）、绘制车辆的路径以及向车辆的执行器发送指令（以控制刹车、加速和转向）。它需要处理不断到达的输入事件，并在十分之一秒甚至更短的时间内做出响应。

还有其他更简单一些的例子。当接收到新数据时，Web 浏览器在处理用户输入的同时会以递增方式显示网页。一个网站可同步处理来自多个用户的请求，而网络爬虫则必须同时访问数以千计的网站，以收集有关网站及其内容的信息。显然，按顺序做这些事情是不切实际的。

到目前为止，我们已经看到了一些需要同时执行多个任务的用例，但还有一个技术原因推动了编程中的并发性，即单核上的 CPU 时钟速度达到了实际上限。因此，有必要在一台机器上添加更多 CPU 内核和更多处理器，这反过来又推动了对可以有效利用额外CPU 内核的软件的需求。为了实现这一点，程序的各个部分应该可以在不同的 CPU 内核上同时执行，而不是受到单个 CPU 内核上指令的顺序执行的限制。

这些因素导致开发人员在编程中更多地使用多线程概念。在这里，有两个相关的术语需要理解——并发和并行。我们将仔细研究它们。

9.2.1　并发与并行

本节将探讨多线程的基础知识，并了解程序的并发和并行执行模型之间的差异。

图 9.1 显示了 UNIX/Linux 进程中的 3 种不同计算场景。

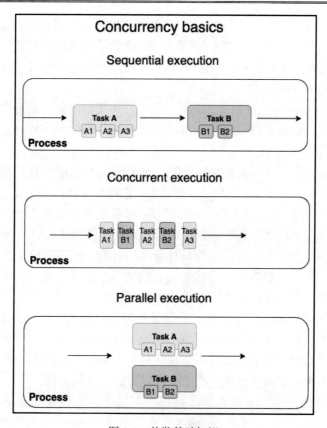

图 9.1 并发基础知识

原　　文	译　　文
Concurrency basics	并发基础知识
Sequential execution	顺序执行
Process	进程
Task A	任务 A
Task B	任务 B
Concurrent execution	并发执行
Parallel execution	并行执行

❑ 顺序执行（sequential execution）：假设一个进程有两个任务 A 和 B。任务 A 有 3 个子任务 A1、A2 和 A3，它们依次被执行。同样，任务 B 有两个任务 B1 和 B2，它们一个接一个地被执行。

总体而言，进程在执行进程 B 的任务之前执行进程 A 的所有任务。

这个模型有一个挑战。假设任务 A2 涉及等待外部网络或用户输入，或等待系统资源变得可用的情况。在这里，在任务 A2 之后排队的所有任务都将被阻塞，直到 A2 完成。这不是 CPU 的有效使用方法，并且会导致所有属于该进程的计划任务的完成延迟。

❑　并发执行（concurrent execution）：顺序程序受到限制，因为它们无法处理多个同时输入。这就是许多现代应用程序采用并发的原因。并发意味着其中有多个执行线程同时运行。

在并发模型中，进程交错执行任务，即在任务 A 和任务 B 之间交替执行，直到它们都完成。在这里，即使 A2 被阻止，它也允许其他子任务继续执行。每个子任务 A1、A2、A3、B1 和 B2 都可以在单独的执行线程上进行调度。这些线程可以在单个处理器上运行，也可以跨多个处理器调度核心。

要记住的一件事是，并发是与顺序无关的计算，而不是顺序执行，顺序执行依赖于以特定顺序执行的步骤来获得正确的程序结果。编写程序以适应与顺序无关的计算比编写顺序程序更具挑战性。

❑　并行执行（parallel execution）：这是并发执行模型的一种变体。在此模型中，进程在不同的 CPU 处理器或内核上真正并行地执行任务 A 和任务 B。当然，这是以假设软件的编写方式可以实现这种并行执行为基础的，并且任务 A 和任务 B 之间不存在可能导致执行停止或损坏数据的依赖关系。

并行计算是一个广义的术语。并行性可以通过多核（multi-core）或多处理器（multi-processor）在单个机器内实现，也可以在不同计算机的集群中实现，以共同协作执行一组任务。

🛈 注意：何时使用并发执行？何时使用并行执行？

当程序或函数涉及大量计算（如图形、气象或基因组处理）时，程序是计算密集型的。此类程序大部分时间都在使用 CPU 周期，并且将受益于拥有更好更、快的 CPU。

当大量处理涉及与输入/输出设备（如网络套接字、文件系统和其他设备）进行通信时，程序是 I/O 密集型的。此类程序受益于更快的 I/O 子系统，如用于磁盘或网络访问。

从广义上讲，并行执行（真并行）在计算密集型用例中与增加程序的吞吐量更相关，而并发处理（或伪并行）可适用于在 I/O 密集型用例中增加吞吐量和减少延迟。

本节讨论了两种编写并发程序的方法——并发和并行，以及它们与顺序执行模型的区别。这两种模型都使用多线程作为基本概念。因此，接下来我们将详细讨论多线程的概念。

9.2.2　多线程的概念

本节将深入探讨在 UNIX 中如何实现多线程。

UNIX 支持线程作为进程并发执行多个任务的机制。UNIX 进程以单线程启动，线程是执行的主线程，但是可以产生额外的线程，它们可以在单处理器系统中并发执行，或者在多处理器系统中并行执行。

每个线程都可以访问自己的栈，以存储自己的局部变量和函数参数。线程还维护自己的寄存器状态，包括栈指针和程序计数器。进程中的所有线程共享相同的内存地址空间，这意味着它们共享对数据段（初始化数据、未初始化数据和堆）的访问。此外，线程还共享相同的程序代码（进程指令）。

在多线程进程中，多个线程并发执行同一个程序。它们可能正在执行程序的不同部分（如不同的函数），或者它们可能在不同的线程中调用相同的函数（使用不同的数据集进行处理）。但要注意的是，如果某个函数同时被多个线程调用，那么它必须是线程安全（thread-safe）的。使函数线程安全的部分方法包括避免在函数中使用全局变量或静态变量，使用互斥锁（mutex）将函数的使用限制在一次只能使用一个线程，或使用互斥锁来同步使用一段共享数据。

但是，将并发程序建模为一组进程或同一进程中的一组线程只是一种设计上的选择。对于类 UNIX 系统，我们可以比较这两种方法。

跨线程共享数据要容易得多，因为它们位于同一进程空间中。线程还共享进程的公共资源，如文件描述符和用户/组 ID。线程创建比进程创建快。由于共享相同的内存空间，线程之间的上下文切换对于 CPU 来说也更快。

但是，线程也带来了自己的复杂性。

如前文所述，共享函数必须是线程安全的，并且对共享全局数据的访问应该小心地同步。另外，其中一个线程中的严重缺陷可能会影响其他线程，甚至会导致整个进程停止运行；此外，无法保证不同线程中不同部分代码的运行顺序，这可能导致数据争用、死锁或难以重现的错误。与并发相关的错误很难调试，因为 CPU 速度、线程数量和某个时间点正在运行的应用程序集等因素都可能会改变并发程序的结果。

尽管有这些缺点，但如果决定继续使用基于线程的并发模型，则应仔细设计代码结构、全局变量的使用和线程同步等方面。

图 9.2 显示了进程中线程的内存布局。

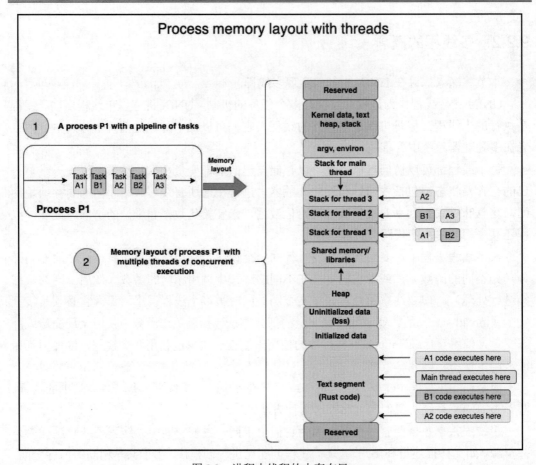

图 9.2　进程中线程的内存布局

原　　文	译　　文
Process memory layout with threads	包含线程的进程内存布局
① A process P1 with a pipeline of tasks	① 包括任务管道的进程 P1
Process P1	进程 P1
Memory layout	内存布局
Task	任务
② Memory layout of process P1 with multiple threads of concurrent execution	② 包含多个并发执行线程的进程 P1 的内存布局
Reserved	保留区域
Kernel data, text heap, stack	Kernel 数据、文本堆、栈
argv, environ	命令行参数、环境变量

续表

原　　文	译　　文
Stack for main thread	主线程的栈
Stack for thread 3	线程 3 的栈
Stack for thread 2	线程 2 的栈
Stack for thread 1	线程 1 的栈
Shared memory/libraries	共享内存/库
Heap	堆
Uninitialized data (bss)	未初始化的数据（BSS 段）
Initialized data	初始化之后的数据
Text segment (Rust code)	文本段（Rust 代码）
A1 code executes here	A1 代码在此执行
Main thread executes here	主线程在此执行
B1 code executes here	B1 代码在此执行
A2 code executes here	A2 代码在此执行

图 9.2 显示了进程 P1 中的一组任务在多线程模型中执行时如何在内存中表示。在第 5 章 "Rust 中的内存管理" 中已经详细介绍了进程的内存布局。图 9.2 扩展了进程内存布局，详细说明了如何为进程内的各个线程分配内存。

如前文所述，所有线程都在进程内存空间中分配了内存。默认情况下，主线程是使用自己的栈创建的。其他线程在创建时也被分配了自己的栈。我们在本章前面讨论的并发共享模型是可能的，因为进程的全局变量和静态变量可以被所有线程访问，并且每个线程还可以将指向在堆上创建的内存指针传递给其他线程。

当然，程序代码对于线程来说是通用的。每个线程都可以从程序文本段中执行不同的代码段，并将局部变量和函数参数存储在各自的线程栈中。当轮到某个线程执行时，它的程序计数器（包含要执行的指令的地址）被加载，以便 CPU 执行给定线程的指令集。

在图 9.2 所示的示例中，如果任务 A2 被阻塞等待 I/O，则 CPU 将执行切换到另一个任务，如任务 B1 或 A1。

有关并发和多线程基础知识的讨论至此结束。

接下来，我们将使用 Rust 标准库编写并发程序。

9.3　生成和配置线程

在 9.2 节 "并发的基础知识" 中，详细阐释了广泛应用于 UNIX 环境中所有用户进程的多线程基础。当然，线程的另一个方面是它仍依赖于实现的编程语言，这就是线程模型（threading model）。

Rust 实现了一个 1∶1 的线程模型，其中每个操作系统线程映射到一个由 Rust 标准库创建的用户级线程。替代模型是 $M∶N$，这也称为绿色线程，其中有 M 个绿色线程（由运行时管理的用户级线程）映射到 N 个内核级线程。

💡 提示：**绿色线程和操作系统线程**

绿色线程（green thread）是完全在用户空间实现的线程，它是一个相对于操作系统线程（native thread）的概念。

操作系统线程是指程序里面的线程会真正映射到操作系统的线程，线程的运行和调度都是由操作系统控制的。

绿色线程是指程序里面的线程不会真正映射到操作系统的线程，线程由语言运行平台来调度。

本节将介绍使用 Rust 标准库创建 1∶1 操作系统线程的基础知识。线程相关函数的 Rust 标准库模块是 std::thread。

使用 Rust 标准库创建新线程有两种方法：第一种是使用 thread::spawn()函数，第二种是使用 thread::Builder 结构的构建器模式。

9.3.1　使用 thread::spawn()函数

先来看一个 thread::spawn()函数的例子：

```
use std::thread;
fn main() {
    for _ in 1..5 {
        thread::spawn(|| {
            println!("Hi from thread id {:?}",
                thread::current().id());
        });
    }
}
```

该程序使用了 std::thread 模块。thread::spawn()用于生成新线程的函数。在上述代码中，我们在 main()函数（在进程的主线程中运行）中生成了 4 个新的子线程。用 cargo run 运行该程序。多运行几次，你预期会看到什么，实际又看到了什么？

你应该会看到在终端上输出了 4 行，列出了线程 ID。但是你会注意到每次的结果都不同。有时你会看到仅输出一行，有时又会看到更多，有时甚至没有看到。为什么会这样？

这种不一致的原因是无法保证线程的执行顺序。此外，如果 main()函数在执行子线程之前完成，那么就不会在终端中看到预期的输出。

为了解决这个问题，我们需要做的是将创建的子线程加入主线程中。然后 main()线程等待，直到所有子线程都执行完毕。

为了看到实际效果，可按以下方式修改程序：

```
use std::thread;
fn main() {
    let mut child_threads = Vec::new();
    for _ in 1..5 {
        let handle = thread::spawn(|| {
            println!("Hi from thread id {:?}",
                thread::current().id());
        });
        child_threads.push(handle);
    }
    for i in child_threads {
        i.join().unwrap();
    }
}
```

上述代码突出显示了对先前程序的更改。thread::spawn()函数可返回存储在 Vec 集合数据类型中的线程句柄。在 main()函数结束之前，我们将每个子线程加入主线程中。这确保 main()函数在退出之前等待所有子线程完成。

现在再次运行该程序，会看到输出了 4 行，每个线程一行。再多运行几次程序，每次都会看到输出了 4 行。这就是进步，它表明将子线程连接到主线程是有帮助的。

当然，从终端中的输出顺序可以看出，线程执行的顺序因每次运行而异。这是因为跨越多个子线程时，无法保证线程的执行顺序。这是多线程的一个特性（前文已有介绍），而不是一个错误，但这也是使用线程的挑战之一，因为这给跨线程同步活动带来了困难。稍后将介绍如何解决这个问题。

到目前为止，我们已经了解了如何使用 thread::spawn()函数来创建一个新线程。接下来可以看看创建新线程的第二种方法。

9.3.2 使用 thread::Builder 结构

thread::spawn()函数使用线程名称和栈大小的默认参数。如果开发人员想要显式设置它们，则可以使用 thread:Builder。这是一个线程工厂（thread factory），它使用 Builder
模式来配置新线程的属性。上述示例使用 Builder 模式重写时代码如下：

```
use std::thread;
fn main() {
    let mut child_threads = Vec::new();
    for i in 1..5 {
        let builder = thread::Builder::new().name(format!(
            "mythread{}", i));
        let handle = builder
        .spawn(|| {
            println!("Hi from thread id {:?}", thread::
                current().name().unwrap());
        })
        .unwrap();
        child_threads.push(handle);
    }

    for i in child_threads {
        i.join().unwrap();
    }
}
```

上述代码中的修改已经采用粗体突出显示。我们使用 new() 函数创建了一个新的
builder 对象，然后使用 name() 方法配置线程的名称。

在 Builder 模式的实例上使用了 spawn() 方法。请注意，spawn() 方法返回一个
JoinHandle 类型，它被包裹在 io::Result<JoinHandle<T>>中，所以必须解开（unwrap）该
方法的返回值来检索子进程句柄。

运行该代码，即可看到输出到终端中的 4 个线程名称。

到目前为止，我们已经掌握了如何生成新线程。

接下来，我们看一看使用线程时的错误处理。

9.4　线程中的错误处理

Rust 标准库包含 std::thread::Result 类型，它是线程的专用 Result 类型。其应用示例
代码如下：

```
use std::fs;
use std::thread;
```

```
fn copy_file() -> thread::Result<()> {
    thread::spawn(|| {
        fs::copy("a.txt", "b.txt").expect("Error occurred");
    })
    .join()
}
fn main() {
    match copy_file() {
        Ok(_) => println!("Ok. copied"),
        Err(_) => println!("Error in copying file"),
    }
}
```

上述代码中有一个函数 copy_file()，它可以将源文件复制到目标文件中。该函数返回一个 thread::Result<()>类型，在 main()函数中使用了 match 语句对其进行解包。如果 copy_file()函数返回一个 Result::Err 变体，则通过输出错误消息来处理它。

现在可以使用无效源文件名通过 cargo run 命令运行程序。你将看到以下错误消息（复制文件时出错）被输出到终端中：

```
Error in copying file
```

如果使用有效的源文件名运行程序，那么它将匹配 match 子句的 Ok()分支，并输出复制成功的消息。

该示例向我们展示了如何处理由调用函数中的线程传播的错误。如果想要一种方法来识别当前线程是否处于恐慌（panic）状态，甚至在它被传播到调用函数之前就识别出来，那该怎么办呢？Rust 标准库有一个函数 thread::panicking()，在 std::thread 模块中可用。可通过修改前面的例子来学习如何使用该函数：

```
use std::fs;
use std::thread;
struct Filenames {
    source: String,
    destination: String,
}
impl Drop for Filenames {
    fn drop(&mut self) {
        if thread::panicking() {
            println!("dropped due to panic");
        } else {
            println!("dropped without panic");
        }
```

```
    }
}
fn copy_file(file_struct: Filenames) -> thread::Result<()> {
    thread::spawn(move || {
        fs::copy(&file_struct.source,
            &file_struct.destination).expect(
            "Error occurred");
    })
    .join()
}
fn main() {
    let foo = Filenames {
        source: "a1.txt".into(),
        destination: "b.txt".into(),
    };
    match copy_file(foo) {
        Ok(_) => println!("Ok. copied"),
        Err(_) => println!("Error in copying file"),
    }
}
```

在上述代码中，创建了一个结构体 Filenames，其中包含要复制的源文件名和目标文件名。我们将使用无效值初始化源文件名。

上述代码还为 Filenames 结构体实现了 Drop trait，当结构体的实例超出范围时，Drop trait 会被调用。在该 Drop trait 实现中，使用了 thread::panicking()函数来检查当前线程是否处于恐慌状态，并通过输出错误消息来处理它。然后错误被传播到主函数中，该函数将处理线程错误并输出另一条错误消息。

使用 cargo run 命令和无效的源文件名运行程序，将看到以下消息被输出到终端中：

```
dropped due to panic
Error in copying file
```

另外请注意，在提供给 spawn()函数的闭包（closure）中使用了 move 关键字。这是线程将 file_struct 数据结构的所有权从 main 线程转移到新生成的线程中所必需的。

我们已经讨论了如何在调用函数中处理线程恐慌以及如何检测当前线程是否处于恐慌状态。处理子线程中的错误对于确保错误被隔离并且不会导致整个进程宕机非常重要。因此，开发人员需要特别注意为多线程程序设计错误处理。

接下来，我们将继续讨论如何跨线程同步计算，这是编写并发程序的一个重要方面。

9.5　线程间消息传递

并发是一个强大的特性，它支持编写新类型的应用程序。当然，并发程序的执行和调试很困难，因为它们的执行是不确定的。在前面的示例中已可以看到这一点，输出语句的顺序随着程序的每次运行而发生变化。线程执行的顺序是未知的。并发程序开发人员必须确保程序总体上正确执行，而不管各个线程的执行顺序如何。

面对不可预测的线程执行顺序，确保程序正确性的方法之一是引入跨线程同步活动的机制。有一种并发编程模型称为消息传递并发（message-passing concurrency）。它是一种构建并发程序组件的方法。

在我们的例子中，并发组件是线程（但它们也可以是进程）。Rust 标准库已经实现了一个称为通道（channel）的消息传递并发解决方案。通道类似于一个管道，由两部分组成——生产者（producer）和使用者（consumer）。生产者将消息放入通道，而使用者则从通道中读取消息。

许多编程语言都实现了线程间通信的通道概念，但是 Rust 对通道的实现有一个特殊的属性——多生产者单使用者（multiple producer single consumer，MPSC）。这意味着可以有多个发送端，但只有一个使用端。

将该概念转换到线程世界中，则意味着可以有多个线程将值发送到通道中，但只能有一个线程可以接收和使用这些值。

现在可以通过一个逐步构建的示例来看看它是如何工作的。完整的代码清单详见本章配套 GitHub 存储库中的 src/message-passing.rs 文件。

（1）声明模块导入——标准库中的 mpsc 和 thread 模块：

```
use std::sync::mpsc;
use std::thread;
```

（2）在 main() 函数中创建一个新的 mpsc 通道：

```
let (transmitter1, receiver) = mpsc::channel();
```

（3）克隆该通道，这样就可以有两个传输线程：

```
let transmitter2 = mpsc::Sender::clone(&transmitter1);
```

（4）请注意，现在有两个传输句柄——transmitter1 和 transmitter2，以及一个接收句柄——receiver。

（5）生成一个新线程，将传输句柄 transmitter1 移动到线程闭包中。在该线程中，可使用传输句柄将一堆值发送到通道中：

```
thread::spawn(move || {
    let num_vec: Vec<String> = vec!["One".into(),
        "two".into(), "three".into(),
        "four".into()];
    for num in num_vec {
        transmitter1.send(num).unwrap();
    }
});
```

（6）生成第二个线程，将传输句柄 transmitter2 移动到线程闭包中。在此线程中，使用传输句柄将另一组值发送到通道中：

```
thread::spawn(move || {
    let num_vec: Vec<String> =
        vec!["Five".into(), "Six".into(),
            "Seven".into(), "eight".into()];
    for num in num_vec {
        transmitter2.send(num).unwrap();
    }
});
```

（7）在程序的主线程中，使用通道的接收句柄来接收两个子线程写入的通道的值：

```
for received_val in receiver {
    println!("Received from thread: {}", received_val);
}
```

完整的代码清单如下所示：

```
use std::sync::mpsc;
use std::thread;
fn main() {
    let (transmitter1, receiver) = mpsc::channel();
    let transmitter2 = mpsc::Sender::clone(&transmitter1);
    thread::spawn(move || {
        let num_vec: Vec<String> = vec!["One".into(),
            "two".into(), "three".into(),
            "four".into()];
        for num in num_vec {
            transmitter1.send(num).unwrap();
        }
```

```
    });
    thread::spawn(move || {
        let num_vec: Vec<String> =
            vec!["Five".into(), "Six".into(),
                "Seven".into(), "eight".into()];
        for num in num_vec {
            transmitter2.send(num).unwrap();
        }
    });
    for received_val in receiver {
        println!("Received from thread: {}", received_val);
    }
}
```

（8）用 cargo run 命令运行程序。请注意，如果要运行本书 GitHub 存储库中的代码，可使用以下命令：

```
cargo run --bin message-passing
```

此时将看到主程序线程中输出的值，这些值是从两个子线程中发送的。每次运行程序时，可能会得到不同的值接收顺序，因为线程执行的顺序是不确定的。

mpsc 通道提供了一种轻量级的线程间同步机制，可用于跨线程的基于消息的通信。当开发人员想要为不同类型的计算生成多个线程并希望得到主线程聚合结果时，这种类型的并发编程模型非常有用。

在 mpsc 中要注意的一个方面是，一旦某个值被发送到一个通道中，发送线程就不再拥有该值的所有权。如果想保留所有权或继续使用某个值，但仍然需要一种与其他线程共享值的方法，那么 Rust 支持另一种并发模型，称为共享状态并发（shared-state concurrency）。接下来，我们就详细研究该模型。

9.6 通过共享状态实现并发

本节将讨论 Rust 标准库支持的第二种并发编程模型——并发的共享状态（shared-state）或共享内存（shared-memory）模型。

如前文所述，进程中的所有线程共享相同的进程内存空间，那么为什么不使用它作为线程之间通信的方式，进行消息传递呢？

我们看看如何使用 Rust 来实现这一点。

9.6.1　互斥锁和原子引用计数

　　Mutex 和 Arc 的组合构成了实现共享状态并发的主要方式。Mutex（互斥锁）是一种只允许一个线程一次访问一段数据的机制。首先，某个数据值被包装在一个 Mutex 类型中，作为一个互斥锁。你可以将 Mutex 想象成一个带有外部锁的盒子，保护内部有价值的东西。要访问盒子里的东西，首先必须请人打开锁并把盒子交给我们。完成后，我们再把盒子交还，让其他有需要的人使用。

　　类似地，要访问或改变受互斥锁保护的值，则必须先获取锁。请求锁定 Mutex 对象会返回一个 MutexGuard 类型，它允许我们访问内部值。在此期间，没有其他线程可以访问此受 MutexGuard 保护的值。一旦使用完它，就必须释放 MutexGuard（当 MutexGuard 超出范围时，Rust 会自动这样做，而不必调用单独的 unlock()方法）。

　　但还有一个问题需要解决。用锁保护值只是解决方案的一部分。我们还必须将一个值的所有权赋予多个线程。为了支持一个值的多重所有权，Rust 使用了引用计数智能指针（reference-counted smart pointer）——Rc 和 Arc。

　　Rc 通过其 clone()方法允许多个所有者拥有一个值。但是 Rc 跨线程使用并不安全，而代表原子引用计数（atomically reference counted，ARC）的 Arc 则是 Rc 的线程安全等价物。因此，可使用 Arc 引用计数智能指针包装互斥锁，并跨线程转移值的所有权。

　　一旦受到 Arc 保护的 Mutex 的所有权被转移到另一个线程中，接收线程就可以调用 Mutex 上的 lock()以获得对内部值的独占访问。Rust 的所有权模型有助于强制执行围绕该模型的规则。

　　Arc<T> 类型的工作方式是，它提供了在堆中分配的 T 类型值的共享所有权。通过在 Arc 实例上调用关联的函数 clone()，即可创建 Arc 引用计数指针的新实例，该实例指向在堆上与源 Arc 相同的分配，同时增加引用计数。对于每个 clone()，Arc 智能指针都会增加引用计数。当每个 cloned()指针超出范围时，引用计数器递减。当最后一个克隆超出范围时，Arc 指针及其指向的值（在堆中）都将被销毁。

　　总体而言，Mutex 可确保一次最多一个线程能够访问某些数据，而 Arc 则允许共享某些数据的所有权并延长其生命周期，直到所有线程都使用完数据为止。

　　我们将通过一个循序渐进的例子来看看 Mutex 和 Arc 的用法，以演示共享状态并发。这一次，我们将编写一个更复杂的示例，而不仅仅是跨线程递增共享计数器值。我们将使用在第 6 章 "在 Rust 中使用文件和目录" 中编写的示例，计算目录树中所有 Rust 文件的源文件统计信息，并修改它以使其成为并发程序。

　　接下来，我们将定义程序的结构。本节示例的完整代码可以在本章 GitHub 存储库的

src/shared-state.rs 文件中找到。

9.6.2 定义程序结构

我们要做的是将目录列表作为程序的输入,计算每个目录中每个文件的源文件统计信息,并输出一组合并的源代码统计信息。

首先在 Cargo 项目的根文件夹中创建一个 dirnames.txt 文件,其中包含具有完整路径的目录列表,每行一个。我们将从该文件中读取每个条目并生成一个单独的线程来计算该目录树中 Rust 文件的源文件统计信息。因此,如果该文件中有 5 个目录名条目,则主程序将创建 5 个线程,每个线程将按递归方式遍历条目的目录结构,并计算合并的 Rust 源文件统计信息。每个线程将增加共享数据结构中的计算值。

如前文所述,我们将使用 Mutex 和 Arc 来保护访问并安全地跨线程更新共享数据。

编写代码的步骤如下。

(1)导入必要的模块:

```
use std::ffi::OsStr;
use std::fs;
use std::fs::File;
use std::io::{BufRead, BufReader};
use std::path::PathBuf;
use std::sync::{Arc, Mutex};
use std::thread;
```

(2)定义一个结构体来存储源文件统计信息:

```
#[derive(Debug)]
pub struct SrcStats {
    pub number_of_files: u32,
    pub loc: u32,
    pub comments: u32,
    pub blanks: u32,
}
```

(3)在 main()函数中创建一个新的 SrcStats 实例,用 Mutex 进行保护,然后将该实例包装在一个 Arc 类型中:

```
let src_stats = SrcStats {
        number_of_files: 0,
        loc: 0,
        comments: 0,
```

```
        blanks: 0,
};
let stats_counter = Arc::new(
    Mutex::new(src_stats));
```

（4）读取 dirnames.txt 文件，并将各个条目存储在一个向量中：

```
let mut dir_list = File::open("./dirnames.txt").unwrap();
let reader = BufReader::new(&mut dir_list);
let dir_lines: Vec<_> = reader.lines().collect();
```

（5）遍历 dir_lines 向量，并为每个条目生成一个新线程以执行以下两个步骤：

① 从树中的每个子目录中累积文件列表。

② 打开每个文件并计算统计信息。更新受 Mutex 和 Arc 保护的共享内存结构中的统计信息。

这一步代码的整体骨架结构如下所示：

```
let mut child_handles = vec![];
for dir in dir_lines {
    let dir = dir.unwrap();
    let src_stats = Arc::clone(&stats_counter);

    let handle = thread::spawn(move || {
    // 执行处理 ①
    // 执行处理 ②
    });
    child_handles.push(handle);
}
```

本节可读取目录条目列表以计算源文件统计信息，然后遍历列表以产生一个线程来处理每个条目。接下来，我们将定义要在每个线程中完成的处理。

9.6.3　汇总共享状态下的源文件统计信息

本节将编写在每个线程中计算源文件统计信息的代码，并在共享状态下汇总结果。可以将代码分为子步骤①和步骤②两部分来进行研究。

（1）在子步骤①中，可遍历读取目录条目下的每个子目录，并在 file_entries 向量中累积所有 Rust 源文件的合并列表。子步骤①的代码如下：

```
let mut dir_entries = vec![PathBuf::from(dir)];
let mut file_entries = vec![];
```

```
while let Some(entry) = dir_entries.pop()
{
    for inner_entry in fs::read_dir(&entry).unwrap() {
        if let Ok(entry) = inner_entry {
            if entry.path().is_dir() {
                dir_entries.push(entry.path());
            } else {
                if entry.path()
                    .extension()
                    == Some(OsStr::new("rs"))
                {
                    println!("File name processed is {:?}",entry);

                    file_entries.push(entry);

                }
            }
        }
    }
}
```

在上述代码中，首先创建了两个向量来分别保存目录和文件名，然后遍历 dirnames.txt 文件中每个项目的目录条目，并根据条目是目录还是单个文件，将条目名称累积到 dir_entries 或 file_entries 向量中。

在子步骤①的末尾，所有单独的文件名都被存储在 file_entries 向量中，在子步骤② 中将使用该向量做进一步的处理。

（2）在子步骤②中，将从 file_entries 向量中读取每个文件，计算每个文件的源统计 信息，并将值保存在共享内存结构体中。以下是子步骤②的代码片段：

```
for file in file_entries {
    let file_contents =
        fs::read_to_string(
        &file.path()).unwrap();

    let mut stats_pointer =
        src_stats.lock().unwrap();
    for line in file_contents.lines() {
        if line.len() == 0 {
            stats_pointer.blanks += 1;
        } else if line.starts_with("//") {
```

```
        stats_pointer.comments += 1;
    } else {
        stats_pointer.loc += 1;
    }
}

    stats_pointer.number_of_files += 1;
}
```

（3）现在回顾该程序的主要结构。到目前为止，我们已经讨论过要在线程内执行的代码，其中包括步骤①和步骤②的处理：

```
let mut child_handles = vec![];
for dir in dir_lines {
    let dir = dir.unwrap();
    let src_stats = Arc::clone(&stats_counter);

    let handle = thread::spawn(move || {
    // 执行处理 ①
    // 执行处理 ②
    });
        child_handles.push(handle);
}
```

可以看到，在线程相关代码的末尾，在 child_handles 向量中累积了线程句柄。

（4）现在来看看代码的最后一部分。

如前文所述，为了确保主线程不会在子线程完成之前结束，必须将子线程句柄与主线程连接起来。此外，还需要输出线程安全 stats_counter 结构体的最终值，它包含来自程序目录下所有 Rust 源文件的源统计信息汇总（由各个线程更新）。

```
for handle in child_handles {
    handle.join().unwrap();
}
println!(
    "Source stats: {:?}",
    stats_counter.lock().unwrap()
);
```

完整的代码清单可以在本章 GitHub 存储库的 src/shared-state.rs 中找到。

在运行此程序之前，请确保在 Cargo 项目的根文件夹中创建一个文件 dirnames.txt，其中有一个包含完整路径的目录条目列表，每个条目位于单独的一行。

（5）用 cargo run 运行项目。请注意，如果要运行本书 GitHub 存储库中的代码，可使用以下命令：

```
cargo run --bin shared-state
```

此时可以看到输出的源统计信息汇总。至此，我们已经实现了第 6 章"在 Rust 中使用文件和目录"中编写的示例项目的多线程版本。作为一项练习，你还可以更改此示例以使用消息传递并发模型实现相同的项目。

ⓘ 注意：Send 和 Sync trait

前文已经讨论了如何跨线程共享数据类型，以及如何在线程之间传递消息。不过，Rust 中还有另一个方面的并发性。Rust 将数据类型定义为线程安全（thread-safe）的和线程不安全（thread-unsafe）的。

从并发的角度来看，Rust 中有两种数据类型：一种是 Send（即实现 Send trait），这意味着它们是安全的，可以从一个线程传输到另一个线程中；另一种则是线程不安全的类型。

一个相关的概念是 Sync（同步），它与类型的引用相关联。

如果一个类型的引用可以安全地传递给另一个线程，则该类型被认为是 Sync。因此，Send 意味着将一种类型的所有权从一个线程转移到另一个线程中是安全的，而 Sync 则意味着数据类型可以同时由多个线程安全地共享（使用引用）。请注意，在 Send 中，将值从发送线程传输到接收线程中后，发送线程不能再使用该值。

Send 和 Sync 也是自动派生的 trait。这意味着如果一个类型由实现 Send 或 Sync 类型的成员组成，则该类型本身会自动变为 Send 或 Sync。（几乎所有）Rust 原语都实现了 Send 和 Sync，这意味着如果从 Rust 原语中创建自定义类型，则自定义类型也会变成 Send 或 Sync。

在 9.6.2 节"定义程序结构"中已经看到了一个示例，其中 SrcStats（源统计信息）结构体跨线程边界传输，因此不必在该结构体上显式实现 Send 或 Sync。

当然，如果需要手动实现数据类型的 Send 或 Sync trait，则必须在不安全的 Rust 中完成。

总体而言，在 Rust 中，每种数据类型都被归类为线程安全或线程不安全，并且 Rust 编译器可强制跨线程安全传输或共享线程安全类型。

本节讨论了多个线程如何以线程安全的方式写入存储在进程堆内存中的共享值（包装在 Mutex 和 Arc 中）。接下来，我们将介绍另一种可用于控制线程执行的机制，即选择性地暂停当前线程的处理。

9.7　使用计时器暂停线程执行

有时，在一个线程的处理过程中，可能需要暂停执行以等待另一个事件或与其他线程同步执行。Rust 可使用 std::thread::sleep() 函数为此提供支持。该函数需要一个 time::Duration 类型的持续时间，并在指定的时间内暂停线程的执行。在此期间，处理器时间可用于计算机系统上运行的其他线程或应用程序。

现在来看一个 thread::sleep() 函数的用法示例：

```
use std::thread;
use std::time::Duration;
fn main() {
    let duration = Duration::new(1,0);
    println!("Going to sleep");
    thread::sleep(duration);
    println!("Woke up");
}
```

使用 sleep() 函数相当简单，但这会阻塞当前线程，因此在多线程程序中灵活地使用该函数很重要。使用 sleep() 的替代方法是使用异步编程模型来实现具有非阻塞 I/O 的线程。

ⓘ 注意：Rust 中的异步 I/O

在多线程模型中，如果任何线程中存在阻塞 I/O 的调用，则会阻塞程序工作流。异步（async）模型依赖于对 I/O（例如，访问文件系统或网络）的非阻塞系统调用。

在具有多个同时传入连接的 Web 服务器的示例中，异步 I/O 运行时不会产生一个单独的线程来以阻塞方式处理每个连接，而是会在等待 I/O 时调度其他任务。

虽然 Rust 具有内置的 Async/Await 语法，这使得编写异步代码更容易，但它不提供任何异步系统调用支持。为此，我们需要依赖于诸如 Tokio 之类的外部库，它们提供异步运行时（执行器）。另外，在 Rust 标准库中还有 I/O 函数的异步版本。

那么，什么时候适合使用异步，什么时候适合使用多线程并发方法呢？常见的经验法则是：异步模型适合执行大量 I/O 的程序，而对于计算密集型（CPU 密集型）任务，多线程并发是更好的方法。但是请记住，这并不是一个二元选择，因为在实践中，混合使用多线程和异步模式的程序并不少见。

有关 Rust 中异步的更多信息，可访问以下网址：

https://rust-lang.github.io/async-book/

9.8 小　　结

　　本章介绍了 Rust 中并发和多线程编程的基础知识。我们讨论了对并发编程模型的需求，解释了程序的并发和并行执行之间的区别，学习了如何使用两种不同的方法生成新线程，以及在线程模块中使用特殊的 Result 类型处理错误，并且还了解了如何检查当前线程是否发生恐慌。此外，我们研究了线程在进程内存中的布局。

　　本章讨论了两种跨线程同步处理的技术——消息传递并发和共享状态并发，并附有实际示例。在此过程中，我们阐释了 Rust 中的通道、Mutex 和 Arc，以及它们在编写并发程序中所扮演的角色。最后，我们还讨论了 Rust 如何将数据类型分为线程安全和线程不安全，并演示了如何暂停当前线程的执行。

　　关于在 Rust 中管理并发的内容到此结束，第 10 章"处理设备 I/O"将介绍如何在 Rust 中处理设备的输入/输出（I/O）。

第 3 篇

高 级 主 题

本篇将讨论一些高级主题，包括使用外围设备、网络原语和 TCP/UDP 通信、不安全 Rust 以及与其他编程语言的交互。

本篇示例项目包括编写一个程序来检测连接的 USB 设备的详细信息，编写一个带有源服务器的 TCP 反向代理，以及一个外部函数接口（FFI）示例。

本篇包括以下 3 章：

- ❑ 第 10 章　处理设备 I/O
- ❑ 第 11 章　学习网络编程
- ❑ 第 12 章　编写不安全 Rust 和 FFI

第 10 章　处理设备 I/O

本书第 6 章"在 Rust 中使用文件和目录"详细介绍了如何使用 Rust 标准库执行文件输入/输出（I/O）操作（如读取和写入文件）。在类 UNIX 操作系统中，文件是一种抽象，不仅用于常规磁盘文件（用于存储数据），还用于连接到机器的多种类型的设备。本章将介绍 Rust 标准库的特性，这种特性使开发人员能够在 Rust 中对任何类型的设备（也称为设备 I/O）执行读写操作。设备 I/O 是系统编程的一个重要方面，用于监视和控制连接到计算机的各种类型的设备，如键盘、USB 摄像头、打印机和声卡等。

你可能很想知道 Rust 为系统程序开发人员提供了哪些支持来处理这些不同类型的设备？本章将回答这个问题。

本章将探讨在 UNIX/Linux 中管理 I/O 的基础知识（包括错误处理），然后编写一个程序来检测和输出连接的 USB 设备的详细信息。

本章包含以下主题：

❑　了解 Linux 中设备 I/O 的基础知识。

❑　执行缓冲读取和写入操作。

❑　使用标准输入和输出。

❑　I/O 上的链接和迭代器。

❑　处理错误和返回值。

❑　获取已连接 USB 设备的详细信息。

学习完本章之后，你将掌握如何使用标准的读取器和写入器，它们构成了任何 I/O 操作的基础。你还将了解如何通过使用缓冲读取和写入来优化系统调用。本章将介绍读取和写入进程的标准 I/O 流，处理来自 I/O 操作的错误，并学习迭代 I/O 的方法。

本章将通过一个示例项目强化上述概念的学习。

10.1　技　术　要　求

使用以下命令验证 rustup、rustc 和 cargo 是否已正确安装：

```
rustup --version
rustc --version
cargo --version
```

本章代码的网址如下：

https://github.com/PacktPublishing/Practical-System-Programming-for-Rust-Developers/ tree/master/Chapter10/usb

要运行和测试本书中的项目，必须在本地安装 libusb 库，该库可以通过 pkg-config 找到。

本书中的项目已经在 macOS Catalina 10.15.6 上进行了测试。

有关在 Windows 系统上构建和测试的说明，可访问以下网址：

https://github.com/dcuddeback/libusb-rs/issues/20

有关 libusb Crate 环境设置的一般说明，可访问以下网址：

https://github.com/dcuddeback/libusb-rs

10.2 　了解 Linux 中设备 I/O 的基础知识

在本书前面的章节中已经探讨了如何使用进程和线程在 CPU 上调度工作，以及如何通过控制程序的内存布局来管理内存。除了 CPU 和内存，操作系统还可管理系统的硬件设备，包括键盘、鼠标、硬盘、视频适配器、声卡、网络适配器、扫描仪、相机和其他 USB 设备等。

但是，操作系统使用了称为设备驱动程序的软件模块对用户程序隐藏了这些物理硬件设备的特性。设备驱动程序是进行设备 I/O 必不可少的软件组件，下面仔细研究它们。

10.2.1 　设备驱动程序

设备驱动程序（device driver）是加载到 Kernel 中的共享库，其中包含执行低级硬件控制的功能。它们通过设备所连接的计算机总线或通信子系统与设备进行通信。它们与特定的设备类型（如鼠标或网络适配器）或设备类别（如 IDE 或 SCSI 磁盘控制器）有关。它们还与特定的操作系统有关（例如，即使对于相同的设备类型，Windows 系统的设备驱动程序也无法在 Linux 上运行）。

设备驱动程序可处理特定设备（或设备类）的特性。例如，控制硬盘的设备驱动程序可接收读取或写入某些由块编号（block number）标识的文件数据的请求。设备驱动程序将块编号转换为磁盘上的磁道、扇区和柱面编号。它还可以初始化设备，检查设备是否正在使用，验证其函数调用的输入参数，确定要发出的命令，并将它们发出到设备上。它可以处理来自设备的中断并将它们传送回调用程序中。

设备驱动程序还可以实现设备支持的特定硬件协议，如用于磁盘访问的 SCSI/ATA/SATA 或用于串行端口通信的 UART。设备驱动程序因此抽象了控制设备的许多特定于硬件的细节。

操作系统（特别是 Kernel）接收来自用户程序的系统调用以进行设备访问和控制，然后使用各自的设备驱动程序对设备进行物理访问和控制。图 10.1 说明了用户空间程序（例如，使用标准库与操作系统内核对话的 Rust 程序）如何使用系统调用来管理和控制各种类型的设备。

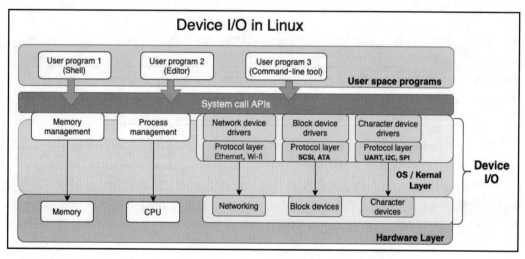

图 10.1　Linux 中的设备 I/O

原　　文	译　　文
Device I/O in Linux	Linux 中的设备 I/O
User program 1(Shell)	用户程序 1（Shell）
User program 2(Editor)	用户程序 2（编辑器）
User program 3(Command-line tool)	用户程序 3（命令行工具）
User space programs	用户空间程序
System call APIs	系统调用 API
Memory management	内存管理
Memory	内存
Process management	进程管理
Network device drivers	网络设备驱动程序

续表

原　　文	译　　文
Protocol layer	协议层
Etherne, Wi-fi	以太网、Wi-Fi
Networking	网络连接
Block device drivers	块驱动程序
Protocol layer	协议层
SCSI, ATA	SCSI、ATA
Block devices	块设备
Character device drivers	字符设备驱动程序
Protocol layer	协议层
UART, I2C, SPI	UART、I2C、SPI
Character devices	字符设备
OS/Kernel Layer	操作系统/Kernel 层
Hardware Layer	硬件层
Device I/O	设备 I/O

　　第 6 章 "在 Rust 中使用文件和目录" 已经介绍过，UNIX/Linux 的哲学是一切都是文件，其特点是 I/O 的通用性。相同的系统调用，如 open()、close()、read() 和 write()，可以应用于所有类型的 I/O，无论是常规文件（用于存储文本或二进制数据）、目录、设备文件还是网络连接均如此。这意味着用户空间程序的开发人员可以编写代码来与设备通信和控制设备，而无须担心设备的协议和硬件细节，这要归功于 Kernel（系统调用）和设备驱动程序提供的抽象层。

　　此外，Rust 标准库还添加了另一个抽象层，以提供一个独立于设备的软件层，Rust 程序可以将其用于设备 I/O。这也是本章的重点。

10.2.2　设备类型

　　在 UNIX/Linux 中，设备大致分为以下 3 种类型。

❑　字符设备（character device）：以串行字节流的形式发送或接收数据。如终端、键盘、鼠标、打印机和声卡等。与常规文件不同，字符设备数据不能随机访问，只能按顺序访问。

❑　块设备（block device）：将信息存储在固定大小的块中，并允许随机访问这些块。文件系统、硬盘、磁带驱动器和 USB 摄像头等都是块设备的例子。文件系统被挂载在块设备上。

❑　网络设备：类似于字符设备，因为数据是串行读取的，但也有一些不同。数据使用网络协议以可变长度数据包的形式发送，操作系统和用户程序必须处理这些数据包。网络适配器通常是连接到网络（如以太网或 Wi-Fi）的硬件设备（也有一些例外，如 Loopback 环回接口，它是一种软件接口）。

硬件设备由其类型（块或字符）和设备号标识。设备号依次分为主设备号和次设备号。

当连接新的硬件时，Kernel 需要一个与设备兼容的设备驱动程序，这样才能操作设备控制器硬件。如前文所述，设备驱动程序本质上是一个底层硬件处理函数的共享库，可以作为 Kernel 的一部分以特权方式运行。

如果没有设备驱动程序，则 Kernel 不知道如何操作设备。

当程序尝试连接到设备时，Kernel 会在其表中查找相关信息并将控制权转移到设备驱动程序中。块设备和字符设备都有单独的表。设备驱动程序可在设备上执行所需的任务并将控制权返回操作系统内核中。

我们来看一个 Web 服务器向 Web 浏览器发送页面的例子。数据被构造为 HTTP 响应消息（HTTP response message），Web 页面（HTML）作为其数据负载（data payload）的一部分进行发送。数据本身被存储在缓冲区（数据结构）中，然后被传递到 TCP 层，再依次被传递到 IP 层、以太网设备驱动程序（Ethernet device driver）和以太网适配器（Ethernet adaptor），最后被传递到网络。

以太网设备驱动程序对连接一无所知，只处理数据包。

同样，当数据需要被存储到磁盘文件中时，首先数据会被存储在缓冲区中，然后被传递到文件系统设备驱动程序（filesystem device driver）中，再转到磁盘控制器（disk controller）中，最后由磁盘控制器将其保存到磁盘（如硬盘、SSD 等）中。

本质上，Kernel 依赖于设备驱动程序来与设备交互。

设备驱动程序通常是 Kernel 的一部分（Kernel 设备驱动程序），但也有用户空间设备驱动程序（user space device driver），它可抽象出 Kernel 访问的细节。下文将使用一个用户空间设备驱动程序来检测 USB 设备。

本节讨论了设备 I/O 的基础知识，包括类 UNIX 系统中的设备驱动程序和设备类型。从 10.3 节 "执行缓冲读取和写入操作" 开始，我们将重点介绍如何使用 Rust 标准库中的功能进行设备无关的 I/O。

10.3　执行缓冲读取和写入操作

读取和写入是对 I/O 类型（如文件和流）执行的基本操作，对于处理多种类型的系统资源非常重要。本节将讨论在 Rust 中读取和写入 I/O 的不同方法。首先，我们将介绍核心 trait——Read 和 Write——它们允许 Rust 程序对实现这些 trait 的对象——也称为读取器（reader）和写入器（writer）——执行读取和写入操作。然后，我们将探讨如何进行缓冲读取（buffered read）和缓冲写入（buffered write），这对于某些类型的读写操作更有效。

我们先从基本的 Read 和 Write 这两个 trait 开始。

与一切皆文件（everything-is-a-file）的理念相一致，Rust 标准库提供了两个 trait——Read 和 Write——它们提供了一个用于读写输入和输出的通用接口。这些 trait 是为不同类型的 I/O 实现的，如文件、TcpStream、标准输入和进程的标准输出流。

以下代码显示了使用 Read trait 的示例。在该示例中，使用了 std::fs::File 模块（之前已经讨论过）中的 open()函数打开一个 records.txt 文件，然后将 std::io 模块中的 Read trait 引入作用域中，并使用该 trait 的 read()方法从文件中读取字节。相同的 read()方法也可用于从实现了 Read trait 的任何其他实体中进行读取，如网络套接字（network socket）或标准输入流。

```rust
use std::fs::File;
use std::io::Read;
fn main() {
    // 打开一个文件
    let mut f = File::open("records.txt").unwrap();
    // 创建一个内存缓冲区以从文件中进行读取
    let mut buffer = [0; 1024];
    // 从文件读入缓冲区中
    let _ = f.read(&mut buffer[..]).unwrap();
}
```

在项目根目录中创建一个名为 records.txt 的文件，并使用 cargo run 命令运行程序。可以选择输出缓冲区中的值，这将显示原始字节。

Read 和 Write 是基于字节的接口，由于它们涉及对操作系统的持续系统调用，因此效率会很低。为了解决这个问题，Rust 提供了两个结构体来支持缓冲读取和写入，即 BufReader 和 BufWriter，它们具有内置缓冲区并可减少对操作系统的调用次数。

使用 BufReader 重写前面的示例，代码如下：

```rust
use std::fs::File;
use std::io::{BufRead, BufReader};
fn main() {
    // 打开一个文件
    let f = File::open("records.txt").unwrap();
```

```
    // 创建 BufReader，传入文件句柄中
    let mut buf_reader = BufReader::new(f);
    // 创建一个内存缓冲区以从文件中进行读取
    let mut buffer = String::new();
    // 将一行读入缓冲区中
    buf_reader.read_line(&mut buffer).unwrap();
    println!("Read the following: {}", buffer);
}
```

上述代码以加粗样式突出显示了修改。BufReader 使用 BufRead trait，它被引入作用域中。我们不是直接从文件句柄中进行读取，而是创建了一个 BufReader 实例并将一行读入这个结构体中。BufReader 方法可在内部优化对操作系统的调用。

现在可以运行该程序并验证文件中的值是否被正确输出。

BufWriter 可以按类似方式缓冲对磁盘的写入，从而最大限度地减少系统调用。示例如下：

```
use std::fs::File;
use std::io::{BufWriter, Write};
fn main() {
    // 打开一个文件
    let f = File::create("file.txt").unwrap();
    // 创建 BufReader，传入文件句柄中
    let mut buf_writer = BufWriter::new(f);
    // 创建一个内存缓冲区
    let buffer = String::from("Hello, testing");
    // 写入缓冲区中
    buf_writer.write(buffer.as_bytes()).unwrap();
    println!("wrote the following: {}", buffer);
}
```

在上述代码中，创建了一个要写入的新文件，并且还创建了一个新的 BufWriter 实例。然后将缓冲区中的值写入 BufWriter 实例中。

现在可以运行该程序并验证指定的字符串值是否已被写入项目根目录的名为 file.txt 的文件中。请注意，本示例除了 BufWriter，还必须将 Write trait 引入作用域中，因为它包含了 write() 方法。

何时适用 BufReader 和 BufWriter？何时又不适用？以下是一些提示：

❑ BufReader 和 BufWriter 可加快对磁盘进行小而频繁的读取或写入的程序。如果读取或写入只是偶尔涉及大数据，那么使用它们并无任何好处。

❑ BufReader 和 BufWriter 在读取或写入内存数据结构时没有帮助。

本节演示了如何进行无缓冲读写和缓冲读写操作。接下来，我们将学习如何使用进程的标准输入和输出。

10.4　使用标准输入和输出

在 Linux/UNIX 中，流（stream）是进程与其环境之间的通信通道。默认情况下，为每个正在运行的进程创建 3 个标准流：标准输入（standard input，Stdin）、标准输出（standard output，Stdout）和标准错误（standard error，Stderr）。

流是具有两端的通信通道。一端被连接到进程，另一端被连接到另一个系统资源。例如，一个进程可以使用标准输入从键盘或另一个进程中读取字符或文本。类似地，进程可以使用标准输出流将一些字符发送到终端或文件中。在许多现代程序中，进程的标准错误与日志文件相关联，这使得分析和调试错误变得更加容易。

Rust 标准库提供了与标准输入和输出流交互的方法。std::io 模块中的 Stdin 结构体表示进程输入流的句柄。这个句柄实现了前文介绍过的 Read trait。

以下代码示例显示了如何与进程的标准输入和标准输出流交互。在以下代码中，将标准输入中的一行读入缓冲区中，然后将缓冲区的内容写回进程的标准输出中。请注意，这里的"进程"是指已编写的即将运行的程序。它实际上是在分别读取和写入即将运行的程序的标准输入和标准输出。

```
use std::io::{self, Write};
fn main() {
    // 创建一个内存缓冲区以从文件中进行读取
    let mut buffer = String::new();
    // 将一行读入缓冲区中
    let _ = io::stdin().read_line(&mut buffer).unwrap();
    // 将缓冲写入标准输出中
    io::stdout().write(&mut buffer.as_bytes()).unwrap();
}
```

现在使用 cargo run 命令运行程序，输入一些文本，然后按 Enter 键，会在终端上看到回显的文本。

Stdin 是进程输入流的句柄，是对输入数据全局缓冲区的共享引用。同样，作为进程输出流的 Stdout 也是对全局数据缓冲区的共享引用。由于 Stdin 和 Stdout 都是对共享数据的引用，为了确保独占使用这些数据缓冲区，可以锁定句柄。例如，std::io 模块中的 StdinLock 结构体表示对 Stdin 句柄的锁定引用。同样，std::io 模块中的 StdoutLock 结构表示对 Stdout 句柄的锁定引用。以下代码显示了如何使用锁定引用的示例：

```
use std::io::{Read, Write};
fn main() {
    // 创建一个内存缓冲区
    let mut buffer = [8; 1024];
    // 获取输入流句柄
    let stdin_handle = std::io::stdin();
    // 锁定输入流句柄
    let mut locked_stdin_handle = stdin_handle.lock();
    // 将一行读入缓冲区中
    locked_stdin_handle.read(&mut buffer).unwrap();
    // 获取输出流句柄
    let stdout_handle = std::io::stdout();
    // 锁定输出流句柄
    let mut locked_stdout_handle = stdout_handle.lock();
    // 写入标准输出缓冲区中
    locked_stdout_handle.write(&mut buffer).unwrap();
}
```

在上述代码中，标准输入和输出流句柄在向它们读取和写入之前即被锁定。

可以按类似方式写入标准错误流中。示例如下：

```
use std::io::Write;
fn main() {
    // 创建一个内存缓冲区
    let buffer = b"Hello, this is error message from
        standard
        error stream\n";
    // 获取输出错误流句柄
    let stderr_handle = std::io::stderr();
    // 锁定输出错误流句柄
    let mut locked_stderr_handle = stderr_handle.lock();
    // 写入缓冲区中的错误流
    locked_stderr_handle.write(buffer).unwrap();
}
```

在上述代码中，使用了 stderr()函数构造标准错误流的句柄，然后锁定该句柄，再向它写入一些文本。

本节演示了如何使用 Rust 标准库与进程的标准输入、标准输出和标准错误流进行交互。在第 9 章 "管理并发" 中，曾经讨论了如何从父进程读取和写入子进程的标准输入和输出流中。

接下来，我们将讨论一些可用于 Rust 中 I/O 的函数式编程构造。

10.5　I/O 上的链接和迭代器

本节将研究如何使用迭代器和链接 std::io 模块。

std::io 模块提供的许多数据结构都有内置的迭代器（iterator）。迭代器允许开发人员处理序列项目，例如文件中的行或端口上的传入网络连接。与 while 和 for 循环相比，迭代器提供了更好的机制。

以下是一个将 lines()迭代器与 BufReader 结构体结合使用的示例。BufReader 结构体是 std::io 模块的一部分。以下程序可循环从标准输入流中读取行：

```
use std::io::{BufRead, BufReader};
fn main() {
    // 创建标准输入句柄
    let s = std::io::stdin();
    // 创建 BufReader 实例以优化系统调用
    let file_reader = BufReader::new(s);
    // 逐行读取标准输入
    for single_line in file_reader.lines() {
        println!("You typed:{}", single_line.unwrap());
    }
}
```

在上述代码中，创建了标准输入流的句柄并将其传递给 BufReader 结构体。该结构体实现了 BufRead trait，它有一个 lines()方法，该方法返回一个可遍历 reader 行的迭代器。这有助于我们在终端上逐行输入，然后让程序读取它。在终端上输入的文本将被回显到终端中。

现在可以执行 cargo run 命令运行该程序，输入一些文本，然后按 Enter 键。根据需要多次重复此步骤。按 Ctrl+C 快捷键退出程序。

类似地，迭代器可用于从文件（而不是在上述示例中看到的标准输入）中逐行读取。以下是一个示例代码片段：

```
use std::fs::File;
use std::io::{BufRead, BufReader};

fn main() {
    // 打开要读取的文件
    let f = File::open("file.txt").unwrap();
```

```
    // 创建 BufReader 实例以优化系统调用
    let file_reader = BufReader::new(f);
    // 逐行读取标准输入
    for single_line in file_reader.lines() {
        println!("Line read from file :{}", single_line.unwrap());
    }
}
```

　　在项目根目录中创建一个名为 file.txt 的文件，在此文件中输入几行文本，然后使用 cargo run 命令运行程序。将看到 file.txt 文件的内容被输出到终端中。

　　到目前为止，我们已经讨论了如何使用 std::io 模块中的迭代器。现在来看看另一个概念——链接（chaining）。

　　std::io 模块中的 Read trait 有一个 chain()方法，该方法允许开发人员将多个 BufReader 链接到一个句柄中。以下示例说明了如何创建组合两个文件的单个链接句柄，以及如何从该句柄中读取数据：

```
use std::fs::File;
use std::io::Read;
fn main() {
    // 打开两个文件句柄以进行读取
    let f1 = File::open("file1.txt").unwrap();
    let f2 = File::open("file2.txt").unwrap();
    // 链接两个文件句柄
    let mut chained_handle = f1.chain(f2);
    // 创建要读入的缓冲区
    let mut buffer = String::new();
    // 从链接句柄读取到缓冲区中
    chained_handle.read_to_string(&mut buffer).unwrap();
    // 输出读入缓冲区中的值
    println!("Read from chained handle:\n{}", buffer);
}
```

　　在上述代码中，使用 chain()方法的语句已经加粗显示。其余代码也很好理解，它们与前面示例中的代码类似。

　　确保在项目根文件夹下创建两个文件（即 file1.txt 和 file2.txt），并在每个文件中输入几行文本，然后用 cargo run 命令运行该程序。将看到逐行输出的两个文件中的数据。

　　本节讨论了如何使用迭代器以及如何将读取器链接在一起。接下来，我们看看 I/O 操作的错误处理。

10.6　处理错误和返回值

本节将介绍 std::io 模块中内置的错误处理支持。以适当的方式处理可恢复的错误将使 Rust 程序更加健壮。

在前面的代码示例中，使用了 unwrap() 函数从 std::io 模块的方法和关联函数（如 Read、Write、BufReader 和 BufWriter）中提取返回值。但是，这并不是处理错误的正确方法。在 std::io 模块中有一个专门的 Result 类型，该类型将从该模块中可能产生错误的任何函数或方法中被返回。

现在可以使用 io::Result 类型作为函数的返回值重写前面的（链接读取器）示例。这允许开发人员使用?运算符直接从 main() 函数中传回错误，而不是使用 unwrap() 函数。代码如下：

```rust
use std::fs::File;
use std::io::Read;
fn main() -> std::io::Result<()> {
    // 打开两个文件句柄以进行读取
    let f1 = File::open("file1.txt")?;
    let f2 = File::open("file3.txt")?;
    // 链接两个文件句柄
    let mut chained_handle = f1.chain(f2);
    // 创建要读入的缓冲区
    let mut buffer = String::new();
    // 从链接句柄读取到缓冲区中
    chained_handle.read_to_string(&mut buffer)?;
    println!("Read from chained handle: {}", buffer);
    Ok(())
}
```

在上述代码中，与错误处理相关的代码已用粗体突出显示。使用 cargo run 命令运行程序，注意确保项目根文件夹中不存在 file1.txt 和 file3.txt 文件。

此时将看到输出到终端中的错误消息。

上述代码只是在进行调用时传播从操作系统中接收到的错误。现在可尝试以更积极的方式处理错误。以下代码示例显示了相同代码的自定义错误处理：

```rust
use std::fs::File;
use std::io::Read;
fn read_files(handle: &mut impl Read) ->
```

```
std::io::Result<String> {
    // 创建要读入的缓冲区
    let mut buffer = String::new();
    // 从链接句柄读取到缓冲区中
    handle.read_to_string(&mut buffer)?;
    Ok(buffer)
}
fn main() {
    let mut chained_handle;
    // 打开两个文件句柄以进行读取
    let file1 = "file1.txt";
    let file2 = "file3.txt";
    if let Ok(f1) = File::open(file1) {
        if let Ok(f2) = File::open(file2) {
            // 链接两个文件句柄
            chained_handle = f1.chain(f2);
            let content = read_files(&mut chained_handle);
            match content {
                Ok(text) => println!("Read from chained
                    handle:\n{}", text),
                Err(e) => println!("Error occurred in
                    reading files: {}", e),
            }
        } else {
            println!("Unable to read {}", file2);
        }
    } else {
        println!("Unable to read {}", file1);
    }
}
```

在上述代码中，我们创建了一个新函数，它将 std::io::Result 返回 main()函数中。我们将处理各种操作（例如从文件中读取或从链接的读取器中读取）中的错误。

现在可以使用 cargo run 命令运行程序，确保 file1.txt 和 file2.txt 文件都存在。此时将看到输出到终端中的两个文件的内容。然后删除这些文件重新运行该程序，应该会看到输出的自定义错误消息。

有关错误处理的讨论至此结束。接下来，我们将进入本章的最后一部分，即通过一个项目来检测和显示连接到计算机的 USB 设备的详细信息。

10.7　获取已连接 USB 设备的详细信息

本节将演示在 Rust 中使用设备的示例。该示例将显示计算机所有已连接 USB 设备的详细信息。我们将使用 libusb，这是一个有助于与 USB 设备交互的 C 库。Rust 中的 libusb Crate 是 C libusb 库的安全包装器。

先来看看项目的设计。

10.7.1　设计项目

该项目的工作原理如下所示：

❑　当 USB 设备被插入计算机中时，计算机总线上的电信号触发计算机上的 USB 控制器（硬件设备）。

❑　USB 控制器在 CPU 上引发中断，然后执行在 Kernel 中为该中断注册的中断处理程序（interrupt handler）。

❑　当 Rust 程序通过 Rust libusb 包装器进行调用时，该调用被路由到 libusb C 库，后者又在 Kernel 上进行系统调用，以读取与 USB 设备对应的设备文件。在本章前面已经讨论过 UNIX/Linux 如何为 I/O 启用标准系统调用，如 read() 和 write()。

❑　当系统调用从 Kernel 中返回时，libusb 库将系统调用中的值返回 Rust 程序中。

本项目使用 libusb 库是因为从头开始编写 USB 设备驱动程序需要遵循 USB 协议规范，而编写设备驱动程序本身就足够复杂，这超出了本书的讨论范围。

现在来看看本项目程序的设计。图 10.2 显示了程序中的结构和函数。

有关数据结构的说明如下。

❑　USBList：检测到的 USB 设备列表。

❑　USBDetails：这包含通过该程序为每个 USB 设备检索的 USB 详细信息列表。

❑　USBError：自定义错误处理。

以下是我们将要编写的函数。

❑　get_device_information()：在给定设备引用和设备句柄的情况下检索所需设备详细信息的函数。

❑　write_to_file()：将设备详细信息写入输出文件中的函数。

❑　main()：这是程序的入口点。它将实例化一个新的 libusb::Context，检索连接设备的列表，并遍历列表为每个设备调用 get_device_information()。检索到的详细信息被输出到终端中，并使用 write_to_file() 函数写入文件中。

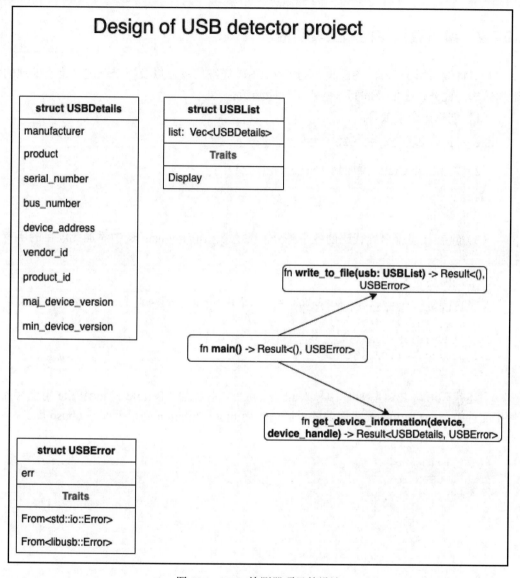

图 10.2 USB 检测器项目的设计

原　　文	译　　文
Design of USB detector project	USB 检测器项目的设计

现在开始编写代码。

10.7.2　编写数据结构和工具函数

本节将编写用于存储 USB 设备列表和 USB 详细信息，以及用于自定义错误处理的数据结构。此外，还需要编写一些实用程序函数。

（1）创建一个新项目：

```
cargo new usb && cd usb
```

（2）将 libusb Crate 添加到 Cargo.toml 文件中：

```
[dependencies]
libusb = "0.3.0"
```

（3）现在按步骤研究代码的各个部分。注意在 usb/src/main.rs 中添加此项目的所有代码。

以下是模块导入部分：

```
use libusb::{Context, Device, DeviceHandle};
use std::fs::File;
use std::io::Write;
use std::time::Duration;
use std::fmt;
```

上述代码可从 Rust 标准库中导入 libusb 和另一些模块。fs::File 和 io::Write 用于写入输出文件中，result::Result 是函数的返回值，而 time::Duration 则用于处理 libusb 库。

（4）来看看数据结构：

```
#[derive(Debug)]
struct USBError {
    err: String,
}

struct USBList {
    list: Vec<USBDetails>,
}
#[derive(Debug)]
struct USBDetails {
    manufacturer: String,
    product: String,
    serial_number: String,
    bus_number: u8,
    device_address: u8,
```

```
    vendor_id: u16,
    product_id: u16,
    maj_device_version: u8,
    min_device_version: u8,
}
```

USBError 用于自定义错误处理，USBList 用于存储检测到的 USB 设备列表，USBDetails 则用于捕获每个 USB 设备的详细信息列表。

（5）为 USBList 结构体实现 Display trait，以便自定义格式设置可以输出结构体的内容：

```
impl fmt::Display for USBList {
    fn fmt(&self, f: &mut fmt::Formatter<'_>) ->
        fmt::Result {
        Ok(for usb in &self.list {
            writeln!(f, "\nUSB Device details")?;
            writeln!(f, "Manufacturer: {}", usb.manufacturer)?;
            writeln!(f, "Product: {}", usb.product)?;
            writeln!(f, "Serial number: {}", usb.serial_number)?;
            writeln!(f, "Bus number: {}", usb.bus_number)?;
            writeln!(f, "Device address: {}", usb.device_address)?;
            writeln!(f, "Vendor Id: {}", usb.vendor_id)?;
            writeln!(f, "Product Id: {}", usb.product_id)?;
            writeln!(f, "Major device version: {}",
                usb.maj_device_version)?;
            writeln!(f, "Minor device version: {}",
                usb.min_device_version)?;
        })
    }
}
```

（6）为 USBError 结构体实现 From trait，以便在使用?运算符时，来自 libusb Crate 和 Rust 标准库的错误会自动转换为 USBError 类型：

```
impl From<libusb::Error> for USBError {
    fn from(_e: libusb::Error) -> Self {
        USBError {
            err: "Error in accessing USB
                device".to_string(),
        }
    }
}
impl From<std::io::Error> for USBError {
```

```
fn from(e: std::io::Error) -> Self {
    USBError { err: e.to_string() }
}
}
```

（7）来看看将所有连接设备检索到的详细信息写入输出文件中的函数，代码如下：

```
// 将设备的详细信息写入输出文件中的函数
fn write_to_file(usb: USBList) -> Result<(), USBError> {
    let mut file_handle = File::create("usb_details.txt")?;
    write!(file_handle, "{}\n", usb)?;
    Ok(())
}
```

现在可以转到 main()函数。

10.7.3　编写 main()函数

本节将编写 main()函数，该函数可设置设备上下文，获取已连接的 USB 设备的列表，然后遍历设备列表以检索每个设备的详细信息。另外，还需要编写一个函数来输出设备的详细信息。

（1）从 main()函数开始：

```
fn main() -> Result<(), USBError> {
    // 获取 libusb 上下文
    let context = Context::new()?;

    // 获取设备列表
    let mut device_list = USBList { list: vec![] };
    for device in context.devices()?.iter() {
        let device_desc = device.device_descriptor()?;
        let device_handle = context
            .open_device_with_vid_pid(
                device_desc.vendor_id(),
                device_desc.product_id())
            .unwrap();

        // 获取每个 USB 设备的信息
        let usb_details = get_device_information(
            device, &device_handle)?;
        device_list.list.push(usb_details);
    }
    println!("\n{}", device_list);
```

```
    write_to_file(device_list)?;
    Ok(())
}
```

在 main()函数中，首先创建了一个新的 libusb Context，它可以返回已连接设备的列表。然后遍历从 Context 结构体中获得的设备列表，并调用 get_device_information()函数获取每个 USB 设备的信息。通过调用 write_to_file()函数，还可以将 USB 设备的详细信息输出到输出文件中。

（2）要包装代码，可编写函数来获取设备的详细信息：

```rust
// 输出设备详细信息的函数
fn get_device_information(device: Device, handle:
    &DeviceHandle) -> Result<USBDetails, USBError> {
    let device_descriptor =
        device.device_descriptor()?;
    let timeout = Duration::from_secs(1);
    let languages = handle.read_languages(timeout)?;
    let language = languages[0];
    // 获取设备制造商名称
    let manufacturer =
        handle.read_manufacturer_string(
            language, &device_descriptor, timeout)?;
    // 获取设备 USB 产品名称
    let product = handle.read_product_string(
        language, &device_descriptor, timeout)?;
    // 获取产品序列号
    let product_serial_number =
        match handle.read_serial_number_string(
            language, &device_descriptor, timeout) {
            Ok(s) => s,
            Err(_) => "Not available".into(),
        };
    // 填充 USBDetails 结构体
    Ok(USBDetails {
        manufacturer,
        product,
        serial_number: product_serial_number,
        bus_number: device.bus_number(),
        device_address: device.address(),
        vendor_id: device_descriptor.vendor_id(),
        product_id: device_descriptor.product_id(),
        maj_device_version:device_descriptor.device_version().0,
```

```
        min_device_version:device_descriptor.device_version().1,
    })
}
```

代码解释到此结束。现在可以将 USB 设备（如 U 盘）插入计算机中，然后使用 cargo run 命令运行代码。此时应该会看到输出到终端中的已连接的 USB 设备列表，并且有详细信息被写入输出的 usb_details.txt 文件中。

本示例演示了如何使用外部 Crate（用于检索 USB 设备详细信息）和标准库（用于将详细信息写入输出文件中）进行文件 I/O。我们还使用通用错误处理结构统一了错误处理，并将错误类型自动转换为自定义错误类型。

Rust Crates 生态系统（crates.io）有类似的 Crate 可以与其他类型的设备和文件系统进行交互。感兴趣的读者可以用它们进行试验。

关于编写程序以检索 USB 设备详细信息的部分到此结束。

10.8 小 结

本章阐释了 UNIX/Linux 中设备管理的基本概念，并研究了如何使用 std::io 模块执行缓冲读取和写入操作。

然后，本章讨论了如何与进程的标准输入、标准输出和标准错误流进行交互。我们还探讨了如何将读取器链接在一起并使用迭代器从设备中进行读取。此外，我们还演示了 std::io 模块的错误处理功能和自定义返回类型。

最后，本章完成了一个项目来检测计算机上连接的 USB 设备列表，并将每个 USB 设备的详细信息输出到终端和输出文件中。

Rust 标准库为在任何类型的设备上执行 I/O 操作提供了一个干净的抽象层。这鼓励 Rust 生态系统为任何类型的设备实现这些标准接口，使 Rust 系统程序开发人员能够以统一的方式与不同的设备交互。在第 11 章"学习网络编程"中，我们将继续 I/O 的主题，学习如何使用 Rust 标准库执行网络 I/O 操作。

第 11 章　学习网络编程

在第 10 章"处理设备 I/O"中学习了在 Rust 程序中如何与外围设备进行通信。本章将把注意力转移到另一个重要的系统编程主题——网络。

大多数现代操作系统，包括 UNIX、Linux 和 Windows 变体，都对使用 TCP/IP 的网络连接提供了原生支持。你知道如何使用 TCP/IP 将字节流或消息从一台计算机发送到另一台计算机吗？你想知道 Rust 为运行在不同机器上的两个进程之间的同步网络通信提供了什么样的语言支持吗？你是否有兴趣学习配置 TCP 和 UDP 套接字的基础知识，以及在 Rust 中使用网络地址和侦听器？如果答案是肯定的，那么不妨继续阅读本章。

本章包含以下主题：
- ❑ Linux 中的网络连接基础知识。
- ❑ 理解 Rust 标准库中的网络原语。
- ❑ 在 Rust 中使用 TCP 和 UDP 进行编程。
- ❑ 编写一个 TCP 反向代理。

通读完本章之后，你将掌握如何使用网络地址、确定地址类型以及进行地址转换，还将学习如何创建和配置套接字并对其进行查询。你将与 TCP 侦听器、创建 TCP 套接字服务器接收数据协同工作。最后，你将通过一个示例项目将这些概念付诸实践。

学习这些主题很重要，因为使用 TCP 或 UDP 的基于套接字的编程构成了编写分布式程序的基础。套接字可帮助不同（甚至相同）机器上的两个进程相互建立通信并交换信息。它们构成了互联网上几乎所有 Web 和分布式应用程序的基础，包括互联网浏览器如何访问网页以及移动应用程序如何从 API 服务器中检索数据。本章将介绍 Rust 标准库为基于套接字的网络通信提供了什么样的支持。

11.1　技　术　要　求

使用以下命令验证 rustup、rustc 和 cargo 是否已正确安装：

```
rustup --version
rustc --version
cargo --version
```

本章代码网址如下：

https://github.com/PacktPublishing/Practical-System-Programming-for-Rust-Developers/
tree/master/Chapter11

11.2　Linux 中的网络连接基础知识

互联网连接了全球多个不同的网络，使跨网络的机器能够以不同的方式相互通信，包括同步的请求-响应（request-response）模型、异步消息传递（asynchronous messaging）和发布-订阅（publish-subscribe）通知。

图 11.1 显示了两个网络之间的连接示例。

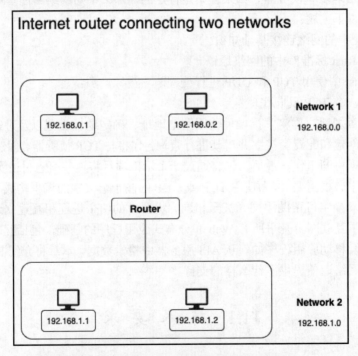

图 11.1　连接两个网络的互联网路由器

原　　文	译　　文
Internet router connecting two networks	连接两个网络的互联网路由器
Router	路由器

　　互联网还以网络协议（protocol）和标准（standard）两种形式提供抽象，使不同网络上的主机可以轻松地相互通信。

　　❑　标准形式的示例包括通用主机寻址格式、定义网络端点的主机地址和端口等。主机的 IP 地址是 IPv4 地址的 32 位数字和 IPv6 地址的 128 位数字。

　　❑　网络协议形式的示例包括 Web 浏览器从 Web 服务器中检索文档、域名系统（domain name system，DNS）将域名映射到主机地址中、IP 协议跨 Internet 打包和路由数据包，以及 TCP 为 IP 数据包添加可靠性和错误处理等。

　　网络协议在定义信息如何由运行在不同网络上的不同主机计算机上的程序传输和解释方面非常重要。TCP/IP 协议套件是我们日常使用的互联网如何实现信息、交易和娱乐的数字世界的基础。

　　图 11.2 显示了分层的 TCP/IP 协议套件。

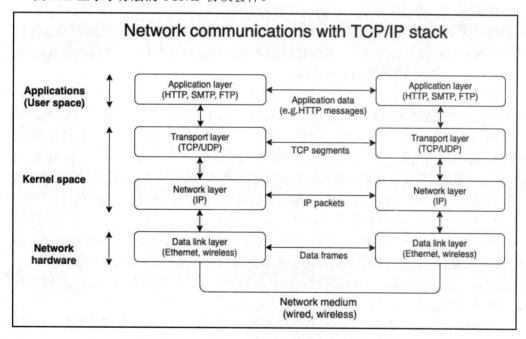

图 11.2　使用 TCP/IP 协议栈的网络通信

原　　文	译　　文
Network communications with TCP/IP stack	使用 TCP/IP 协议栈的网络通信
Applications (User space)	应用程序（用户空间）
Kernel space	内核空间
Network hardware	网络硬件

续表

原　　文	译　　文
Application layer (HTTP, SMTP, FTP)	应用程序层（HTTP、SMTP、FTP）
Application data (e.g. HTTP messages)	应用程序数据（如 HTTP 消息）
Transport layer (TCP/UDP)	传输层（TCP/UDP）
TCP segments	TCP 段
Network layer (IP)	网络层（IP）
IP packets	IP 包
Data link layer (Ethernet, wireless)	数据链路层（以太网、无线网络）
Data frames	数据帧
Network medium (wired, wireless)	网络介质（有线、无线）

在第 10 章"处理设备 I/O"中讨论了设备驱动程序。在图 11.2 中显示了 TCP/IP 协议套件的最底层，即数据链路层（data link layer），它包括用于主机之间通信的网络介质（如同轴电缆、光纤或无线网络）。数据链路层将从更高的网络（IP）层接收到的数据包组装成数据帧，并通过物理链路进行传输。

TCP/IP 协议套件的下一层是 IP 层，它是 TCP/IP 栈中最重要的层。IP 层将数据组装成数据包并将它们发送到数据链路层。IP 层还负责在 Internet 上路由数据。这是通过为每个传输的数据报（数据包）添加一个报头来实现的，其中包括应该将数据包传输到的远程主机的地址。从主机 A 发送到主机 B 的两个数据包可以通过 Internet 采取不同的路由。IP 是一种无连接协议，这意味着在两台主机之间没有创建通信通道来进行多步通信。这一层只是将一个数据包从一个主机 IP 地址发送到另一个主机 IP 地址，没有任何保证。

TCP/IP 协议套件的下一层是传输层（transport layer）。在该层，Internet 使用了两种流行的协议——TCP 和 UDP。TCP 代表的是传输控制协议（transmission control protocol），而 UDP 代表的则是用户数据报协议（user datagram protocol）。网络（IP）层关注的是在两台主机之间发送数据包，而传输层（TCP 和 UDP）关注的则是在同一主机或不同主机上运行的两个进程（应用或程序）之间发送数据流。

如果在单个主机 IP 地址上运行两个应用程序，则唯一标识每个应用程序的方法是使用端口号。参与网络通信的每个应用程序都侦听一个特定的端口，它是一个 16 位的数字。

常见端口的示例是 HTTP 协议的 80、HTTPS 协议的 443 和 SSH 协议的 22。IP 地址和端口号的组合被称为套接字。本章将会讨论如何使用 Rust 标准库处理套接字。

UDP 与 IP 一样，是无连接的，不包含任何可靠性机制。但与 TCP 相比，UDP 速度快且开销低。UDP 用于更高级别的服务（如 DNS），以获取与域名对应的主机 IP 地址。

与 UDP 相比，TCP 在两个端点（应用程序/用户空间程序）之间提供了面向连接的可靠通信通道，通过该通道可以交换字节流，同时保留数据序列。它结合了一些功能，如在错误的情况下重新传输（retransmission）、接收到的数据包的确认（acknowledgement）和超时（timeout）。本章将详细讨论基于 TCP 的通信，然后使用基于 TCP 套接字的通信构建反向代理。

TCP/IP 协议套件的最上层是应用层（application layer）。虽然 TCP 层是面向连接的并且使用字节流，但它并不知道传输的消息的语义。这是由应用层提供的。例如，Internet 上最流行的应用协议 HTTP 使用 HTTP 请求和响应消息在 HTTP 客户端（如 Internet 浏览器）和 HTTP 服务器（如 Web 服务器）之间进行通信。

应用层读取源自 TCP 层接收到的字节流，并将其解释为 HTTP 消息，然后由开发人员用 Rust 或其他语言编写的应用程序进行处理。

Rust 生态系统中有若干个实现 HTTP 协议的库（或 Crate）可用，因此 Rust 程序可以利用它们（或仔细编写）来发送和接收 HTTP 消息。在本章的示例项目中，将编写一些代码来解释传入的 HTTP 请求消息并发回 HTTP 响应消息。

用于网络通信的主要 Rust 标准库模块是 std::net。这侧重于编写使用 TCP 和 UDP 进行通信的代码。Rust std::net 模块不直接处理 TCP/IP 协议套件的数据链路层或应用层。有了这些知识背景之后，即可理解 Rust 标准库中为 TCP 和 UDP 通信提供的网络原语。

11.3　理解 Rust 标准库中的网络原语

本节将讨论 Rust 网络标准库中的基础数据结构。

11.3.1　Rust 网络标准库中的基础数据结构

图 11.3 列出了常用的数据结构。

现在来仔细看这些数据结构。

❑ Ipv4Addr：这是一个表示 IPv4 地址的存储 32 位整数的结构体，并且可以提供相关的函数和方法来设置和查询地址值。

❑ Ipv6Addr：这是一个表示 IPv6 地址的存储 128 位整数的结构体，并且可以提供相关的函数和方法来设置和查询地址值。

❑ SocketAddrv4：这是一个表示互联网域套接字的结构体。它可存储一个 IPv4 地址和一个 16 位端口号，并提供相关的函数和方法来设置和查询套接字值。

❑ SocketAddrv6：这是一个表示互联网域套接字的结构体。它可存储一个 IPv6 地址和一个 16 位端口号，并提供相关的函数和方法来设置和查询套接字值。

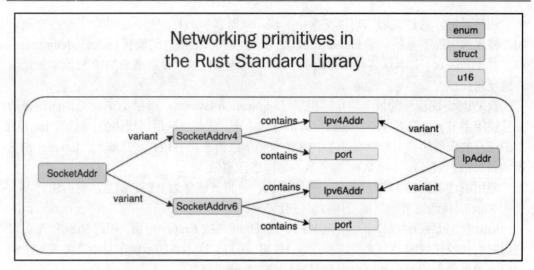

图 11.3　Rust 标准库中的网络原语

原　　　文	译　　　文
Networking primitives in the Rust Standard Library	Rust 标准库中的网络原语
variant	变体
contains	包含

❑ IpAddr：这是一个有两个变体的枚举，这两个变体是 V4（Ipv4Addr）和 V6（Ipv6Addr）。这意味着它可以保存 IPv4 主机地址或 IPv6 主机地址。

❑ SocketAddr：这是一个有两个变体的枚举，这两个变体是 V4（SocketAddrV4）和 V6（SocketAddrV6）。这意味着它可以保存 IPv4 套接字地址或 IPv6 套接字地址。

💡 提示：

Ipv6 地址的大小可能会有所不同，具体取决于目标操作系统架构。

11.3.2　IP 地址应用示例

现在来看几个应用示例，先从创建 IPv4 和 IPv6 地址开始。

在以下示例中，使用了 std::net 模块创建 IPv4 和 IPv6 地址，并使用内置方法查询创建的地址。is_loopback()方法可确认地址是否对应 localhost，segments()方法可返回 IP 地址的各个段。另请注意，std::net 模块提供了一个特殊常量 Ipv4Addr::LOCALHOST，可用于使用 localhost（环回）地址初始化 IP 地址。

```rust
use std::net::{Ipv4Addr, Ipv6Addr};

fn main() {
    // 创建一个新 IPv4 地址（该地址包含 4 个 8 位整数）
    let ip_v4_addr1 = Ipv4Addr::new(106, 201, 34, 209);
    // 使用内置常量创建新的环回地址
    // 即 localhost 地址
    let ip_v4_addr2 = Ipv4Addr::LOCALHOST;
    println!(
        "Is ip_v4_addr1 a loopback address? {}",
        ip_v4_addr1.is_loopback()
    );
    println!(
        "Is ip_v4_addr2 a loopback address? {}",
        ip_v4_addr2.is_loopback()
    );
    // 创建一个新 IPv6 地址
    // 该地址包含 8 个 16 位整数，以 16 进制表示
    let ip_v6_addr = Ipv6Addr::new(2001, 0000, 3238,
        0xDFE1, 0063, 0000, 0000, 0xFEFB);
    println!("IPV6 segments {:?}", ip_v6_addr.segments());
}
```

以下示例显示了如何使用 IpAddr 枚举。在此示例中，显示了使用 IpAddr 枚举创建 IPv4 和 IPv6 地址的用法。IpAddr 枚举可帮助开发人员在程序数据结构中以更通用的方式定义 IP 地址，并允许在程序中灵活使用 IPv4 和 IPv6 地址。

```rust
use std::net::{IpAddr, Ipv4Addr, Ipv6Addr};

fn main() {
    // 创建 IPv4 地址
    let ip_v4_addr = IpAddr::V4(Ipv4Addr::new(106, 201, 34, 209));
    // 检查地址是 IPv4 还是 IPv6
    println!("Is ip_v4_addr an ipv4 address? {}", ip_v4_addr.is_ipv4());
    println!("Is ip_v4_addr an ipv6 address? {}", ip_v4_addr.is_ipv6());

    // 创建 IPv6 地址
    let ip_v6_addr = IpAddr::V6(Ipv6Addr::new(0, 0, 0, 0, 0, 0, 0, 1));
    println!("Is ip_v6_addr an ipv6 address? {}", ip_v6_addr.is_ipv6());
}
```

11.3.3　套接字示例

现在转向套接字应用示例。如前文所述，套接字包含一个 IP 地址和一个端口。Rust 对 IPv4 和 IPv6 套接字都有单独的数据结构。

现在来看一个例子。以下代码创建了一个新的 IPv4 套接字，并分别使用 ip() 和 port() 方法从构造的套接字中查询 IP 地址和端口号。

```rust
use std::net::{IpAddr, Ipv4Addr, SocketAddr};
fn main() {
    // 创建 IPv4 套接字
    let socket = SocketAddr::new(IpAddr::V4(
        Ipv4Addr::new(127,0,0,1)),8000);
    println!("Socket address is {}, port is {}",
        socket.ip(), socket.port());
    println!("Is this IPv6 socket?{}",socket.is_ipv6());
}
```

IP 地址和套接字代表了使用 Rust 标准库进行网络编程的基础数据结构。接下来，我们将讨论如何用 Rust 编写可以通过 TCP 和 UDP 协议进行通信的程序。

11.4　在 Rust 中使用 TCP 和 UDP 进行编程

如前文所述，TCP 和 UDP 是 Internet 的基本传输层网络协议。本节将首先编写一个 UDP 服务器和客户端，然后看看如何使用 TCP 做同样的事情。

创建一个名为 tcpudp 的新项目，我们将在其中编写 TCP 和 UDP 服务器和客户端。

```
cargo new tcpudp && cd tcpudp
```

先来看看使用 UDP 的网络通信。

11.4.1　编写 UDP 服务器和客户端

以下将介绍如何配置 UDP 套接字，以及如何发送和接收数据。具体操作包括：

❑　编写 UDP 服务器。

❑　编写 UDP 客户端。

此外，对 UDP 服务器和客户端进行测试。

1．编写 UDP 服务器

在以下示例中，通过使用 UdpSocket::bind 绑定到本地套接字来编写 UDP 服务器，然后创建一个固定大小的缓冲区，并在循环中监听传入的数据流。如果收到数据，则生成一个新线程，通过将数据回显给发送方来处理数据。在第 9 章"管理并发"中已经介绍了如何生成新线程，所以这里不需要再做过多解释了。

tcpudp/src/bin/udp-server.rs

```rust
use std::str;
use std::thread;

fn main() {
    let socket = UdpSocket::bind("127.0.0.1:3000").expect(
        "Unable to bind to port");
    let mut buffer = [0; 1024];
    loop {
        let socket_new = socket.try_clone().expect(
            "Unable to clone socket");
        match socket_new.recv_from(&mut buffer) {
            Ok((num_bytes, src_addr)) => {
                thread::spawn(move || {
                    let send_buffer = &mut
                        buffer[..num_bytes];
                    println!(
                        "Received from client:{}",
                        str::from_utf8(
                            send_buffer).unwrap()
                    );
                    let response_string =
                        format!("Received this: {}",
                            String::from_utf8_lossy(
                            send_buffer));
                    socket_new
                        .send_to(&response_string
                            .as_bytes(), &src_addr)
                        .expect("error in sending datagram
                            to remote socket");
                });
            }
            Err(err) => {
                println!("Error in receiving datagrams over
```

```
                              UDP: {}", err);
             }
        }
    }
}
```

2. 编写 UDP 客户端向服务器发送数据包

在以下代码中，首先要求标准库绑定到本地端口（通过提供 0.0.0.0:0 的地址端口组合，这允许操作系统选择一个临时 IP 地址/端口来发送数据报）。然后尝试连接到服务器运行所在的远程套接字，并在连接失败的情况下显示错误。在连接成功的情况下，使用 peer_addr() 方法输出对等方的套接字地址。最后使用 send() 方法向远程套接字（服务器）发送消息。

tcpudp/src/bin/udp-client.rs

```
use std::net::UdpSocket;
fn main() {
    // 创建本地 UDP 套接字
    let socket = UdpSocket::bind("0.0.0.0:0").expect(
        "Unable to bind to socket");
    // 将该套接字连接到远程套接字
    socket
        .connect("127.0.0.1:3000")
        .expect("Could not connect to UDP server");
    println!("socket peer addr is {:?}", socket.peer_addr());
    // 将数据报发送到远程套接字
    socket
        .send("Hello: sent using send() call".as_bytes())
        .expect("Unable to send bytes");
}
```

3. 测试 UDP 服务器和客户端

使用以下命令运行 UDP 服务器：

```
cargo run --bin udp-server
```

从单独的终端中使用以下命令运行 UDP 客户端：

```
cargo run --bin udp-client
```

此时将看到服务器收到的消息，该消息是从客户端中发送的。

到目前为止,我们已经演示了如何在 Rust 中编写程序以通过 UDP 进行通信。接下来,我们看看 TCP 通信是如何完成的。

11.4.2　编写 TCP 服务器和客户端

以下将介绍如何配置 TCP 侦听器、编写 TCP 套接字服务器以及通过 TCP 发送和接收数据。类似地,具体操作包括:

- ❑ 编写 TCP 服务器。
- ❑ 编写 TCP 客户端。

此外,对 TCP 服务器和客户端进行测试。

1. 编写 TCP 服务器

在以下代码中,使用 TcpListener::bind 编写一个侦听套接字的 TCP 服务器。然后使用 incoming()方法返回传入连接的迭代器。每个连接都返回一个 TCP 流,可以使用 stream.read()方法读取数据并输出值。此外还使用 stream.write()方法通过连接回显接收到的数据。

tcpudp/src/bin/tcp-server.rs

```
use std::io::{Read, Write};
use std::net::TcpListener;
fn main() {
    let connection_listener = TcpListener::bind(
        "127.0.0.1:3000").unwrap();
    println!("Running on port 3000");
    for stream in connection_listener.incoming() {
        let mut stream = stream.unwrap();
        println!("Connection established");
        let mut buffer = [0; 100];
        stream.read(&mut buffer).unwrap();
        println!("Received from client: {}",
            String::from_utf8_lossy(&buffer));
        stream.write(&mut buffer).unwrap();
    }
}
```

TCP 服务器的代码到此结束。

2. 编写 TCP 客户端向服务器发送数据

现在编写一个 TCP 客户端来向 TCP 服务器发送一些数据。

在以下 TCP 客户端代码中，使用 TcpStream::connect()函数连接到服务器正在侦听的远程套接字。该函数返回一个 TCP 流，它可以被读取和写入。在本示例中，首先要向 TCP 流写入一些数据，然后读回从服务器中收到的响应。

tcpudp/src/bin/tcp-client.rs

```
use std::io::{Read, Write};
use std::net::TcpStream;
use std::str;
fn main() {
    let mut stream = TcpStream::connect(
        "localhost:3000").unwrap();
    let msg_to_send = "Hello from TCP client";
    stream.write(msg_to_send.as_bytes()).unwrap();
    let mut buffer = [0; 200];
    stream.read(&mut buffer).unwrap();
    println!(
        "Got echo back from server:{:?}",
        str::from_utf8(&buffer)
            .unwrap()
            .trim_end_matches(char::from(0))
    );
}
```

3. 测试 TCP 服务器和客户端

现在可使用以下命令运行 TCP 服务器：

```
cargo run --bin tcp-server
```

从单独的终端中使用以下命令运行 TCP 客户端：

```
cargo run --bin tcp-client
```

此时将看到从客户端中发送的消息被服务器接收并回显。

关于使用 Rust 标准库执行 TCP 和 UDP 通信的演示到此结束。接下来，我们将使用迄今为止学到的概念来编写一个 TCP 反向代理。

11.5　编写一个 TCP 反向代理

本节将仅使用 Rust 标准库演示 TCP 反向代理（TCP reverse proxy）的基本功能，而不使用任何外部库或框架。

11.5.1　代理服务器类型

代理服务器是一种中间软件服务，在 Internet 上的多个网络之间导航时使用。有两种类型的代理服务器——正向代理（forward proxy）和反向代理（reverse proxy）。正向代理充当客户端向 Internet 发出请求的中介，而反向代理则充当服务器的中介。图 11.4 说明了正向和反向代理服务器的用法。

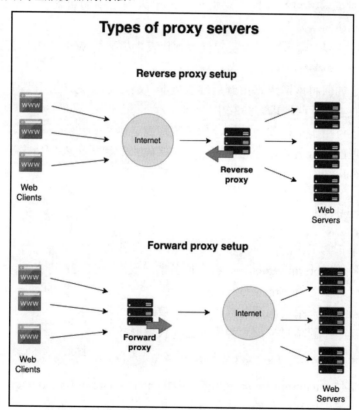

图 11.4　代理服务器的类型

原　　文	译　　文
Types of proxy servers	代理服务器的类型
Reverse proxy setup	反向代理设置
Web Clients	Web 客户端

续表

原　　文	译　　文
Reverse proxy	反向代理
Web Servers	Web 服务器
Forward proxy setup	正向代理设置
Forward proxy	正向代理

正向代理可充当一组客户端计算机的 Internet 网关。它们将帮助单个客户端计算机在浏览 Internet 时隐藏其 IP 地址。它们还有助于为网络中的机器执行组织策略以访问 Internet，如限制访问网站。

正向代理代表客户端运行，而反向代理则代表主机（如 Web 服务器）运行。它们对客户端隐藏了后端服务器的身份。客户端只向反向代理服务器地址/域发出请求，而反向代理服务器知道如何将该请求路由到后端服务器（有时也称为源服务器），并将从源服务器中接收到的响应返回请求客户端中。

反向代理还可用于执行其他功能，如负载均衡、缓存和压缩。当然，本示例将专注于演示反向代理的核心概念，即将从客户端中接收到的请求定向到后端源服务器并将响应路由回请求客户端中。

11.5.2　新建项目

要演示一个正常工作的反向代理，可构建两个服务器。

❑ 源服务器（origin server）：TCP 服务器（仅限于 HTTP 语义）。

❑ 反向代理服务器（reverse proxy server）：来自此服务器的客户端请求将被定向到源服务器，来自源服务器的响应将被路由回客户端中。

现在可创建一个新项目来编写源服务器和代理服务器：

```
cargo new tcpproxy && cd tcpproxy
```

创建两个文件：tcpproxy/src/bin/origin.rs 和 tcpproxy/src/bin/proxy.rs。

我们从源服务器的代码开始。该服务器将执行以下操作：

❑ 接收传入的 HTTP 请求。

❑ 提取请求的第一行（称为 HTTP 请求行）。

❑ 接收特定路由上的 GET HTTP 请求（如/order/status/1）。

❑ 返回订单状态。我们将演示如何解析 HTTP 请求行以检索订单号，并仅发回一个响应 Order status for order number 1 is: Shipped（订单号 1 的订单状态为已发货）。

接下来，我们将首先研究源服务器的代码。

11.5.3　编写源服务器——结构体和方法

我们将首先讨论模块导入、结构体定义和方法的代码，然后讨论 main()函数的代码。源服务器的所有代码都可以在 tcpproxy/src/bin/origin.rs 中找到。

以下语句可从标准库中导入各种模块。std::io 模块将用于读取和写入 TCP 流，而 std::net 模块则可提供 TCP 侦听器、套接字和地址的原语。字符串模块（std::str 和 std::string）用于字符串操作和处理字符串解析错误。

tcpproxy/src/bin/origin.rs

```
use std::io::{Read, Write};
use std::net::TcpListener;
use std::net::{IpAddr, Ipv4Addr, SocketAddr};
use std::str;
use std::str::FromStr;
use std::string::ParseError;
```

接下来，声明一个结构体来保存传入的 HTTP 请求行（多行 HTTP 请求消息的第一行）。我们还将为此结构体编写一些辅助方法。

在以下代码中，我们将声明一个 RequestLine 结构体，它由 3 个字段组成——HTTP 方法、请求资源的路径以及 HTTP 协议版本（该协议版本是由 Internet 浏览器或其他发送请求的 HTTP 客户端支持的）。

我们还将编写一些方法来返回结构体成员的值。将为 get_order_number() 方法实现自定义逻辑。如果接收到对路径为/order/status/1 的资源的请求，则可以用 / 分割这个字符串，并返回字符串的最后一部分，即订单号 1。

tcpproxy/src/bin/origin.rs

```
#[derive(Debug)]
struct RequestLine {
    method: Option<String>,
    path: Option<String>,
    protocol: Option<String>,
}

impl RequestLine {
    fn method(&self) -> String {
```

```
            if let Some(method) = &self.method {
                method.to_string()
            } else {
                String::from("")
            }
        }
    fn path(&self) -> String {
            if let Some(path) = &self.path {
                path.to_string()
            } else {
                String::from("")
            }
        }
    fn get_order_number(&self) -> String {
            let path = self.path();
            let path_tokens: Vec<String> = path.split("/").map(
                |s| s.parse().unwrap()).collect();
            path_tokens[path_tokens.len() - 1].clone()
        }
    }
}
```

现在还需要为 RequestLine 结构体实现 FromStr trait，以便将传入的 HTTP 请求行（字符串）转换为内部 Rust 数据结构——RequestLine。

该 HTTP 请求行的结构如下：

```
<HTTP-method> <path> <protocol>
```

这 3 个值由空格分隔，并且都出现在 HTTP 请求消息的第一行中。以下程序将解析这 3 个值并将它们加载到 RequestLine 结构体中，稍后还将进一步解析路径组成部分并从中提取订单号，以进行处理。

tcpproxy/src/bin/origin.rs

```
impl FromStr for RequestLine {
    type Err = ParseError;
    fn from_str(msg: &str) -> Result<Self, Self::Err> {
        let mut msg_tokens = msg.split_ascii_whitespace();
        let method = match msg_tokens.next() {
            Some(token) => Some(String::from(token)),
            None => None,
        };
        let path = match msg_tokens.next() {
            Some(token) => Some(String::from(token)),
```

```
            None => None,
        };
        let protocol = match msg_tokens.next() {
            Some(token) => Some(String::from(token)),
            None => None,
        };

        Ok(Self {
            method: method,
            path: path,
            protocol: protocol,
        })
    }
}
```

到目前为止，我们已经详细讨论了 RequestLine 结构体的模块导入、结构定义和方法。接下来将编写 main()函数。

11.5.4　编写源服务器——main()函数

在源服务器的 main()函数中，将执行以下操作：

（1）启动 TCP 服务器。

（2）监听传入的连接。

对于每个传入的连接，将执行以下操作：

（1）读取传入的 HTTP 请求消息的第一行，并将其转换为 RequestLine 结构体。

（2）构造 HTTP 响应消息并将其写入 TCP 流中。

main()函数的代码分为两部分：

❑　启动 TCP 服务器和侦听连接。

❑　处理传入的 HTTP 请求。

接下来，我们将逐一分解这两个部分。

1．启动 TCP 服务器并侦听连接

要启动 TCP 服务器，可构造一个套接字地址，并使用 TcpListener::bind 绑定到一个套接字，具体如下：

tcpproxy/src/bin/origin.rs

```
// 启动源服务器
```

```
let port = 3000;
let socket_addr = SocketAddr::new(IpAddr::V4(
    Ipv4Addr::new(127, 0, 0, 1)), port);
let connection_listener = TcpListener::bind(
    socket_addr).unwrap();

println!("Running on port: {}", port);
```

然后侦听传入的连接，并从每个连接的流中读取：

tcpproxy/src/bin/origin.rs

```
    for stream in connection_listener.incoming() {
    // 传入 HTTP 请求的处理
}
```

接下来，我们仔细看看传入请求的处理。

2．处理传入的 HTTP 请求

要处理传入的请求，第一步是检索请求消息的第一行并将其转换为 RequestLine 结构体。在以下代码中，使用 lines()方法返回行的迭代器，然后使用 lines().next()检索 HTTP 请求的第一行，使用 RequestLine::from_str()将其转换为 RequestLine 结构体，这是可能的，因为我们已经为 RequestLine 结构体实现了 FromStr trait。

tcpproxy/src/bin/origin.rs

```
// 读取传入 HTTP 请求的第一行
// 并将其转换为 RequestLine 结构体
let mut stream = stream.unwrap();
let mut buffer = [0; 200];
stream.read(&mut buffer).unwrap();
let req_line = "";
let string_request_line =
    if let Some(line) = str::from_utf8(
        &buffer).unwrap().lines().next() {
      line
    } else {
        println!("Invalid request line received");
        req_line
    };
let req_line = RequestLine::from_str(
    string_request_line).unwrap();
```

现在已经将所需的数据解析到 RequestLine 结构体中，我们可以处理它并将 HTTP 响应发送回去。如果接收到的消息不是 GET 请求，请求消息中的路径不是以/order/status 开头，或者没有提供订单号，则构造一个带有 404 Not found HTTP 状态码的 HTTP 响应消息。

tcpproxy/src/bin/origin.rs

```
// 构造 HTTP 响应字符串
let html_response_string;
let order_status;
println!("len is {}", req_line.get_order_number().len());

if req_line.method() != "GET"
    || !req_line.path().starts_with("/order/status")
    || req_line.get_order_number().len() == 0
{
    if req_line.get_order_number().len() == 0 {
        order_status = format!("Please provide
            valid order number");
    } else {
        order_status = format!("Sorry,this page is not found");
    }

    html_response_string = format!(
        "HTTP/1.1 404 Not Found\nContent-Type:
            text/html\nContent-Length:{}\n\n{}",
        order_status.len(),
        order_status
    );
}
```

如果请求的格式正确，可以检索到订单号的订单状态，则应该构造一个带有 200 OK HTTP 状态代码的 HTML 响应消息，以便将该响应发送回客户端中。

tcpproxy/src/bin/origin.rs

```
else {
    order_status = format!(
        "Order status for order number {} is:Shipped\n",
        req_line.get_order_number()
    );
    html_response_string = format!(
        "HTTP/1.1 200 OK\nContent-Type:text/html\nContent-Length:{}\n\n{}",
```

```
        order_status.len(),
        order_status
    );
}
```

最后，将构建的 HTTP 响应消息写入 TCP 流中：

tcpproxy/src/bin/origin.rs

```
stream.write(html_response_string.as_bytes()).unwrap();
```

源服务器的代码到此结束。

完整代码可以在本书 GitHub 存储库的 tcpproxy/src/bin/origin.rs 中找到。

11.5.5 测试源服务器

使用以下命令运行程序：

cargo run --bin origin

此时应该看到服务器启动并显示以下消息：

Running on port: 3000

在浏览器窗口中，输入以下 URL：

localhost:3000/order/status/2

应该会在浏览器屏幕上看到以下响应：

Order status for order number 2 is: Shipped

尝试输入具有无效路径的 URL，例如：

localhost:3000/invalid/path

此时应该会看到以下消息：

Sorry, this page is not found

此外，还可以尝试提供有效路径但不提供订单号，例如：

localhost:3000/order/status/

将看到以下错误消息：

Please provide valid order number

有关源服务器的讨论至此结束。接下来，我们将编写反向代理的代码。

11.5.6　编写反向代理服务器

让我们从模块导入开始深入研究反向代理的代码。反向代理服务器的所有代码都可以在 tcpproxy/src/bin/proxy.rs 中找到。

先来看看模块导入代码。

std::env 模块用于读取命令行参数，std::io 模块用于读取和写入 TCP 流，std::net 模块是通信的主要模块，std::process 模块用于在出现不可恢复的错误时退出程序，std::thread 模块则用于生成一个新线程来处理传入的请求。

tcpproxy/src/bin/proxy.rs

```rust
use std::env;
use std::io::{Read, Write};
use std::net::{TcpListener, TcpStream};
use std::process::exit;
use std::thread;
```

现在来编写 main()函数。当启动反向代理服务器时，可接收两个命令行参数，分别对应反向代理和源服务器的套接字地址。如果用户没有提供这两个命令行参数，则输出错误信息并退出程序。

在接收两个命令行参数之后，可解析命令行输入并使用 TcpListener::bind 启动服务器。绑定到本地端口后，连接到源服务器，如果连接失败，则会输出错误消息。

将以下代码放在 main()函数块中：

tcpproxy/src/bin/proxy.rs

```rust
// 接收 proxy_stream 和 origin_stream 两个命令行参数
let args: Vec<_> = env::args().collect();
if args.len() < 3 {
    eprintln!("Please provide proxy-from and proxy-to addresses");
    exit(2);
}
let proxy_server = &args[1];
let origin_server = &args[2];
// 在 proxy_stream 上启动套接字服务器
let proxy_listener;
if let Ok(proxy) = TcpListener::bind(proxy_server) {
```

```
    proxy_listener = proxy;
    let addr = proxy_listener.local_addr().unwrap().ip();
    let port = proxy_listener.local_addr().unwrap().port();
    if let Err(_err) = TcpStream::connect(
        origin_server) {
        println!("Please re-start the origin server");
        exit(1);
    }
    println!("Running on Addr:{}, Port:{}\n", addr, port);
} else {
    eprintln!("Unable to bind to specified proxy port");
    exit(1);
}
```

在启动服务器之后，必须侦听传入的连接。对于每个连接，可产生一个单独的线程来处理。线程依次调用 handle_connection()函数（稍后将介绍该函数），然后将子线程句柄与主线程连接起来，以确保 main()函数在子线程完成之前不会退出。

tcpproxy/src/bin/proxy.rs

```
// 侦听来自 proxy_server 的传入连接
// 并读取字节流
let mut thread_handles = Vec::new();
for proxy_stream in proxy_listener.incoming() {
    let mut proxy_stream = proxy_stream.expect("Error
        in incoming TCP connection");
    // 建立与 origin_stream 的新 TCP 连接
    let mut origin_stream =
        TcpStream::connect(origin_server).expect(
            "Please re-start the origin server");
    let handle =
        thread::spawn(move || handle_connection(&mut
            proxy_stream, &mut origin_stream));
    thread_handles.push(handle);
}
for handle in thread_handles {
    handle.join().expect("Unable to join child thread");
}
```

main()函数代码的讨论到此结束。

现在来编写 handle_function()的代码。这包含代理到源服务器的核心逻辑：

tcpproxy/src/bin/proxy.rs

```rust
fn handle_connection(proxy_stream: &mut TcpStream,
    origin_stream: &mut TcpStream) {
    let mut in_buffer: Vec<u8> = vec![0; 200];
    let mut out_buffer: Vec<u8> = vec![0; 200];
    // 将传入请求读取到 proxy_stream 中
    if let Err(err) = proxy_stream.read(&mut in_buffer) {
        println!("Error in reading from incoming proxy
            stream: {}", err);
    } else {
        println!(
            "1: Incoming client request: {}",
            String::from_utf8_lossy(&in_buffer)
        );
    }
    // 将字节流写入 origin_stream 中
    let _ = origin_stream.write(&mut in_buffer).unwrap();
    println!("2: Forwarding request to origin server\n");
    // 从后端服务器中读取响应
    let _ = origin_stream.read(&mut out_buffer).unwrap();
    println!(
        "3: Received response from origin server: {}",
        String::from_utf8_lossy(&out_buffer)
    );
    // 将响应写回代理客户端中
    let _ = proxy_stream.write(&mut out_buffer).unwrap();
    println!("4: Forwarding response back to client");
}
```

为便于调试，对代理功能所涉及的 4 个关键步骤在代码中进行了标注，同时它们也被输出到了控制台中。

（1）第一步，从传入的客户端连接中读取传入的数据。

（2）第二步，打开一个新的 TCP 流，将从客户端接收到的数据发送到源服务器中。

（3）第三步，读取从源服务器中接收到的响应并将数据存储在缓冲区中。

（4）最后一步，将在第三步中接收到的数据写入发送原始请求的客户端对应的 TCP 流中。

有关反向代理的代码讨论到此结束。

为方便演示，本项目仅提供简单功能，只处理基本用例。作为一项额外的练习，你可以添加更多用例以使服务器更加健壮，并添加额外的功能，如负载均衡和缓存。

源服务器的代码至此结束。完整的代码可以在本书配套 GitHub 存储库的 tcpproxy/
src/bin/proxy.rs 中找到。

11.5.7　测试反向代理服务器

首先，使用以下命令启动源服务器：

```
cargo run --bin origin
```

然后，使用以下命令运行代理服务器：

```
cargo run --bin proxy localhost:3001 localhost:3000
```

上述命令传递的第一个命令行参数被反向代理服务器用来绑定到指定的套接字地址
上。第二个命令行参数对应于运行源服务器的套接字地址。这是必须代理传入请求的地址。

现在通过浏览器运行与源服务器相同的测试，只是这次需要将请求发送到端口 3001，
这是反向代理服务器正在运行的地方。你将会收到类似的响应消息，这表明 Internet 浏览
器客户端发送的请求被反向代理服务器代理到后端源服务器，并且从源服务器接收到的
响应将被路由回浏览器客户端中。

服务器启动时将显示以下消息：

```
Running on Addr:127.0.0.1, Port:3001
```

在浏览器窗口中，输入以下 URL：

```
localhost:3001/order/status/2
```

应该会在浏览器屏幕上看到以下响应：

```
Order status for order number 2 is: Shipped
```

尝试输入具有无效路径的 URL，例如：

```
localhost:3001/invalid/path
```

应该会看到以下消息：

```
Sorry, this page is not found
```

此外，还可以提供有效路径而不提供订单号，例如：

```
localhost:3001/order/status/
```

将看到以下错误消息：

```
Please provide valid order number
```

本示例项目至此结束。

11.6　小　　结

　　本章详细介绍了 UNIX/Linux 中网络的基础知识，然后阐释了 Rust 标准库中的网络原语，包括 IPv4 和 IPv6 地址的数据结构、IPv4 和 IPv6 套接字以及相关方法。另外，本章还介绍了如何创建地址和套接字，以及如何查询它们。

　　本章讨论了如何使用 UDP 套接字并编写了一个 UDP 客户端和服务器。除此之外，本章还介绍了 TCP 通信基础知识，包括如何配置 TCP 侦听器、如何创建 TCP 套接字服务器以及如何发送和接收数据。

　　最后，本章还编写了一个由两台服务器组成的项目：一个源服务器和一个将请求路由到源服务器中的反向代理服务器。

　　第 12 章"编写不安全 Rust 和 FFI"将介绍系统编程的另一个重要主题——不安全 Rust 和 FFI。

第 12 章　编写不安全 Rust 和 FFI

在第 11 章"学习网络编程"中详细阐释了 Rust 标准库中内置的网络原语，并讨论了如何编写通过 TCP 和 UDP 进行通信的程序。本章将介绍一些与不安全 Rust（unsafe Rust）和外部函数接口（foreign function interface，FFI）相关的高级主题。

我们已经解释了 Rust 编译器如何强制执行内存和线程安全的所有权规则（详见 5.4.4 节"Rust 的所有权规则"）。虽然这在大多数情况下是一件幸事，但在某些情况下，可能想要实现新的低级数据结构或调用通过其他语言编写的外部程序；或者，可能想要执行 Rust 编译器禁止的其他操作，如取消引用原始指针、改变静态变量或处理未初始化的内存。当系统调用涉及处理原始指针时，Rust 标准库本身如何进行系统调用来管理资源？答案在于理解不安全 Rust 和 FFI。

本章将首先探讨 Rust 代码库如何使用不安全的 Rust 代码，然后介绍有关 FFI 的基础知识，并讨论使用时的特殊注意事项。我们还将编写调用 C 函数的 Rust 代码，以及调用 Rust 函数的 C 程序。

本章包含以下主题：

❑　不安全 Rust 简介。
❑　FFI 简介。
❑　安全 FFI 指南。
❑　从 C 中调用 Rust。
❑　理解 ABI。

阅读完本章之后，你将了解何时适用不安全的 Rust，以及如何使用不安全的 Rust，将掌握如何通过 FFI 将 Rust 连接到其他编程语言，并学习如何使用它们。本章还将讨论一些高级主题，如应用程序二进制接口（application binary interface，ABI）、条件编译、数据布局约定以及向链接器提供指令等。在为不同的目标平台构建 Rust 二进制文件，以及将 Rust 代码与用其他编程语言编写的代码链接时，理解这些主题将大有裨益。

12.1　技术要求

使用以下命令验证 rustup、rustc 和 cargo 是否已正确安装：

```
rustup --version
rustc --version
cargo --version
```

由于本章涉及编译 C 代码和生成二进制文件，因此你还需要在开发机器上设置 C 开发环境。安装完成后，运行以下命令验证安装是否成功：

```
gcc --version
```

如果此命令未成功执行，则需要检查安装情况。

💡提示：

建议在 Windows 平台上进行开发的用户使用 Linux 虚拟机来尝试应用本章代码。

本章代码已经在 Ubuntu 20.04 (LTS) x64 上进行了测试，应该适用于任何其他 Linux 变体。

本章代码网址如下：

https://github.com/PacktPublishing/Practical-System-Programming-for-Rust-Developers/
tree/master/Chapter12

12.2　不安全 Rust 简介

到目前为止，本书讨论和使用的 Rust 语言都是安全的，它在编译时强制执行内存和类型安全，并防止各种未定义的行为，如内存溢出、空指针或无效指针构造以及数据争用等。事实上，Rust 标准库为开发人员提供了很好的工具和实用程序来编写安全的、地道的 Rust，并有助于保持程序安全。

但在某些情况下，编译器可能会成为障碍。Rust 编译器对代码执行的静态分析是保守的（这意味着 Rust 编译器不介意生成一些误报，抱着"宁可错杀也不可放过"的哲学，拒绝有效代码，不让它认为的坏代码通过）。程序开发人员知道某段代码是安全的，但只要编译器认为代码有风险，它就会拒绝这段代码。这包括系统调用、类型强制和内存指针的直接操作等，这些操作常用于开发若干类别的系统软件。

另一个例子是嵌入式系统。在嵌入式系统中，通过固定的内存地址访问寄存器并需要取消引用指针。

因此，为了启用此类操作，Rust 语言提供了 unsafe 关键字。

对于 Rust 来说，作为一种系统编程语言，必须让程序开发人员能够编写低级代码以直接与操作系统交互，必要时还需要绕过 Rust 标准库。这是不安全 Rust。它是 Rust 语言中不遵守借用检查器规则的部分。

　　不安全 Rust 可以被认为是安全 Rust 的超集。之所以说它是一个超集，是因为它不但允许开发人员做标准 Rust 中可以做的所有事情，还允许开发人员做更多 Rust 编译器禁止的事情。事实上，Rust 中的编译器和标准库就包含精心编写的不安全 Rust 代码。

12.2.1　区分安全 Rust 和不安全 Rust 代码

　　Rust 提供了一种方便而直观的机制，可以使用 unsafe 关键字将代码块包含在不安全块中。尝试以下代码：

```
fn main() {
    let num = 23;
    // 对 num 的不可变引用
    let borrowed_num = &num;
    // 将引用 borrowed_num 强制转换为原始指针
    let raw_ptr = borrowed_num as *const i32;
    assert!(*raw_ptr == 23);
}
```

使用 cargo check 命令编译此代码（或从 Rust IDE 中运行此代码）。将看到以下错误消息：

error[E0133]: dereference of raw pointer is unsafe and requires unsafe function or block

现在通过将原始指针的解引用包含在一个 unsafe 块中来修改代码：

```
fn main() {
    let num = 23;
    // 对 num 的不可变引用
    let borrowed_num = &num;
    // 将引用 borrowed_num 强制转换为原始指针
    let raw_ptr = borrowed_num as *const i32;
    unsafe {
        assert!(*raw_ptr == 23);
    }
}
```

　　现在可以看到编译成功，即使此代码可能会导致未定义的行为。这是因为，一旦将某些代码包含在 unsafe 块中，编译器就会希望程序开发人员确保不安全代码的安全。

接下来，我们看看 Rust 支持的不安全操作类型。

12.2.2　在不安全 Rust 中的操作

unsafe 类别中实际上只有 5 个关键操作——取消引用（dereferencing）原始指针、访问或修改可变静态变量（mutable static variable）、实现不安全 trait、通过 FFI 接口调用外部函数，以及跨 FFI 边界共享联合体。

本节将讨论前 3 个操作，在 12.3 节“FFI 简介”中讨论后两个操作。

1. 取消引用原始指针

不安全 Rust 有以下两种原始指针新类型。

❑　*const T：是一个指针类型，对应于安全 Rust 中的&T（安全 Rust 中的不可变引用类型）。

❑　*mut T：是一个指针类型，对应于安全 Rust 中的&mut T（安全 Rust 中的可变引用类型）。

与 Rust 引用类型不同，这些原始指针可以同时拥有指向一个值的不可变和可变指针，或者同时拥有多个指向内存中相同值的指针。当这些指针超出范围时，不会自动清理内存，这些指针也可以为空（null）或引用无效的内存位置。Rust 为内存安全提供的保证不适用于这些指针类型。以下显示了如何在 unsafe 块中定义并访问指针的示例：

```
fn main() {
    let mut a_number = 5;
    // 创建一个指向值 5 的不可变指针
    let raw_ptr1 = &a_number as *const i32;
    // 创建一个指向值 5 的可变指针
    let raw_ptr2 = &mut a_number as *mut i32;

    unsafe {
        println!("raw_ptr1 is: {}", *raw_ptr1);
        println!("raw_ptr2 is: {}", *raw_ptr2);
    }
}
```

从这段代码中可以看到，通过对相应的不可变和可变引用类型进行转换，我们同时创建了对同一值的不可变引用和可变引用。

请注意，在创建原始指针时并不需要 unsafe 块，只有在取消引用时才需要使用 unsafe 块。这是因为取消引用原始指针可能会导致不可预测的行为，而借用检查器不负责验证其有效性或生命周期。

2．访问或修改可变静态变量

静态变量有一个固定的内存地址，并且可以被标记为可变的。但是如果一个静态变量被标记为可变的，那么访问和修改它就是一个不安全的操作，并且必须被包含在一个 unsafe 块中。在以下示例中，声明了一个可变静态变量，该变量使用要生成的线程数的默认值进行初始化。然后，在 main()函数中检查一个环境变量，如果被指定，那么它将覆盖默认值。对于静态变量来说，值的这种覆盖必须被包含在一个 unsafe 块中。

```rust
static mut THREAD_COUNT: u32 = 4;
use std::env::var;
fn change_thread_count(count: u32) {
    unsafe {
        THREAD_COUNT = count;
    }
}
fn main() {
    if let Some(thread_count) =
        var("THREAD_COUNT").ok() {
        change_thread_count(thread_count.parse::
            <u32>()
            .unwrap());
    };
    unsafe {
        println!("Thread count is: {}", THREAD_COUNT);
    }
}
```

上述代码片段显示了初始化为 4 的可变静态变量 THREAD_COUNT 的声明。当 main()函数执行时，它会查找名为 THREAD_COUNT 的环境变量。如果找到 env 变量，main()函数会调用 change_thread_count()函数，该函数会在 unsafe 块中改变静态变量的值。然后 main()函数将输出 unsafe 块中的值。

3．实现不安全 trait

可以试着通过一个例子来理解这一点。假设有一个自定义结构体，其中包含我们想要跨线程发送或共享的原始指针。在第 9 章"管理并发"中已经介绍过，对于跨线程发送或共享的类型，需要实现 Send 或 Sync trait。要为原始指针实现这两个 trait，则必须使用不安全的 Rust，具体如下：

```
struct MyStruct(*mut u16);
unsafe impl Send for MyStruct {}
unsafe impl Sync for MyStruct {}
```

使用 unsafe 关键字的原因是，原始指针具有未跟踪的所有权，这样，跟踪和管理它就成了程序开发人员的责任。

不安全 Rust 的另外两个操作与其他编程语言的接口相关，这也是我们接下来将要讨论的主题。

12.3　FFI 简介

本节将介绍 FFI 是什么，然后查看与 FFI 相关的两个不安全的 Rust 操作。

要理解 FFI，不妨先来看下面两个例子：

❑　有一个用 Rust 编写的用于线性回归的超快机器学习算法。Java 或 Python 开发人员想要使用这个 Rust 库。如何才能做到这一点？

❑　想在不使用 Rust 标准库的情况下进行 Linux 系统调用（这实际上意味着想要实现标准库中不可用的功能或想要改进现有功能），该怎么做？

虽然可能有其他方法来解决以上问题，但更流行的解决方案是使用 FFI。

在第一个例子中，可以使用在 Java 或 Python 中定义的 FFI 来包装 Rust 库；而在第二个例子中，可通过 Rust 的关键字 extern 设置和调用 C 函数的 FFI。

12.3.1　通过 FFI 接口调用外部函数

现在来看看第二种情况的示例：

```
use std::ffi::{CStr, CString};
use std::os::raw::c_char;
extern "C" {
    fn getenv(s: *const c_char) -> *mut c_char;
}
fn main() {
    let c1 = CString::new("MY_VAR").expect("Error");
    unsafe {
        println!("env got is {:?}", CStr::from_ptr(getenv(
            c1.as_ptr()))));
    }
}
```

在上述代码中，main()函数调用了 getenv()外部 C 函数（而不是直接使用 Rust 标准库）来检索 MY_VAR 环境变量的值。getenv()函数接收一个*const c_char 类型参数作为输入。要创建此类型，首先需要实例化 CString 类型，传入环境变量的名称，然后使用 as_ptr()方法将其转换为所需的函数输入参数类型。getenv()函数返回*mut c_char 类型。为了将其转换为 Rust 兼容类型，本示例还使用了 CStr::from_ptr()函数。

请注意以下两个主要因素：

❑ 在 extern "C"块中指定对 C 函数的调用。该块包含我们要调用的函数的签名。注意函数中的数据类型不是 Rust 数据类型，而是属于 C 的数据类型。

❑ 本示例从 Rust 标准库中导入了若干个模块——std::ffi 和 std::os::raw。ffi 模块提供了与 FFI 绑定相关的实用函数和数据结构，这使得跨非 Rust 接口进行数据映射变得更加容易。这里使用了 ffi 模块中的 CString 和 CStr 类型，将 UTF-8 字符串传入和传出 C。os::raw 模块包含映射到 C 数据类型的平台特定类型，以便与 C 交互的 Rust 代码可引用正确的类型。

现在使用以下命令运行程序：

```
MY_VAR="My custom value" cargo -v run --bin ffi
```

将看到 MY_VAR 的值被输出到控制台中。这意味着，我们成功地通过调用外部 C 函数检索了环境变量的值。

在前面几章中，介绍了如何使用 Rust 标准库获取和设置环境变量。本示例做了类似的事情，但这次使用的方法是通过 Rust FFI 接口来调用 C 库函数。请注意，对 C 函数的调用包含在一个 unsafe 块中。

到目前为止，我们已经演示了如何从 Rust 中调用 C 函数。在 12.5 节"从 C 中调用 Rust"中，还将讨论如何以相反的方式执行此操作，即从 C 中调用 Rust 函数。

12.3.2　跨 FFI 边界共享联合体

现在来看看不安全 Rust 的另一个特性，即定义和访问联合体的字段，以便通过 FFI 接口与 C 函数进行通信。

联合体（union）是 C 中使用的数据结构，它不是内存安全的。这是因为在 union 类型中，可以将 union 的实例设置为不变量之一，并将其作为另一个不变量访问。Rust 没有直接提供 union 作为安全 Rust 的类型。然而，Rust 有一种称为标签联合（tagged union）的 union 类型，它在安全 Rust 中实现为 enum 数据类型。

以下是一个 union 示例：

```
#[repr(C)]
union MyUnion {
    f1: u32,
    f2: f32,
}
fn main() {
    let float_num = MyUnion {f2: 2.0};
    let f = unsafe { float_num.f2 };
    println!("f is {:.3}",f);
}
```

在上述代码中，首先使用了一个 repr(C)注释，该注释告诉编译器，MyUnion 联合体中字段的顺序、大小和对齐方式是开发人员在 C 语言中所期望的（在 12.6 节 "理解 ABI" 中将详细讨论 repr(C)）。然后定义了联合体的两个不变量：一个是 u32 类型的整数，另一个是 f32 类型的浮点数。对于此联合体的任何给定实例，这些不变量中只有一个是有效的。在上述代码中，创建了该联合体的一个实例，并使用了一个 float 不变量初始化它，然后从 unsafe 块中访问其值。

现在可使用以下命令运行该程序：

```
cargo run
```

此时可以看到终端中输出的值，如下所示：

```
f is 2.000
```

到目前为止，它看起来是正确的。现在可尝试将该联合体作为整数而不是浮点类型来访问。为此，只需更改一行代码即可。找到以下行：

```
let f = unsafe { float_num.f2 };
```

将其更改为以下内容：

```
let f = unsafe { float_num.f1 };
```

再次运行程序。这一次不会收到错误消息，但会看到如下所示的无效值。原因是指向的内存位置中的值现在被解释为整数，即使我们存储的是一个浮点值。

```
f is 1073741824
```

除非开发人员非常小心，否则在 C 中使用联合体是比较危险的。Rust 提供了使用联合体的功能，但只能作为不安全 Rust 的一部分。

到目前为止，我们已经讨论了不安全 Rust 和 FFI，还演示了如何调用不安全的外部函数。接下来，我们将讨论创建安全 FFI 接口的指南。

12.4　安全 FFI 指南

在 Rust 中使用 FFI 与其他语言进行交互时，务必记住以下准则。

❑ extern 关键字：在 Rust 中使用 extern 关键字定义的任何外部函数本质上都是不安全的，此类调用必须在 unsafe 块中完成。

❑ 数据布局：Rust 不保证数据在内存中的布局方式，因为它仅负责分配、重新分配和释放。但是，在使用其他（外部）语言时，显式使用 C 兼容布局（使用 #repr(C) 注释）对于维护内存安全很重要。前文已经提供了其应用示例。

另外需要注意的是，只有与 C 兼容的类型才能用作外部函数的参数或返回值。Rust 中与 C 兼容类型的示例包括整数、浮点数、repr(C)注释结构体和指针等。与 C 不兼容的 Rust 类型的示例包括 trait 对象、动态大小的类型和带有字段的枚举。有一些工具（如 rust-bindgen 和 cbindgen）可以帮助生成在 Rust 和 C 之间兼容的类型（包含一些警告）。

❑ 平台相关类型：C 有许多平台相关类型，如 int 和 long，这意味着这些类型的确切长度因平台架构而异。当与使用这些类型的 C 函数交互时，可以使用 Rust 标准库 std::raw 模块，它提供可跨平台移植的类型别名。

在前面的示例中，使用了 c_char 和 c_uint 两个原始类型的示例。除了标准库，libc Crate 还为这些数据类型提供了可移植类型别名。

❑ 引用和指针：由于 C 的指针类型和 Rust 的引用类型之间的差异，Rust 代码在跨 FFI 边界工作时不应使用引用类型，而应使用指针类型。任何取消引用指针类型的 Rust 代码都必须在使用前进行空值检查。

❑ 内存管理：每种编程语言都有自己的内存管理方式。在语言边界之间传输数据时，重要的是要明确哪种语言有责任释放内存，以避免双重释放（double-free）或释放后使用（use-after-free，UAF）问题。

对于直接传输到外部代码的任何类型，建议 Rust 代码不要实现 Drop trait。仅使用 Copy 类型跨 FFI 边界使用甚至更安全。

❑ 恐慌（panic）：当从其他语言代码中调用 Rust 时，必须确保 Rust 代码不会恐慌，或者应该使用恐慌处理机制，如 std::panic::catch_unwind 或#[panic_handler]（详见第 9 章 "管理并发"）。这将确保 Rust 代码不会中止或以不稳定状态返回。

❑ 将 Rust 库公开给外部语言：将 Rust 库及其函数公开给外部语言（如 Java、Python 或 Ruby）只能通过与 C 兼容的 API 来完成。

关于编写安全 FFI 接口的部分到此结束。接下来，我们将探讨一个在 C 代码中使用 Rust 库的示例。

12.5　从 C 中调用 Rust

本节将演示构建 Rust 共享中库所需的设置。Rust 共享库在 Linux 上具有.so 扩展名，包含 FFI 接口，并可以从 C 程序中调用它。

本项目中的 C 程序将是一个很简单的程序，它只输出一条问候消息。之所以要设计得简单一些，是因为我们不想增加读者熟悉复杂 C 语法的负担，可以专注于所涉及的步骤，并在各种操作系统环境中轻松验证第一个 FFI 程序。

12.5.1　项目操作步骤概述

以下是开发和测试 C 程序的操作步骤，我们将使用 FFI 接口从 Rust 库中调用函数：

（1）创建一个新的 Cargo lib 项目。

（2）修改 Cargo.toml 文件，指定要构建的共享库。

（3）用 Rust 编写 FFI（以 C 兼容 API 的形式实现）。

（4）构建 Rust 共享库。

（5）验证是否正确构建了 Rust 共享库。

（6）创建一个从 Rust 共享库中调用函数的 C 程序。

（7）构建 C 程序，指定 Rust 共享库的路径。

（8）设置 LD_LIBRARY_PATH。

（9）运行 C 程序。

12.5.2　具体操作过程

现在开始执行上述步骤：

（1）新建一个 Cargo 项目。

```
cargo new --lib ffi && cd ffi
```

（2）在 Cargo.toml 文件中添加以下内容：

```
[lib]
name = "ffitest"
crate-type = ["dylib"]
```

（3）在 src/lib.rs 中用 Rust 编写一个 FFI：

```
#[no_mangle]
pub extern "C" fn see_ffi_in_action() {
    println!("Congrats! You have successfully invoked
        Rust shared library from a C program");
}
```

#[no_mangle]注释告诉 Rust 编译器，see_ffi_in_action()函数应该可以被同名的外部程序访问；否则，默认情况下，Rust 编译器会更改该函数。

see_ffi_in_action()函数使用了 extern "C"关键字。如前文所述，Rust 编译器可使任何标有 extern 的函数与 C 代码兼容。extern "C"中的"C"关键字表示目标平台上的标准 C 调用约定。在该函数中，只是输出了一个问候语。

（4）使用以下命令从 ffi 文件夹中构建 Rust 共享库：

cargo build --release

如果构建成功完成，那么将看到在 target/release 目录中创建的名为 libffitest.so 的共享库。

（5）验证该共享库是否已正确构建：

nm -D target/release/libffitest.so | grep see_ffi_in_action

nm 命令行实用程序可用于检查二进制文件（包括库和可执行文件）并查看这些目标文件中的符号。在本示例中，检查的是编写的函数是否包含在共享库中。应该会看到与以下输出类似的结果：

000000000005df30 T see_ffi_in_action

如果没有看到类似的输出，则说明共享库可能未被正确构建。请重新检查之前的步骤。请注意，共享库是在 Mac 平台上使用.dylib 扩展名创建的。

（6）现在创建一个 C 程序，从已构建的 Rust 共享库中调用函数。在 ffi 项目文件夹的根目录下创建一个 rustffi.c 文件，并添加以下代码：

```
#include "rustffi.h"
int main(void) {
        see_ffi_in_action();
}
```

这是一个简单的 C 程序，包括一个头文件和一个 main()函数，该函数依次调用一个 see_ffi_in_action()函数。此时，C 程序尚不知道 main()函数位于何处。我们将在构建二进制文件时向 C 编译器提供此信息。

现在编写该程序中引用的头文件。在与 C 源文件相同的文件夹中创建一个 rustffi.h 文件，并包含以下内容：

```
void see_ffi_in_action();
```

这个头文件声明了函数签名，表示该函数不返回任何值，也不接收任何输入参数。

（7）使用以下命令从项目的根文件夹中构建 C 二进制文件：

```
gcc rustffi.c -Ltarget/release -lffitest -o ffitest
```

对于该命令的理解如下。

- ❑ gcc：调用 GCC 编译器。
- ❑ -Ltarget/release：-L 标志指定编译器在文件夹 target/release 中查找共享库。
- ❑ -lffitest：-l 标志告诉编译器共享库的名称是 ffitest。

   请注意，实际构建的库名称为 libffitest.so，但编译器知道 lib 前缀和.so 后缀是标准共享库名称的一部分，因此为-l 标志指定 ffitest 就足够。

- ❑ rustffi.c：这是要编译的源文件。
- ❑ -o ffitest：告诉编译器生成名为 ffitest 的输出可执行文件。

（8）设置 LD_LIBRARY_PATH 环境变量，该变量在 Linux 中指定库的搜索路径：

```
export LD_LIBRARY_PATH=$(rustc --print sysroot)/
lib:target/release:$LD_ LIBRARY_PATH
```

（9）使用以下命令运行可执行文件：

```
./ffitest
```

现在应该会在终端上看到以下消息：

```
Congrats! You have successfully invoked Rust shared library
from a C program
```

如果已经成功到达这一步，恭喜你！

本示例使用 Rust 编写了一个共享库，其中包含一个具有 C 兼容 API 的函数。然后从 C 程序中调用了这个 Rust 库。这是 FFI 在发挥作用。

12.6　理解 ABI

本节将简要介绍 ABI 和 Rust 的一些相关（高级）特性，这些特性可处理条件编译选项、数据布局约定和链接选项等。

12.6.1　关于 ABI

应用程序二进制接口（application binary interface，ABI）是编译器和链接器遵守的一组约定和标准，用于函数调用约定和指定数据布局（类型、对齐、偏移）。

要理解 ABI 的重要性，可以用 API 做一个类比。应用程序编程接口（application programming interface，API）是编程中的一个众所周知的概念。当程序想要在源代码级别访问外部组件或库时，它会查找该外部组件公开的 API 的定义。外部组件可以是库或可通过网络访问的外部服务。API 将指定可以调用的函数的名称、调用函数需要传递的参数（连同它们的名称和数据类型）以及从函数中返回的值的类型。

ABI 可以看作 API 的等价物，但处于二进制级别。编译器和链接器需要一种方法来指定调用程序如何在二进制目标文件中定位被调用的函数，以及如何处理参数和返回值（参数的类型和顺序以及返回类型）。

与源代码不同的是，在生成二进制文件的情况下，整数长度、填充规则以及函数参数是否被存储在栈或寄存器上等细节因平台架构（如 x86、x64、AArch32）和操作系统（如 Linux 和 Windows）而异。64 位操作系统可以有不同的 ABI 来执行 32 位和 64 位二进制文件。基于 Windows 系统的程序将不知道如何访问在 Linux 系统上构建的库，因为它们使用的是不同的 ABI。

对 ABI 的研究本身就是一个足够复杂的主题，不过本书无意就此展开更详细的讨论，你只需要了解 ABI 的重要性并了解 Rust 提供了哪些功能来在编写代码时指定 ABI 相关参数即可。我们将介绍以下内容：条件编译选项、数据布局约定和链接选项。

12.6.2　条件编译选项

Rust 允许使用 cfg 宏指定条件编译选项。以下是 cfg 选项的示例：

```
#[cfg(target_arch = "x86_64")]
#[cfg(target_os = "linux")]
#[cfg(target_family = "windows")]
#[cfg(target_env = "gnu")]
#[cfg(target_pointer_width = "32")]
```

这些注释被附加到函数声明中，如下例所示：

```
// 仅当目标操作系统为 Linux 且架构为 x86 时，
// 在构建中包含该函数
```

```
#[cfg(all(target_os = "linux", target_arch = "x86"))]
// 所有条件必须为真
fn do_something() { // ... }
```

有关各种条件编译选项的更多详细信息，可访问以下网址：

https://doc.rust-lang.org/reference/conditional-compilation.html

12.6.3　数据布局约定

除了平台和操作系统方面的考虑，数据布局是另一个需要理解的重要方面，尤其是在跨 FFI 边界传输数据时。

在 Rust 中，与其他语言一样，类型、对齐方式和偏移量与其数据元素相关联。例如，假设声明了以下类型的结构：

```
struct MyStruct {
    member1: u16,
    member2: u8,
    member3: u32,
}
```

它可以按以下方式在具有 32 位（4 字节）字大小的处理器上表示：

```
struct Mystruct {
    member1: u16,
    _padding1: [u8; 2], // 使整体大小为 4 的倍数
    member2: u8,
    _padding2: [u8; 3], // 对齐 member2
    member3: u32,
}
```

这样做是为了协调整数大小与处理器字大小的差异。该思路是，整个结构的大小将是 32 位的倍数，并且可能有多个布局选项来实现这一点。

Rust 数据结构的这种内部布局也可以注释为#[repr(Rust)]，但如果有数据需要通过 FFI 边界，则公认的标准是使用 C 的数据布局（注释为#[repr(C)]）。在此布局中，字段的顺序、大小和对齐方式与在 C 程序中一样。这对于确保跨 FFI 边界的数据兼容性非常重要。

Rust 保证如果#[repr(C)]属性应用于结构体，则结构体的布局将与平台在 C 中的表示兼容。有一些自动化工具（如 cbindgen）可以帮助生成来自 Rust 程序中的 C 数据布局。

12.6.4　链接选项

有关从其他二进制文件中调用函数的第 3 个方面是 link 注释。示例如下：

```
#[link(name = "my_library")]
extern {
    static a_c_function() -> c_int;
}
```

#[link(...)]属性用于指示链接器（linker）链接 my_library 以解析符号。它指示 Rust 编译器如何链接到本地库。此注释还可用于指定要链接到的库类型（static 或 dynamic）。

以下注释告诉 Rustc 链接到名为 my_other_library 的静态库：

```
#[link(name = "my_other_library", kind = "static")]
```

本节详细解释了 ABI，并讨论了其重要性，还研究了如何通过代码中的各种注释为编译器和链接器指定指令，包括目标平台、操作系统、数据布局和链接指令等方面。

本节的目的只是介绍一些与 ABI、FFI 相关的高级主题，以及与编译器和链接器相关的指令。有关更多详细信息，请访问以下链接：

https://doc.rust-lang.org/nomicon/

12.7　小　　结

本章阐释了不安全 Rust 的基础知识，并介绍了安全和不安全 Rust 之间的主要区别。我们演示了如何在 unsafe Rust 中执行在安全 Rust 中不允许的操作，如取消引用原始指针、访问或修改可变静态变量、使用联合体、实现不安全 trait 和调用外部函数等。

本章研究了外部函数接口，以及如何在 Rust 中编写一个接口。我们编写了一个从 Rust 中调用 C 函数的示例。此外，还编写了一个 Rust 共享库并从 C 程序中调用它。

本章还提供了在 Rust 中编写安全 FFI 的指南，讨论了可用于指定条件编译、数据布局和链接选项的 ABI 和注释。

在本书即将结束之际，感谢你与我一起踏上 Rust 系统编程世界的旅程，并祝你在日后的学习中一切顺利。